AI 도시교통과 모빌리티

원제무 지음

세진사

머리말

요즘에는 자고 일어나면 새로운 AI 기술이 태어나는 세상에 살고 있다. AI 기술이 급속하게 발전하면서 AI가 주도하는 도시교통과 모빌리티의 변화가 우리의 삶에 어떤 영향을 미칠 지에 대한 관심도 급증하고 있다. 인공지능(AI) 기술의 발전은 도시교통계획 및 모빌리티 분야에도 새로운 가능성을 제시하고 있다. AI 기반 도시교통계획은 도시교통의 다양한 문제를 해결하고 효율성을 향상시키는데 기여할 수 있는 잠재력을 지니고 있다.

과거의 경험적 지식과 분석방법에 의존하던 전통적인 교통계획 방식은 이제 수명을 다하는 듯하다. AI 기술의 도입으로 말미암아 더욱 정교하고 교통수요 예측이 가능하며, 실시간 대응이 가능한 스마트한 AI 기반 교통시스템으로 진화하는 중이다. AI는 방대한 양의 교통 데이터를 분석하고 미래 수요를 예측하며, 교통흐름을 최적화하고 안전성을 향상시키는 데 핵심적인 역할을 수행한다.

본 교재는 이러한 시대적 흐름 속에서 미래의 도시교통 및 모빌리티 전문가를 꿈꾸는 대학생과 대학원생들에게 AI 도시교통 및 모빌리티 분야에 대한 깊이 있는 이해와 실질적인 지식을 제공하고자 계획되었다. AI 기반 도시교통 및 모빌리티 분야는 단순한 기술적 지식을 넘어 교통계획, 도시계획, 환경계획, 컴퓨터과학, 인공지능학, 데이터분석학, 경영과학, 관광학 등 다양한 학문 분야와 긴밀하게 연관되어 있어서 융합적인 사고 능력을 갖춘 인재 양성이 무엇보다 중요하다.

본 교재는 AI 기반 도시교통 및 모빌리티 분야를 체계적으로 학습할 수 있도록 총 4부로 구성되어 있다. 각 부는 서로 유기적으로 연결되어 있다. 책의 4부 구성은 AI 기반 교통계획과 모빌리티의 기초 개념부터 첨단기술 및 미래 전망까지 단계적으로 학습할 수 있도록 설계되었다. 이는 독자분들이 체계적인 지식 습득을 통해 전문성을 키우는 데 도움을 줄 것이다.

1부에서는 AI 기반 교통계획의 개념과 역사, 그리고 교통분야에서 AI 기술이 어떻게 진화해 왔는지 살펴본다. 머신러닝, 딥러닝, 생성형 AI 등 핵심 AI 기술의 원리와 교통분야 활용 사례를 소개하고, 거대 언어 모델(LLM), 거대 멀티모달 모델(LMM), 거대 행동 모델(LAM) 등 AI 기술 동향을 다룬다. AI는 머신러닝, 딥러닝, 신경망과 같은 핵심 개념을 통해 데이터 분석, 의사결정, 언어처리 등의 작업을 수행할 수 있으며, 이는 교통과 모빌리티 분야의 다양한 문제 해결에 적용될 수 있다.

1부에서 소개되는 AI의 기본 개념과 발전 과정에 대한 이해는 이후 각 부에서 다루는 심화된 내용들을 학습하기 위한 필수적인 토대가 되며, AI 기술의 작동 원리에 대한 깊이 있는 이해는 문제 해결 능력 향상에 기여할 것이다. 2부에서는 AI 기반 도시교통계획에서 데이터의 역할과 중요성을 강조하고, 빅데이터 분석 기술과 실시간 데이터 처리 방안을 소개한다. 시계열 예측모델, 회귀 예측모델, 딥러닝 예측모델 등 다양한 AI 기반 교통수요 예측모델의 원리와 활용 사례를 분석한다. 이어서 4단계 교통수요 추정 모델에 딥러닝 기술을 적용하는 방법을 구체적으로 제시한다. 2부에서 다루는 교통데이터 분석 및 교통수요 예측기술은 교통계획과 모빌리티의 핵심 요소이며, AI 기반 예측모델의 정확성 향상은 더욱 효과적인 교통정책 수립 및 자원 배분을 가능하게 하여 사회적 편익에 기여할 것이다.

3부에서는 AI가 지능형 교통시스템(ITS) 구축 및 운영에 어떻게 활용되는지 살펴보고, 교통량 예측, 신호시간 조정, 혼잡 감소 등 다양한 적용 사례를 소개한다. AI 기반 교통안전기술, 교통사고 예측 및 방지 시스템, 대중교통시스템 최적화 방안 등을 심층적으로 분석하고, 국내외 AI 기반 ITS 구축 사례를 통해 성공 요인을 도출한다. AI는 실시간 데이터 분석을 통해 교통흐름을 최적화하고, 교통혼잡을 줄이며, 교통안전을 향상시키는 데 핵심적인 역할을 한다. 스마트 신호등, 실시간 교통정보 제공, 사고 예측 시스템 등이 대표적인 예시이다.

4부에서는 AI 기반 MaaS(Mobility as a Service), 자율주행자동차, 도심항공교통(UAM), 커넥티드 카 등 미래 모빌리티 기술의 최신 동향과 발전 가능성을 탐색한다. 각 기술의 개념, 핵심 기술, 활용 사례, 장단점 등을 분석하고, AI가 이러한 미래 모빌리티 서비스의 발전과 상용화에 어떤 영향을 미치는지 분석하고 전망한다. AI는 MaaS 플랫폼 운영, 자율주행기술 개발, UAM 교통 관리, 커넥티드 카 서비스 제공 등 미래 모빌리티의 핵심 동력으로 작용하며, 사용자 맞춤형 이동 서비스 제공 및 교통시스템 효율성 극대화에 기여한다. 4부에서 논의되는 미래 모빌리티 기술들은 AI 기술의 발전과 융합을 통해 개인의 이동 편의성을 극대화하고, 도시교통체계를 확신시키고 있다. 이는 미래 교통시스템과 모빌리티 서비스의 모습에 큰 변화를 견인할 것으로 전망된다.

본 교재는 단순한 이론적 지식 전달을 넘어, 실제 교통과 모빌리티 분야에서 AI 기술이 어떻게 적용되고, 문제를 해결하는지 다양한 사례와 함께 제시함으로써 독자들의 이해를 돕고자 노력하였다. 각 장의 주요 질문과 핵심내용을 명확하게 제시하여 학생들이 무엇을 배우고 습득할 수 있는지 쉽게 파악할 수 있도록 구성하였으며, 미래 교통 및 모빌리티 전문가로서 갖춰야 할 핵심 역량을 키울 수 있도록 안내한다.

AI 기술은 도시교통계획 및 모빌리티 분야에 혁신적인 변화를 가져오고 있으며, 앞으로 더욱 중요한 역할을 수행할 것으로 전망된다. 본 교재가 독자분들이 AI 기반의 스마트 교통시스템을 이해하고 미래 교통분야를 선도하는 인재로 성장하는 데 든든한 밑거름이 되기를 기대한다. 본 교재는 독자 여러분들이 이러한 핵심 역량을 효과적으로 높일 수 있도록 돕는 길잡이가 될 것이다. 이 책을 통해 독자분들은 AI 기반 교통계획 및 모빌리티 분야의 최신 연구와 개발 동향을 파악하면서 AI 기반 교통계획과 모빌리티에 대한 폭넓은 이해를 얻고, 미래 도시를 향한 혁신적인 여정에 함께할 수 있을 것이다.

지은이 원 제 무

차례

1부 AI 기반 도시교통계획과 머신러닝 및 딥러닝

3부 ITS, 교통혼잡 관리, 안전, 대중교통 최적화

4부 AI 기반 MaaS, 자율주행자동차, UAM, 커넥티드 카

1부

AI 기반 도시교통계획 (Urban Transportation Planning)과 머신러닝 및 딥러닝

01 AI 기반 교통계획이란 무엇인가?
(AI-Driven Urban Transport Planning)

Dreamstime.com

인공지능(AI)은 도시교통계획과 모빌리티 분야에 혁신적인 변화를 가져오고 있으며, 도시 및 교통시스템의 효율성, 안전성, 지속가능성을 향상시키고 있다.

AI 도시교통계획은 기존 교통계획 방법론의 한계를 극복하면서, 복잡다기하고 동적인 교통 환경에 효과적으로 대응하기 위한 새로운 접근 방식이다. 이 장에서는 AI 도시교통계획의 기초적인 개념, 등장 배경, 핵심 개념 등을 소개하며, AI 기술이 도시교통계획 및 모빌리티 분야에 어떻게 적용되고 있는지 살펴본다.

◈ 주요 질문

1. AI 기반 도시교통계획(AI-Driven Transport Planning)의 정의 및 핵심 개념은 무엇인가?
2. 기존 교통계획 방식 대비 AI 기반 도시교통계획이 등장하게 된 주요 배경은 무엇인가?
3. AI 기반 도시교통계획을 통해 달성하고자 하는 궁극적인 목표는 무엇이며, 각 세부 목표는 어떠한 내용을 포함하는가?
4. AI 기반 도시교통계획의 전반적인 과정은 어떠한 단계로 구성되며, 각 단계별 주요 내용은 무엇인가?
5. AI 기반 도시교통계획에서 활용되는 주요 교통시스템과 각 시스템의 세부 내용 및 역할은 무엇인가?
6. AI 기반 도시교통계획의 주요 요소는 무엇이며, 각 요소가 도시교통 문제 해결에 기여

하는 바는 무엇인가?

7. AI 기반 도시교통계획이 대상으로 하는 주요 교통수단은 무엇이며, 각 수단별 도시교통계획의 목표 및 전략은 무엇인가?
8. AI 기반 도시교통계획의 단기 및 장기 정책 유형은 무엇이며, 각 정책의 목표, 기술, 역할, 활용 예시는 무엇인가?
9. 기존 도시교통계획과 AI 기반 도시교통계획은 목표, 수요예측 기법, 의사결정 방법 등 어떠한 측면에서 차이점을 가지는가?
10. 기존 도시교통계획의 4단계 교통수요추정모델과 AI 기반 도시교통계획의 4단계 교통수요추정모델은 각 단계별로 어떠한 모델을 활용하며, 어떠한 목표, 이론, 역할, 효과를 가지는가?

1. 교통계획의 개념 및 역사

교통계획은 사람과 재화의 이동을 효율적이고 안전하게 지원하기 위한 계획 및 정책 수립 과정이다.

교통계획은 도시 및 지역의 토지이용 계획, 경제개발 계획, 환경보호 계획 등과 밀접한 관련을 가지며, 도시 및 지역의 지속가능한 발전을 위한 필수적인 요소이다.

1) 교통계획의 정의

- 교통계획은 "사람과 재화의 이동을 효율적이고 안전하며 지속가능한 방식으로 지원하기 위한 계획 및 정책 수립 과정"으로 정의할 수 있다.
- 교통계획은 도시 및 지역의 공간 구조, 사회경제적 특성, 환경적 요인 등을 종합적으로 고려하여 수립된다.

2) 교통계획의 목표

① **이동성 향상**: 사람과 재화의 이동 편의성을 높이고, 접근성을 향상시킨다.

② **안전성 증진**: 교통사고 발생률을 줄이고, 교통안전을 확보한다.
③ **효율성 증대**: 교통시스템의 운영 효율성을 높이고, 혼잡을 완화한다.
④ **환경보호**: 대기오염, 소음공해 등 교통으로 인한 환경 문제를 최소화한다.
⑤ **사회적 형평성**: 모든 사회 구성원이 교통서비스를 공평하게 이용할 수 있도록 한다.

3) 교통계획의 역사적 발전 과정

- 교통계획은 산업 혁명 이후 도시화, 산업화가 진행되면서 교통 문제가 심각해짐에 따라 발전하기 시작했다.
- 초기 교통계획은 주로 도로 건설 및 확장에 중점을 두었으나, 점차 대중교통 시스템 구축, 교통수요 관리, 교통안전 증진 등 다양한 분야로 확대되었다.

4) 주요 이론 및 모델

- 교통계획 분야에서는 다양한 이론 및 모델이 개발되어 왔다.
- 4단계 교통수요 예측모델, 중력 모델, 네트워크 분석 모델 등은 교통계획의 기본적인 이론 및 모델이며, 이러한 이론 및 모델은 교통시스템의 특성을 분석하고, 교통수요를 예측하며, 교통흐름을 관리하는 데 활용된다.

2. AI 기반 도시교통계획(AI-Driven Urban Transport Planning) 등장 배경, 목표, 과정

1) AI 기반 도시교통계획 등장 배경

도시교통시스템은 인구 증가와 도시화 심화에 따라 급격히 복잡해지고 있다. 기존의 교통계획 방식으로는 이러한 변화에 효과적으로 대응하기 어려워 AI 기술을 활용한 새로운 접근 방식이 요구된다. AI 기술이 교통계획 분야에 도입된 배경은 다음과 같다.

AI 도시교통계획등장 배경과 이유

AI 도시교통계획등장 배경	구체적인 배경	AI 교통계획이 나타난 이유
도시화 심화 및 인구 증가	교통량 증가 및 교통혼잡 심화	도시인구 증가와 차량 증가로 인해 교통혼잡이 심화되고 이동 시간이 길어짐
	대중교통 이용량 증가 및 효율성 저하	대중교통 이용 승객이 늘어나면서 혼잡도가 증가하고 정시성이 떨어져 불편함이 커짐
기존 교통계획 방식의 한계	경험 기반 의사결정의 비효율성	과거 데이터와 경험에 의존한 의사결정으로 급변하는 교통상황에 대한 신속하고 정확한 대응이 어려움
	제한적인 데이터 분석 능력	방대한 교통 데이터를 분석하고 예측하는 데 한계가 있어 효과적인 계획 수립이 어려움
디지털 기술 발전 및 데이터 증가	AI 기술 발전 및 데이터 분석 능력 향상	AI 기술 발전으로 방대한 교통 데이터를 실시간으로 분석하고 예측하는 것이 가능해짐
	센서 및 통신 기술 발전	다양한 센서와 통신 기술 발달로 실시간 교통 데이터 수집이 용이해짐
지속가능한 도시교통시스템 구축 요구	환경 문제 심화 및 에너지 효율성 증대 필요	교통 부문 탄소 배출량 감축 및 에너지 효율성 증대가 중요한 과제로 떠오름
	교통안전 및 편의성 증대 요구	교통사고 감소 및 이동 편의성 향상에 대한 사회적 요구 증대

2) AI 기반 도시교통계획의 목표 및 전략

AI 기반 도시교통계획의 목표 및 전략

AI 기반 도시교통계획의 목표	세부 목표	AI 기반 도시교통계획의 전략
교통시스템의 효율성 증대	교통흐름 최적화 및 혼잡 완화	실시간 교통 데이터 분석을 통한 지능형 신호 제어시스템 구축 및 자율주행기술 도입
	교통수단 간 연계성 강화	다양한 교통수단 간 정보 공유 및 통합 관리 시스템 구축
교통안전성 향상	사고 예측 및 위험 감지	AI 기반 사고 예측모델 개발 및 위험 상황 감지 시스템 구축
	교통약자 안전 시스템 구축	보행자, 자전거 이용자 등 교통약자를 위한 안전 시스템 구축
	교통안전 문화 확산	교통 법규 준수 및 안전 교육 시스템 개발
지속 가능한 교통시스템 구축	친환경 교통시스템 구축	대중교통시스템 효율성 증대 및 이용률 제고
	새로운 교통수단과의 연계성 강화	개인형 이동수단, 공유 차량 등 새로운 교통수단과의 연계 시스템 구축
	탄소 배출량 감소	도시 전체 에너지 소비 감소 및 탄소 배출량 감소를 위한 교통 정책 수립
사용자 중심의 교통서비스 제공	맞춤형 교통정보 제공	실시간 교통상황, 경로 안내, 최적 이동수단 추천 등 다양한 맞춤형 서비스 제공
	사용자 의견 반영	사용자 요구 및 의견을 반영한 교통시스템 개선
도시교통 문제해결 및 도시 경쟁력 강화	지속 가능한 도시 발전	도시의 지속 가능한 발전과 시민의 삶의 질 향상에 기여
	도시 경쟁력 강화	도시교통 문제 해결을 통한 도시 경쟁력 강화

3) AI 기반 도시교통계획 과정별 주요 목표, 방법 및 전략

AI 기반 도시교통계획은 데이터 수집, 분석, 예측, 계획 수립, 전략 설정, 평가의 단계적 과정을 거쳐 진행된다. 각 단계는 유기적으로 연결되어 있으며, 지속적인 피드백과 개선을 통해 최적의 교통시스템 구축을 목표로 한다.

AI 기반 도시교통계획과정별 주요 목표, 방법 및 전략

AI 기반 도시교통계획과정	주요 목표	AI 기반 도시교통계획과정별 방법 및 전략
1. 데이터 수집	다양한 교통 데이터 수집	CCTV 영상, GPS 데이터, 센서 데이터, 대중교통 이용 데이터, 도로 교통량 데이터 등 다양한 데이터를 수집
	데이터 통합 및 정제	수집된 데이터를 통합하고 오류 및 노이즈를 제거하여 분석에 적합한 형태로 정제
2. 데이터 분석	데이터 기반 교통패턴 분석	AI 알고리즘을 활용하여 교통흐름, 혼잡 구간, 사고 발생 패턴 등 교통 데이터를 분석
	교통수요 및 공급 예측	AI 모델을 통해 미래 교통수요와 공급을 예측하고 잠재적인 문제점을 파악
3. 교통계획 수립	최적 교통시스템 설계	분석 결과 및 예측을 기반으로 효율적이고 안전하며 지속 가능한 교통시스템을 설계
	시뮬레이션 및 평가	다양한 시나리오를 시뮬레이션 하여 계획의 효과를 평가하고 최적의 대안을 선택
4. 교통전략의 설정	계획 실행 및 시스템 구축	수립된 계획을 바탕으로 교통신호 제어시스템, 대중교통 운영 시스템 등 실제 교통시스템 전략을 설정
	실시간 교통 관리 시스템 구축	AI 기반 실시간 교통 관리 전략을 구축하여 교통상황에 능동적으로 대응
5. 교통시스템 평가 및 지속적 개선	시스템 운영 및 평가	구축된 교통시스템을 운영하고 효과 및 효율성을 평가
	지속적인 시스템 개선	평가 결과를 바탕으로 시스템을 지속적으로 개선하고 최적화

3. AI 도시교통계획의 정책목표별 전략, 교통정책별 전략, 주요 교통수단별 목표 및 전략

1) AI 기반 도시교통계획의 주요 목표별 전략

AI 기반 도시교통계획은 효율적이고 안전하며 지속 가능한 교통시스템을 구축하기 위해 정책목표를 설정한다. 데이터 기반 분석, 실시간 교통 관리, 사용자 중심

서비스 등 주요 정책목표를 기반으로 도시교통전략을 수립하여 미래 지향적인 교통시스템을 구현한다.

AI 기반 도시교통계획의 주요 목표별 전략

정책목표	전략	전략의 내용
데이터 기반 의사결정	빅데이터 분석 및 활용	다양한 교통 데이터를 수집, 분석하여 객관적인 의사결정 기반 마련
	AI 모델링 및 예측	머신러닝, 딥러닝 등 AI 기술을 활용하여 교통흐름, 수요, 사고 위험 등을 예측
실시간 교통 관리	실시간 교통정보 시스템	실시간 교통상황을 모니터링하고 정보를 제공하여 교통흐름 최적화
	지능형 교통신호 제어	AI 기반 신호 제어시스템을 통해 교통혼잡 완화 및 효율성 증대
	자율주행 및 커넥티드 차량	자율주행기술과 차량 간 통신을 활용하여 교통 효율성 및 안전성 향상
사용자 중심 서비스	맞춤형 교통정보 제공	개인 맞춤형 경로 안내, 실시간 교통정보, 최적 이동수단 추천 등 서비스 제공
	대중교통 최적화	대중교통 이용 편의성 증대, 배차 간격 최적화, 실시간 정보 제공
	모빌리티 서비스 통합	다양한 이동수단(자전거, 공유 차량, 택시 등) 통합 및 연계 서비스 제공
지속 가능한 교통시스템	친환경 교통 인프라	전기차 충전 시설, 친환경 대중교통시스템 구축 등 친환경 교통 인프라 구축
	교통수요 관리 정책	혼잡 통행료, 주차 관리 정책 등 교통수요 관리 정책 시행
	스마트 교통안전 시스템	AI 기반 사고 예측, 위험 감지 시스템 등 스마트 교통안전 시스템 구축

2) AI 기반 도시교통계획의 주요 교통정책별 전략

AI 기반 도시교통계획은 다양한 교통정책을 통합적으로 관리하고 최적화하기 위하여 전략을 설정하여 도시교통의 효율성과 안전성을 향상시키는 것을 목표로 한다. 주요 교통정책별 전략은 다음과 같다.

AI 기반 도시교통계획의 주요 교통정책별 전략

주요 교통정책	전략	내용
지능형 교통신호 시스템(ITS)	실시간 신호 제어	AI 기반 교통량 예측 및 분석을 통해 실시간으로 신호시간을 최적화하여 교통흐름 개선
	돌발상황 대응	사고, 공사 등 돌발상황 발생 시 신호 제어를 자동으로 조정하여 교통혼잡 최소화

주요 교통정책	전략	내용
자율주행시스템	자율주행차량 운영	AI 기반 자율주행차량을 도입하여 교통 효율성 및 안전성 향상
	자율주행 인프라 구축	자율주행차량 운행을 위한 도로 인프라 및 통신 시스템 구축
대중교통시스템	스마트 대중교통 운영	AI 기반 수요 예측을 통해 배차 간격 최적화, 실시간 운행 정보 제공 등 스마트 대중교통시스템 운영
	대중교통-개인 이동수단 연계	개인형 이동수단(PM), 공유 차량 등과 대중교통시스템 연계 강화
스마트 주차 시스템	실시간 주차 정보 제공	AI 기반 주차 공간 탐지 및 정보 제공을 통해 주차 효율성 향상
	주차 수요 관리	주차 요금 차등화, 예약 시스템 등을 통해 주차 수요 관리
통합 모빌리티 서비스 (MaaS)	다양한 이동수단 통합	대중교통, 택시, 공유 차량, PM 등 다양한 이동수단을 통합하여 최적 경로 및 예약 서비스 제공
	개인 맞춤형 이동 서비스	개인의 이동 패턴 및 선호도를 분석하여 맞춤형 이동 서비스 제공

3) AI 기반 도시교통계획의 주요 교통수단별 정책목표 및 전략

AI 기반 도시교통계획은 다양한 교통수단을 대상으로 하며, 각 교통수단의 특성을 고려하여 효율적이고 안전한 운영을 목표로 한다. 주요 대상 교통수단은 다음과 같다.

교통수단	교통수단별 정책목표	교통수단별 전략
승용차	교통량 관리 및 최적 경로 안내	- 실시간 교통량 분석을 통해 혼잡 구간을 예측 - 우회 경로를 안내하여 교통 효율성을 향상시킴
	자율주행차량 지원	- 자율주행차량의 안전 운행을 위한 교통 인프라 구축 - 교통 관리 시스템 개발
대중교통	버스 및 지하철 운영 최적화	- 실시간 수요 예측을 기반으로 배차 간격 및 노선을 최적화 - 환승 시스템 개선을 통해 대중교통 이용 편의성의 증대
	수요응답형 교통(DRT) 시스템 도입	- 실시간 수요에 맞춰 노선과 시간을 유동적으로 운영하는 DRT 시스템을 도입하여 대중교통 사각지대 해소
개인형 이동수단 (PM)	PM 전용 도로 및 주차 시설 구축	- PM 이용 증가에 따른 안전 문제 해결 및 이용 편의성 증대를 위해 PM 전용 도로 및 주차 시설 구축
	PM-대중교통 연계 시스템 구축	- PM과 대중교통 간 연계 시스템을 구축하여 이동 편의성을 높이고 대중교통 이용률의 향상 제고
화물차	화물차 운행 최적화 및 물류 시스템 효율화	- 화물차 운행 경로 최적화 - 실시간 화물 위치 추적 - 물류 시스템 연계 등을 통해 물류 효율성의 증대
	도심 내 화물차 통행 관리	- 도심 내 화물차 통행 시간 및 경로 관리 - 친환경 화물차 도입 지원 등을 통해 교통혼잡 완화 및 환경 문제 해결

교통수단	교통수단별 정책목표	교통수단별 전략
보행 및 자전거	보행자 및 자전거 안전 시스템 구축	- 보행자 및 자전거 이용자를 위한 안전시설 구축 - 실시간 위험 알림 서비스 제공 등을 통해 안전한 보행 및 자전거 환경 조성
	자전거 전용 도로 확대 및 공유 자전거 시스템 운영	- 자전거 이용 활성화를 위해 자전거 전용 도로를 확대 - 공유 자전거 시스템을 운영하여 편리한 이동 환경 제공

4. AI 기반 도시교통계획의 중단기 정책별 특징과 역할, 활용 예시

1) AI 기반 도시교통계획의 중단기 정책별 정책유형, 목표, 기술, 역할, 활용 예시

AI 기반 도시교통계획은 단기적 교통문제 해결뿐 아니라 장기적인 도시교통시스템 혁신을 목표로 한다. 다양한 AI 기술을 활용하여 교통 효율성, 안전성, 지속가능성을 향상시키는 정책 유형은 다음과 같다.

AI 기반 도시교통계획의 중단기 정책별 정책유형, 목표, 기술, 역할, 활용 예시

장단기 구분	정책 유형	목표	주요 기술	역할	활용 예시
단기 정책	실시간 교통 관리 시스템	- 교통혼잡 완화 - 교통흐름 최적화	- 실시간 교통 데이터 분석 - AI 기반 신호 제어	- 교통량 변화에 따른 신호시간 최적화 - 돌발상황 자동 감지 및 신호 제어	- 출퇴근 시간대 혼잡 구간 신호 제어 최적화 - 사고 발생 시 우회 경로 안내
	수요응답형 교통(DRT) 시스템	- 대중교통 사각지대 해소 - 이동 편의성 증대	- AI 기반 수요 예측 - 실시간 경로 생성	- 실시간 수요에 맞춰 유동적으로 노선 및 시간 조정 - 대중교통 취약 지역 이동 서비스 제공	- 심야 시간대 또는 외곽 지역 대중교통 이용 불편 해소 - 교통약자 맞춤형 이동 서비스 제공
	스마트 주차시스템	- 주차 효율성 향상 - 주차 시간 단축	- AI 기반 주차 공간 탐색 - 실시간 주차 정보 제공	- 실시간 주차 가능 공간 정보 제공 - 주차 요금 관리 및 예약시스템 운영	- 주차 공간 탐색 시간 단축 - 주차난 해소
장기 정책	자율주행 교통시스템	- 교통안전성 향상 - 교통 효율성 극대화	- 자율주행기술 - 차량-도로 통신(V2X)	- 자율주행차량 안전 운행 지원 - 교통흐름 최적화 - 교통사고 감소	- 자율주행 셔틀버스 운영 - 자율주행 택시 서비스 도입
	통합 모빌리티 서비스(MaaS)	- 개인 맞춤형 이동 서비스 제공 - 대중교통 이용률 증대	- AI 기반 경로 추천 - 다양한 이동수단 통합 관리	- 사용자 맞춤형 이동경로 및 수단 추천 - 다양한 이동 서비스 통합 예약 및 결제	- 개인 맞춤형 이동경로 추천 - 대중교통-PM-택시 연계 서비스 제공
	지속 가능한 교통 시스템	- 친환경 교통 인프라 구축 - 탄소 배출량 감소	- AI 기반 에너지 효율 분석 - 친환경 교통 모델 개발	- 친환경 교통 인프라 구축 - 교통수요 관리 - 친환경 교통 정책 수립	- 전기차 충전 인프라 최적 위치 선정 - 대중교통 중심 도시 개발

2) 도시계획, 토지이용, 도시건축설계, 환경계획, 공원계획, 모빌리티 분야별 AI 기반 도시교통전략

AI 기반 도시교통계획은 도시 전반의 효율성과 지속가능성을 향상시키는 데 기여한다. 특히 도시계획, 토지이용, 도시건축설계, 환경계획, 공원계획, 모빌리티 분야에서 다양한 방식으로 활용된다.

AI 기반 도시교통전략의 도시계획, 토지이용, 도시건축설계, 환경계획, 공원계획, 모빌리티 분야별 활용 방안

AI 기반 도시교통전략의 적용 분야	AI 기반 도시교통전략	전략의 구체적인 내용
도시계획	도시교통 모델링 및 시뮬레이션	AI 기반 도시교통 모델을 구축하여 도시 개발에 따른 교통 변화 예측 및 평가
	도시교통 최적화 전략 수립	교통 빅데이터 분석을 통해 도시 전체 교통흐름 최적화, 혼잡 완화, 접근성 향상 전략 수립
토지이용	교통수요 기반 토지이용 계획	교통수요 예측을 기반으로 효율적인 토지이용 계획 수립, 교통 유발 시설 입지 최적화
	복합용도 개발 및 교통 연계 강화	보행 중심 복합용도 개발 및 대중교통 중심 개발(TOD) 추진, 교통 연계성 강화
도시건축설계	보행 및 자전거 친화적 설계	건물 배치, 도로 설계 등을 통해 보행 및 자전거 이용 환경 개선, 보행 안전성 및 편의성 증대
	스마트 주차 시스템 설계	AI 기반 스마트 주차 시스템 설계, 주차 공간 효율성 증대, 차량 흐름 최적화
환경계획	친환경 교통시스템 구축	대중교통 중심 시스템 구축, 전기차 충전 시설 확충, 친환경 교통 인프라 조성
	교통 관련 대기오염 및 소음 저감	AI 기반 교통흐름 최적화를 통해 교통 관련 대기오염 및 소음 저감, 친환경 도시 환경 조성
공원계획	공원 접근성 개선	대중교통 연계 강화, 보행 및 자전거 접근성 개선, 공원 이용 편의성 증대
	공원 내 스마트 모빌리티 도입	공원 내 스마트 모빌리티(전기 자전거, 전동 킥보드 등) 도입, 공원 접근성 및 이동성 향상
모빌리티	통합 모빌리티 서비스(MaaS) 구축	대중교통, 공유 차량, PM 등 다양한 이동수단을 통합하는 MaaS 시스템 구축, 개인 맞춤형 이동 서비스 제공
	자율주행 모빌리티 도입	자율주행 셔틀버스, 자율주행 택시 등 자율주행 모빌리티 도입, 교통 효율성 및 안전성 향상

3) AI 기반 모빌리티 서비스(Mobility Service) 유형별 목표, 기술, 역할, 활용 예시

AI 기반 도시교통계획은 다양한 모빌리티 서비스와 밀접하게 연관되어 있으며, 각 서비스 유형에 따라 목표, 기술, 역할, 활용 예시가 다르게 나타난다. AI 기술은 모빌리티 서비스의 효율성, 안전성, 편의성을 향상시키고 도시교통 문제 해결에 기여한다.

AI 기반 모빌리티 서비스 유형별 목표, 기술, 역할, 활용 예시

모빌리티 서비스 유형	목표	주요 기술	역할	활용 예시
수요응답형 교통(DRT: Demand Responsive Transport)	- 대중교통 사각지대 해소 - 이동 편의성 증대	- AI 기반 수요 예측 - 실시간 경로 생성 및 배차	- 대중교통 취약 지역 이동 지원 - 교통약자 이동 편의 증대	- 심야 시간대 또는 외곽 지역 이동 서비스 - 장애인 및 노약자 맞춤형 이동 서비스
개인형 이동수단(PM: Personal Mobility) 공유 서비스	- 도시 내 단거리 이동 효율성 증대 - 대중교통 연계 강화	- 실시간 위치 추적 - 수요 예측 - 최적 경로 안내	- 대중교통 접근성 향상 - 단거리 이동 편의성 증대 - 친환경 이동수단 활성화	- 지하철역-목적지 간 단거리 이동 서비스 - 출퇴근 시간대 혼잡 구간 우회
카셰어링 (Car Sharing)/ 라이드셰어링 (Ride Sharing)	- 차량이용 효율성 증대 - 교통혼잡 완화	- 차량 위치 및 이용 정보 분석 - 실시간 배차 - 최적 경로 매칭	- 차량 공유를 통한 교통량 감소 - 주차 문제 완화 - 이동 편의성 증대	- 출퇴근 및 주말 여가 목적 차량 공유 서비스 - 공항 이동 시 카풀 서비스
자율주행 모빌리티 (Autonomous Mobility)	- 교통안전성 향상 - 이동 효율성 극대화	- 자율주행기술 - 차량-도로 통신(V2X), AI 기반 교통흐름 분석	- 안전하고 효율적인 자율주행서비스 제공 - 교통약자 이동 지원 - 대중교통시스템 보완	- 자율주행 셔틀버스, 자율주행 택시 - 자율주행 배송 서비스
통합 모빌리티 서비스 (MaaS)	- 개인 맞춤형 이동 서비스 제공 - 다양한 이동수단 연계	- AI 기반 경로 추천 - 실시간 교통정보 제공 - 다양한 이동수단 통합 예약 및 결제	- 개인 맞춤형 이동경로 및 수단 추천 - 이동 편의성 증대 - 대중교통 이용률 향상	- 개인 맞춤형 이동경로 추천 및 예약 서비스 - 대중교통-PM-택시 연계 서비스

5. 기존 도시교통계획과 AI 기반 도시교통계획의 특징비교

1) 기존 도시교통계획과 AI 기반 도시교통계획의 특징 비교

기존 도시교통계획과 AI 기반 도시교통계획은 목표, 수요예측 기법, 의사결정 방법, 이용자 중심, 최적화, 자동화, 효과 등의 측면에서 뚜렷한 차이를 보인다.

기존 도시교통계획과 AI 기반 도시교통계획의 비교

평가항목	기존 도시교통계획	AI 기반 도시교통계획
목표	교통혼잡 완화, 이동성 확보, 안전성 확보	교통 효율성 극대화, 지속 가능한 교통시스템 구축, 개인 맞춤형 이동 서비스 제공
수요예측 기법	과거 통계 데이터 기반, 경험적 판단, 단순 모델 활용	실시간 교통 데이터, 빅데이터 분석, 머신러닝/딥러닝 등 AI 모델 활용
의사결정 방법	전문가 중심, 제한적 데이터 분석, 장기적 계획 위주	데이터 기반 의사결정, 다양한 시나리오 시뮬레이션, 실시간 의사결정 지원
이용자 중심	제한적 이용자 의견 반영, 획일적인 서비스 제공	개인 맞춤형 이동정보 제공, 실시간 피드백 반영, 이용자 만족도 극대화
최적화	제한적 최적화, 부분적 시스템 개선	전체 교통시스템 최적화, 실시간 교통흐름 제어, 예측 기반 최적화
자동화	일부 시스템 자동화(신호 제어 등)	전반적인 시스템 자동화, 자율주행, 스마트 모빌리티 연계, 실시간 운영 관리
효과	점진적인 교통 개선 효과	혁신적인 교통시스템 변화, 교통 효율성 및 안전성 극대화, 지속 가능한 도시 발전 기여

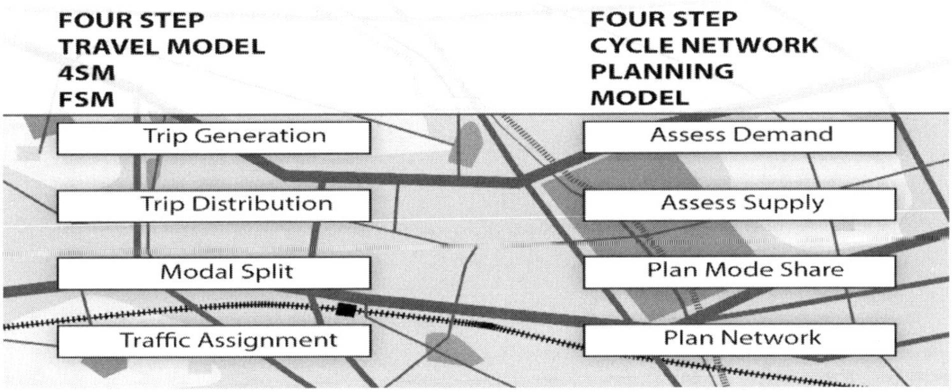

Four step model for bicycle network infrastructure planning, https://www.youtube.com/watch?v

2) 기존 도시교통계획과 AI 기반 도시교통계획에 활용되는 주요 이론 및 모델의 비교

도시교통계획과 AI 기반 도시교통계획의 목표, 이론 및 분석기법, 모델의 역할, 장단점, 활용 예시 비교

구분	도시교통계획	AI 기반 도시교통계획
목표	- 교통혼잡 완화, 안전 증진, 이동 효율성 향상 - 지속가능한 도시 발전 기여 - 다양한 교통수단 간의 연계성 강화	- 실시간 데이터 기반의 최적화된 교통흐름 관리 - 예측모델을 통한 선제적 교통문제 해결 - 개인 맞춤형 이동 서비스 제공 - 지속가능한 스마트 도시 구축
이론 및 분석기법	- 전통적인 통계 및 모델링 기법 (회귀 분석, 수요 예측모델 등) - 교통 엔지니어링 원리 및 설계 기준 - 교통 시뮬레이션 프로그램(VISSIM, AIMSUN 등) - 4단계 교통수요 예측모델(통행 발생, 통행 분배, 수단 분담, 통행 배정)	- 머신러닝(딥러닝, 강화학습 등) - 빅데이터 분석 및 인공지능 알고리즘 - 실시간 데이터 수집 및 처리 기술(IoT 센서, GPS 등) - 네트워크 과학 및 복잡계 이론 - 행위 기반 모델링(ABM)
모델의 역할	- 교통 인프라 구축 및 개선 계획 수립 - 교통 정책 개발 및 평가 - 교통시스템 운영 및 관리 - 교통수요 예측 및 분석	- 실시간 교통상황 분석 및 예측 - 교통신호 최적화 및 제어 - 자율주행차 및 플라잉카 등 미래 교통시스템 개발 - 개인 맞춤형 이동경로 추천 및 교통정보 제공 - 교통시스템의 효율성 및 안전성 평가
장·단점	[장점] - 장기적인 관점에서 도시교통시스템의 근본적인 문제 해결 가능 - 다양한 이해관계자들의 의견을 종합적으로 반영 가능 - 비교적 안정적인 예측 및 분석 결과 도출 가능 [단점] - 변화하는 교통 환경에 대한 신속한 대응 어려움 - 방대한 데이터 분석 및 처리 어려움 - 개인 맞춤형 서비스 제공에 한계 존재	[장점] - 실시간 데이터 기반의 신속하고 정확한 의사결정 가능 - 개인 맞춤형 이동 서비스 제공 가능 - 예측모델을 통한 선제적인 교통문제 해결 가능 [단점] - 데이터의 질 및 양에 대한 의존성 높음 - 모델의 복잡성으로 인한 해석 및 설명 어려움 - 개인정보 침해 및 보안 문제 발생 가능성 존재
활용 예시	- 도시 철도망 구축 계획 수립 - 교통혼잡 지역 개선사업 계획 - 대중교통 노선 개편 및 배차 계획 - 보행자 및 자전거 안전시설 확충 계획 - 교통영향평가 및 개선대책 수립	- 실시간 교통흐름 분석을 통한 신호등 제어시스템 - 인공지능 기반의 수요응답형 버스 시스템(DRT) - 자율주행 셔틀 및 택시 서비스 - 드론 택배 및 물류 시스템 - 개인 맞춤형 멀티모달 교통정보 제공 앱 - 교통사고 예측 및 예방 시스템

6. 기존 도시교통계획의 교통수요추정모델과 AI 도시교통계획의 수요추정모델의 특징 비교

1) 기존 도시교통계획의 교통수요추정모델과 AI 도시교통계획의 수요추정모델의 특징 비교

기존 도시교통계획과 AI 기반 도시교통계획의 교통수요추정모델의 특징 비교

측면	기존 교통수요추정모델(4단계 모델 등)	AI 기반 교통수요추정모델
목표	- 장래 교통량 예측 - 교통 시설 투자 결정 지원	- 실시간 교통수요 예측 - 개인 맞춤형 이동 서비스 제공 - 교통흐름 최적화
이론 및 분석 기법	- 통행 발생, 통행 배분, 수단 선택, 통행 배정 등 단계별 예측모델 - 회귀 분석 - 통계 기반 예측 - 전문가 경험 기반 보정	- 머신러닝/딥러닝 모델(RNN, LSTM, CNN, 그래프 신경망 등) - 실시간 교통 데이터 분석 - GPS, 센서 데이터, 통신 데이터, 소셜 미디어 데이터 등 빅데이터 분석 및 강화 학습
모델의 역할	-미래 교통량 예측 -교통시설 투자계획 수립 -교통정책 효과 분석	- 실시간 교통상황 예측 - 개인 맞춤형 이동경로 추천 - 수요응답형 교통(DRT) 운영 - 자율주행차량 경로 최적화
모델의 효과	- 장기적인 교통시설 투자결정 지원 - 대규모 교통정책 효과분석 가능 - 비교적 단순한 모델 구조	- 실시간 교통상황 반영, - 개인 맞춤형 이동 서비스 제공, 교통 효율성 및 안전성 극대화 - 다양한 시나리오 기반 예측 및 최적화 가능
활용 예시	- 신규 도로건설 또는 대중교통(지하철) 노선 건설 시 교통량예측 및 효과분석 - 도시 개발 사업에 따른 교통 변화 예측	- 수요응답형 교통(DRT) 서비스 운영 - 실시간 교통정보 제공 - 자율주행차량 경로 최적화 - 통합 모빌리티 서비스(MaaS) 플랫폼 운영

2) 기존 도시교통계획에서 4단계 교통수요추정모델을 AI 도시교통계획에서는 어떤 모델로 4단계 교통수요추정을 할까?

(1) 기존 및 AI 기반 도시교통계획의 4단계 교통수요추정모델 비교

4단계 교통수요추정모델과 AI 기반 4단계 교통수요추정모델 비교

구분	4단계 교통수요추정모델	AI 기반 4단계 교통수요추정모델
목표	- 장래 교통수요 예측을 통한 교통계획 수립 및 평가 - 교통 시설 투자 효과 분석 - 교통 정책 효과 분석	- 실시간 데이터 기반의 정밀한 교통수요 예측 - 개인 맞춤형 이동 패턴 분석 및 예측 - 다양한 교통 환경 변화에 대한 신속한 대응 - 최적화된 교통시스템 운영 및 관리
이론 및 분석기법	- 전통적인 통계 및 회귀 분석 - 존(zone) 기반의 공간적 분석 - 평균 통행 시간 및 거리 기반의 통행 배정 - 정적인 교통망 분석	- 머신러닝(딥러닝, 강화학습 등) - 빅데이터 분석 및 인공지능 알고리즘 - GPS, 센서 데이터 등 실시간 데이터 활용 - 행위 기반 모델링(ABM) - 동적인 교통망 분석
모델의 역할	- 도시 및 교통계획 수립의 기초 자료 제공 - 교통 시설 투자 우선순위 결정 지원 - 교통 정책 효과 분석 및 평가 - 장래 교통수요 예측을 통한 교통혼잡 완화 방안 마련	- 실시간 교통상황 분석 및 예측을 통한 능동적인 교통 관리 - 개인 맞춤형 이동경로 추천 및 교통정보 제공 - 자율주행차, 플라잉카 등 미래 교통시스템 개발 지원 - 교통시스템의 효율성 및 안전성 극대화
장·단점	[장점] - 장기적인 관점에서 안정적인 예측결과 도출 가능 - 비교적 단순한 모델구조로 해석 및 이해 용이 - 다양한 교통계획 및 정책평가에 활용 가능 [단점] - 변화하는 교통 환경에 대한 민감도 낮음 - 개인의 다양한 이동 패턴 반영 어려움 - 실시간 데이터 활용 및 동적인 분석에 한계 존재	[장점] - 실시간 데이터 기반의 높은 예측 정확도 - 개인 맞춤형 이동패턴 분석 및 예측 가능 - 다양한 교통 환경 변화에 대한 신속한 대응 가능 [단점] - 모델의 복잡성으로 인한 해석 및 설명 어려움 - 데이터의 질 및 양에 대한 의존성 높음 - 개인정보 침해 및 보안 문제 발생 가능성 존재
활용 예시	- 도시 철도망구축계획 수립 시 장래 교통수요 예측 - 신도시 개발에 따른 교통혼잡 예측 및 개선 방안 마련 - 고속도로 건설 시 통행량예측 및 타당성 분석 - 대중교통 노선개편 시 수요변화 예측 및 평가	- 실시간 교통흐름 분석을 통한 신호등 최적화 시스템 구축 - 인공지능 기반의 수요응답형 버스 시스템(DRT) 운영 - 자율주행 셔틀 및 택시서비스 운영을 위한 수요 예측 - 개인 맞춤형 멀티모달 교통정보 제공 앱 개발

(2) 기존 4단계 교통수요추정모델과 AI 기반 4단계 교통수요추정모델 단계별 비교

기존 4단계 교통수요추정모델과 AI 기반 4단계 교통수요추정모델 단계별 비교

단계	기존 모델	AI 기반 모델
통행 발생 (Trip Generation)	**목표**: 각 존(Zone)에서의 통행 발생량 및 도착량 예측	**목표**: 개인 및 집단의 실시간 통행발생 패턴 예측
	이론 및 분석 기법: 회귀 분석, 원단위법, 카테고리 분석법, 토지이용 모델 등 통계적 방법	**이론 및 분석 기법**: 머신러닝/딥러닝 모델(RNN, LSTM, CNN), 실시간 토지이용 및 활동데이터 분석, 소셜 미디어 데이터 분석, 강화 학습
	모델의 역할: 장래 통행 발생량 및 도착량 예측, 도시 개발 및 토지이용 변화에 따른 통행량 예측	**모델의 역할**: 개인 및 집단의 실시간 통행 발생패턴 예측, 이벤트 및 돌발상황에 따른 통행량 변화 예측, 맞춤형 통행 수요 관리
	모델의 효과: 도시 개발 및 토지이용 변화에 따른 장기적인 통행량 예측, 교통 시설 투자 계획 수립 지원	**모델의 효과**: 개인의 활동 패턴 기반 맞춤형 통행수요 예측, 실시간 통행수요 변화에 대한 능동적 대응, 효율적인 교통수요 관리
	활용 예시: 신규 주거단지 개발에 따른 통행 발생량 예측, 도시 개발 계획에 따른 교통 영향 평가	**활용 예시**: 실시간 이벤트 및 교통상황 기반 수요응답형 교통(DRT) 서비스운영, 맞춤형 통행수요관리 정책 수립
통행 배분 (Trip Distribution)	**목표**: 존 간 통행량(O-D 통행량) 예측	**목표**: 개인 및 집단 간의 실시간 통행패턴 및 이동경로 예측
	이론 및 분석 기법: 중력 모형, 성장인자 모형, 엔트로피 극대화 모형 등 공간 상호작용 모델	**이론 및 분석 기법**: 그래프 신경망, 시공간 데이터 분석, 실시간 교통 네트워크 데이터 분석, 군집 분석, 패턴 인식
	모델의 역할: 존 간 통행량예측, O-D 통행량 분석, 교통 네트워크 분석	**모델의 역할**: 개인 및 집단 간의 실시간 이동경로 예측, 통행시간 및 비용 예측, 실시간 교통 네트워크 최적화
	모델의 효과: 존 간 통행량 및 이동 패턴 예측, 교통 네트워크 효율성 평가	**모델의 효과**: 개인 맞춤형 이동경로 추천, 실시간 교통 네트워크 최적화, 효율적인 교통흐름 관리
	활용 예시: 도시 내 주요 통행 경로 분석, 신규 도로 건설 시 존 간 통행량 변화 예측	**활용 예시**: 실시간 교통상황 기반 최적이동 경로 추천, 자율주행차량경로 최적화
수단 선택 (Modal Split)	**목표**: 각 통행의 수단 분담률 예측	**목표**: 개인의 실시간 수단 선택 패턴 예측 및 맞춤형 수단 추천
	이론 및 분석 기법: 로짓 모형, 프로빗 모형 등 이산선택 모델, 통행 시간, 비용, 편의성 등 수단별 속성 분석	**이론 및 분석 기법**: 머신러닝/딥러닝 모델(분류 모델), 개인의 수단선택 이력 및 선호도 분석, 실시간 수단별 이동시간 및 비용 정보 분석
	모델의 역할: 수단 분담률 예측, 대중교통 및 개인 이동수단 이용률 예측, 교통 정책 효과 분석	**모델의 역할**: 개인 맞춤형 수단추천, 통합 모빌리티 서비스(MaaS) 제공, 수단 간 연계 최적화
	모델의 효과: 수단 분담률 변화 예측, 대중교통 이용률 제고 방안 마련, 친환경 교통 정책 효과 분석	**모델의 효과**: 개인 맞춤형 이동수단 추천, 다양한 이동수단 연계서비스 제공, 효율적인 교통수단 운영
	활용 예시: 대중교통 요금 인상에 따른 수단 분담률 변화 예측, 신규 자전거 도로 건설 시 자전거 이용률 예측	**활용 예시**: 개인 맞춤형 통합 모빌리티 서비스(MaaS) 제공, 실시간 수단별 이동시간 및 비용 정보 제공

단계	기존 모델	AI 기반 모델
통행 배정 (Trip Assignment)	**목표**: 각 링크(Link)별 통행량 예측, 교통 네트워크 혼잡도 분석	**목표**: 개인 및 차량의 실시간 경로 및 통행 시간 예측, 교통 네트워크 흐름 최적화
	이론 및 분석 기법: 사용자 균형 모형, 시스템 최적 모형, 링크별 통행 시간 함수 등 교통흐름 이론	**이론 및 분석 기법**: 강화 학습, 실시간 교통 네트워크 데이터 분석, 교통흐름 시뮬레이션, 교통신호 제어 알고리즘
	모델의 역할: 링크별 통행량 예측, 교통 네트워크 혼잡도 분석, 교통 시설 개선 효과 분석	**모델의 역할**: 개인 및 차량의 실시간 경로 및 통행 시간 예측, 실시간 교통신호 제어, 교통흐름 최적화
	모델의 효과: 교통 네트워크 혼잡완화 방안 마련, 교통시설 개선효과 분석, 효율적인 교통 네트워크 관리	**모델의 효과**: 실시간 교통흐름 최적화, 교통혼잡 완화, 교통안전성 향상
	활용 예시: 신규도로 건설 시 교통혼잡도 변화 예측, 교통신호개선 효과 분석	**활용 예시**: 실시간 교통신호 제어, 자율주행차량 경로 최적화, 교통혼잡 완화 및 교통흐름 개선

02 도시교통분야에서 AI는 어떤 진화과정을 거쳐 현재까지 왔는가?

AI and Transportation: The Future of Work in Motion, https://www.refer.me/blog/

자율주행, 교통 예측, 차량 제어, 교통안전 등 여러 분야에서 AI 기술이 활용되면서 현재와 미래 모빌리티의 모습은 빠르게 변화하고 있다. AI는 단순히 자율주행자동차 개발에만 국한되는 것이 아니라, 교통시스템 전반에 걸쳐 혁신을 가져오고 있다.

◈ 주요 질문

1. 초기 교통신호 제어시스템에서 인공지능 기술은 어떻게 활용되었으며, 어떠한 발전을 이루었는가?
2. Dijkstra의 최단 경로 알고리즘은 초기 차량용 내비게이션 시스템 개발에 어떠한 기여를 하였는가?
3. 퍼지 논리는 교통시스템의 어떠한 문제를 해결하는 데 효과적인 접근 방식을 제시하였는가?
4. 신경망 기술은 교통분야에서 어떠한 문제 해결 가능성을 제시하며, 실제 적용 사례는 무엇인가?
5. 구글의 자율주행기술 개발은 딥러닝 기반 시스템 발전에 어떠한 영향을 미쳤는가?
6. 생성형 AI 기술은 교통분야에서 어떠한 새로운 가능성을 제시하며, 미래 전망은 어떠한가?

1. AI가 도시교통과 모빌리티의 패러다임을 바꾸고 있다.

1) 초기 AI 시스템(1950년대 ~ 1980년대)

(1) 교통신호 제어시스템과 인공지능

① **1950년대**: 1950년대에는 컴퓨터 기반 검지 시스템이 도입되어 교통량에 따라 신호등을 보다 효율적으로 제어할 수 있게 되었다. 교통신호 제어시스템에 AI 기술이 처음으로 도입되었다. 초기 시스템은 단순한 규칙 기반 시스템으로, 교통량에 따라 신호시간을 조절하는 방식이었다. 예를 들어, 새로운 도로나 철도를 개통할 때 AI를 활용하여 예상 이용자 수를 예측하고, 이를 기반으로 신호 체계를 설계하였다. 이는 교통흐름을 원활하게 하고 혼잡을 줄이는 데 기여하였다.

Old Marbelite Signal from Hoboken, https://gardenstatesignals.net/

② **1960년대**: 1960년대에는 컴퓨터 기술의 발전과 함께 고정된 스케줄에 따라 신호등을 프로그래밍하는 방식이 등장했다. 1980년대에는 SCOOT와 같은 시스템이 실시간 교통상황에 따라 신호 타이밍을 자동으로 조정하는 기능을 도입했으며, 퍼지 논리와 같은 AI 기술이 복잡한 교차로 제어에 적용되기 시작했다. 강화 학습 기반의 교통신호 제어 연구도 활발히 진행되어 실제 교통 데이터를 기반으로 학습하는 AI 에이전트가 규칙 기반 시스템보다 우수한 성능을 보이는 사례들이 보고되었다. 최적 경로 탐색 알고리즘이 개발되었다. 이는 최단 경로 또는 최소 시간 경로를 찾는 데 사용되었으며, 초기 내비게이션 시스템의 기초가 되었다. 이러한 알고리즘은 지도 데이터와

실시간 교통정보를 결합하여 운전자에게 최적의 경로를 안내하는 데 활용되었다.

③ **1970년대**: 전문가 시스템이 교통분야에 도입되었다. 전문가 시스템은 인간 전문가의 지식을 기반으로 교통 문제를 해결하는 시스템으로, 교통 관리 및 운영에 활용되었다. 예를 들어, 전문가 시스템은 교통사고 데이터를 분석하여 사고 다발 지역을 파악하고, 예방 조치를 제안하는 데 사용되었다.

④ **1980년대**: 퍼지 논리, 신경망 등 새로운 AI 기술이 등장하면서, 교통시스템의 성능이 향상되었다. 퍼지 논리는 불확실한 상황에서 의사결정을 지원하는 기술이며, 신경망은 인간의 뇌를 모방하여 학습하는 기술이다. 이러한 기술들은 교통시스템의 예측 능력과 적응력을 향상시키는 데 기여하였다.

연도별 교통신호 제어시스템 관련 인공지능기술의 발전

연도	교통신호 제어시스템 주요 기술 발전
1914년	클리블랜드 최초 전기 신호등 설치(2색, 수동)
1920년	디트로이트 최초 3색 4방향 신호등 도입
1922년	휴스턴 최초 자동 타이머 기반 전기 신호등 설치
1923년	Garrett Morgan, 황색 신호를 포함한 3색 신호등 특허 획득
1950년대	컴퓨터 기반 검지 시스템 도입(교통량에 따른 제어)
1960년대	고정 스케줄 기반 신호등 프로그래밍
1980년대	SCOOT 시스템 도입(실시간 신호 타이밍 자동 조정), 퍼지 논리 교통시스템 연구 시작
2010년대	딥러닝 기반 스마트 교통신호 시스템 개발 및 상용화

(2) 초기 내비게이션 시스템(Navigation System)

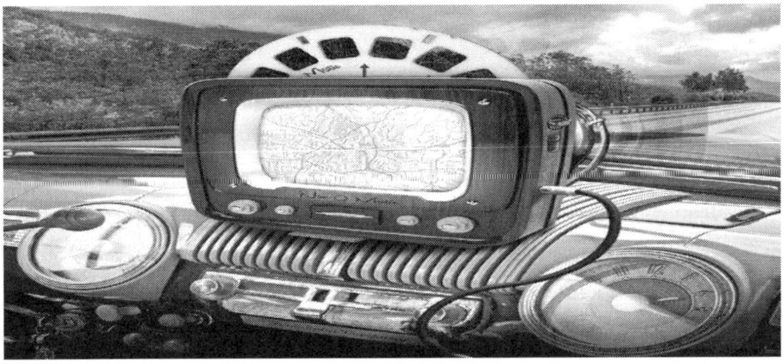

Automobile Navigation System, as Imagined in the 1950s, https://www.reddit.com/

① **Dijkstra의 최단경로 알고리즘: 암스테르담에서 약 20분 만에 아이디어 구상**

1960년대에는 최적 경로 탐색 분야에서 획기적인 발전이 이루어졌으며, Edsger W. Dijkstra가 1956년에 개발하고 1959년에 발표한 최단 경로 알고리즘은 이러한 발전의 대표적인 사례이다. Dijkstra 알고리즘은 연결된 그래프에서 주어진 시작 노드부터 다른 모든 노드까지의 최단 경로를 효율적으로 계산할 수 있으며, 이는 초기 차량용 내비게이션 시스템 개발의 핵심 이론적 기반을 제공했다. Dijkstra는 암스테르담에서 약 20분 만에 이 알고리즘의 기본 아이디어를 떠올렸다고 전해진다.

② **Dijkstra 알고리즘은 초기 차량용 내비게이션 시스템의 기반을 마련**

1960년대 Dijkstra 알고리즘의 개발은 최적 경로 탐색 분야의 획기적인 발전이었으며, 이는 초기 차량용 내비게이션 시스템의 기반을 마련했다. 하지만 초기 내비게이션 시스템은 기술적 한계로 인해 실시간 교통정보나 정확한 위치 파악에 어려움을 겪었다. 종이 지도 기반 시스템은 사용 편의성이 낮았고, 초기 GPS 기반 시스템은 정확도나 가용성 면에서 현대 시스템에 비해 제한적인 성능을 보였다. 그럼에도 불구하고, 이러한 초기 시스템들은 운전자에게 길 안내를 제공하고 이동 편의성을 증진시키는 데 중요한 역할을 수행했으며, 이후 더욱 발전된 내비게이션 기술 개발의 토대가 되었다.

(3) 교통시스템에 고급 인공지능 기술의 출현

① **퍼지(Fuzzy) 논리 교통시스템**

- 주관적이고 불확실한 요소가 많은 교통 현상을 모델링하는 데 매우 효과적인 접근 방식

1980년대에는 퍼지 논리가 교통시스템에 도입되면서 불확실하고 모호한 정보를 처리할 수 있는 새로운 가능성이 열렸다. 1965년 Zadeh 교수가 처음 제안한 퍼지 논리는 전통적인 이진 논리와 달리 '참' 또는 '거짓'의 명확한 경계가 없는 중간 상태를 표현할 수 있어, 주관적이고 불확실한 요소가 많은 교통 현상을 모델링하는 데 매우 효과적인 접근 방식으로 인식되었다. 특히 교통량, 속도, 혼잡도 등 정확하게 수치화하기 어려운 교통 변수들을 언어적 표현(예: '많음', '보통', '적음')으로 정의하고, 이를 기반으로 유연하게 의사결

정을 내릴 수 있다는 장점 때문에 교통신호 제어 분야에서 활발한 연구가 이루어졌다.

■ 퍼지 논리는 교통신호 제어를 비롯하여 네트워크 분석, 사고 예방 등 다양한 교통분야에 응용되었다.

1980년대에 퍼지 논리는 교통신호 제어를 비롯하여 네트워크 분석, 사고 예방 등 다양한 교통분야에 응용되었다. 퍼지 논리 제어기는 교통량이 많고 불균형한 상황에서 기존의 전통적인 교통신호 제어 방식보다 더 나은 성능을 보일 수 있다는 연구 결과들이 보고되었으며, 교통 관리 시스템의 미래 발전에 중요한 기여를 할 것으로 기대되었다. 또한, 퍼지 의사결정 시스템은 불확실하거나 모호한 데이터를 기반으로 의사결정을 내리는 데 유용한 도구로서, 공급망 관리, 물류 최적화 등 다양한 분야에서 활용 가능성을 보여주었다. MATLAB과 같은 도구를 이용하여 퍼지 논리 기반의 교통시스템을 설계하고 시뮬레이션 하는 연구도 활발히 진행되었으며, 실제 교통 환경에서의 적용 가능성을 탐색하는 데 기여했다.

② 신경망 교통시스템

1980년대에는 인공 신경망(ANN: Artificial Neural Network)에 대한 연구가 다시 활발해지면서 교통분야에도 신경망 기술이 도입되기 시작했다. 인간 뇌의 신경망 구조를 모방한 인공 신경망은 복잡하고 비선형적인 관계를 학습하고 모델링하는 데 뛰어난 능력을 보여주었으며, 교통량 예측, 교통패턴 분석, 교통사고 예측 등 다양한 교통문제 해결에 적용될 수 있는 가능성을 제시했다. 초기 신경망 연구는 주로 패턴 인식과 예측 문제에 집중되었으며, 역전파 알고리즘과 같은 학습 방법의 발전은 신경망의 성능을 크게 향상시키는 데 기여했다.

신경망은 도로 계획, 대중교통시스템 개선, 교통사고 감지, 교통상황 예측 등 다양한 교통분야에 성공적으로 적용되었다. 예를 들어, 과거 교통 데이터를 학습하여 미래의 교통량을 예측하거나, 교통사고 발생 위험이 높은 지역을 예측하는 데 신경망이 활용되었다. 또한, 신경망은 도로 포장 관리 시스템 개발, 포장마찰 예측모델 개발 등 교통 인프라 관리 의사결정을 지원하는 데에도 중요한 역할을 수행했다.

애리조나 교통부는 1980년부터 운영해 온 포장 관리 시스템에 신경망 시뮬레이터를 도입하여 포장 보수 프로그램 대상 구간을 선정하는 데 활용하기도 했다. 이러한 초기 응용 사례들은 신경망이 복잡한 교통시스템의 패턴을 인식하고 예측하는 데 유용한 도구임을 입증했으며, 이후 딥러닝 기반 교통시스템 발전의 중요한 토대가 되었다.

Smart traffic light technology controlled using Artificial Intelligence, https://www.innovationnewsnetwork.com/

2) 딥러닝 기반 시스템(2010년대~현재)

(1) 2000년대 딥러닝, 구글 자율주행기술 개발로 교통분야에 크게 기여

① **2010년대**: 딥러닝 기술의 발전과 함께, 이미지 인식, 자연어 처리 등 다양한 분야에서 혁신적인 성과가 나타났다. 이러한 딥러닝 기술은 자율주행시스템의 핵심 기술로 활용되면서, 교통분야에 새로운 가능성을 제시하였다.

② **2012년**: 구글이 자율주행기술을 발표하면서, 전 세계적으로 자율주행자동차 개발 경쟁이 시작되었다. 구글의 자율주행기술은 딥러닝 기반으로, 카메라, 레이더, 라이다 등 다양한 센서 데이터를 분석하여 주변 환경을 인식하고 주행 경로를 계획한다.

③ **현재**: 딥러닝 기술은 자율주행뿐만 아니라 교통 예측, 차량 제어, 교통안전 등 다양한 분야에서 활용되고 있다. 예를 들어, 교통량 예측 시스템은 과거 교통 데이터를 학습하여 미래 교통량을 예측하고, 교통혼잡을 완화하는 데 기여한다.

Google's Self-Driving Car Prototype Ditches the Steering Wheel, https://www.pcmag.com/news/

(2) 2012년 구글 자율주행차 발표와 그 영향

2012년 8월, 구글은 자율주행차 프로젝트를 공식적으로 발표하며 첨단 컴퓨터 과학 기술을 활용하여 운전을 더 안전하고 즐겁게 만드는 것을 목표로 하고 있다고 밝혔다. 이에 앞서 2012년 5월에는 네바다 주에서 자율주행차 관련 법률이 발효되었으며, 구글은 이러한 법률 제정을 위해 적극적으로 로비 활동을 펼쳐왔다. 구글이 개조한 도요타 프리우스 차량은 네바다 주 차량관리국으로부터 자율주행 면허를 취득하기도 했다.

구글 자율주행차 도로주행 스타트, 헤럴드경제

구글의 2012년 자율주행차 발표 이후, 많은 자동차 제조업체, 기술 기업, 스타트업들이 자율주행기술 개발 경쟁에 뛰어들었으며, 관련 분야에 대한 투자가 급증하는 결과를 가져왔다 2015년에는 스티어링 휠과 페달이 없는 완전 자율주행차인 "Firefly"를 선보이며 기술력을 과시하기도 했다. 현재 구글의 자율주행차 프로젝트는 Waymo라는 독립 회사를 통해 더욱 활발하게 진행되고 있으며, 자율주행 택시 서비스 상용화를 눈앞에 두고 있다.

연도	주요 사건
2010	구글, 도요타 프리우스 기반 자율주행차 공개
2012	네바다 주, 자율주행차 관련 법률 발효
2012	구글, 렉서스 RX450h 기반 자율주행차 공개 및 30만 마일 테스트 완료 발표
2015	구글, 스티어링 휠 없는 완전 자율주행차 "Firefly" 공개
2016	구글 자율주행차 프로젝트, 총 170만 마일 이상 자율주행 테스트 기록
2017	Waymo, 애리조나에서 안전 운전자 없는 완전 자율주행 테스트 시작
2018	Waymo, 캘리포니아에서 안전 운전자 없는 자율주행차 운행 허가 획득 및 자율주행 트럭 테스트 계획 발표
2020	Waymo, 피닉스에서 완전 자율주행 택시 서비스 상용화 시작

2. 도시교통분야에도 생성형 AI 시대(2020년대~미래)가 열리다.

1) 생성형 AI 기술은 교통분야에서도 새로운 가능성을 제시하다

① **2020년대**: 생성형 AI 기술이 등장하면서, 텍스트, 이미지, 음성 등 다양한 형태의 데이터를 생성하고 변환하게 되었다. 이러한 생성형 AI 기술은 교통분야에서도 새로운 가능성을 제시하고 있다. 예를 들어, 생성형 AI는 가상 환경에서 자율주행시스템을 학습시키는 데 활용될 수 있으며, 이는 실제 도로 주행 테스트 비용을 절감하고 안전성을 향상시키는 데 기여할 수 있다. 생성형 AI는 다양한 도로 환경, 날씨 조건, 교통상황 등을 가상으로 생성하여 자율주행시스템이 실제 도로에서 발생할 수 있는 다양한 상황에 대비하도록 학습시키는 데 활용될 수 있다.

② **미래**: 생성형 AI는 교통시스템의 설계, 운영, 관리 등 다양한 측면에서 혁신적인 변화를 가져올 것으로 예상된다. 예를 들어, 생성형 AI는 도시교통시스템을 최적화하여 교통혼잡을 줄이고, 에너지 소비를 최소화하는 데 기여할 수 있다. 또한, 생성형 AI는 교통시스템의 안전성을 향상시키고, 사용자에게 더욱 편리하고 효율적인 교통서비스를 제공하는 데 기여할 것으로 예상된다.

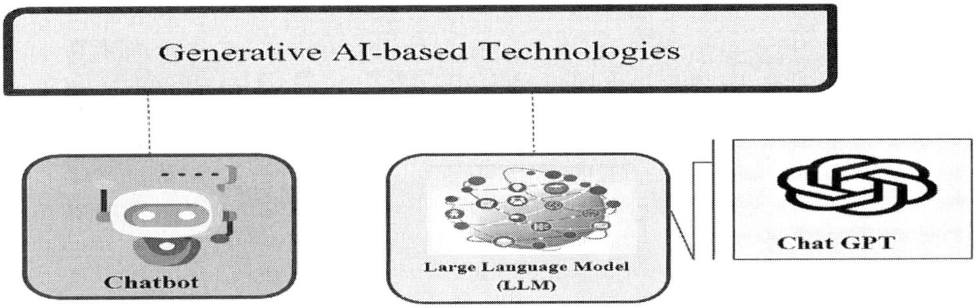

Generative AI-based technologies, Research Gate

2) 교통분야의 생성형 인공지능(현재 동향)

① **생성형 AI는 텍스트, 이미지, 비디오 등 다양한 형태의 데이터를 스스로 생성할 수 있는 능력을 바탕으로, 교통 최적화, 교통수요 예측, 자율주행차 개발 지원 등이 가능하다.**

생성형 AI는 최근 교통분야에서 빠르게 부상하는 핵심 기술로서, 기존 AI 기술의 한계를 넘어 새로운 가능성을 제시하고 있다. 생성형 AI는 텍스트, 이미지, 비디오 등 다양한 형태의 데이터를 스스로 생성할 수 있는 능력을 바탕으로, 교통 최적화, 동적 재고 관리, 자율주행차 및 ADAS 개발 지원, 교통 관리 및 최적화, 수요 예측 및 예측 유지 보수, 위험 관리 및 시나리오 계획 등 다양한 교통분야에서 혁신적인 역할을 수행하고 있다.

② **DHL, Uber 등 여러 기업에서는 이미 생성형 AI를 활용하여 배송 경로를 최적화하고 교통체증을 줄이는 등의 성과를 거두고 있다.**

생성형 AI는 복잡한 교통시스템을 설계하고 시뮬레이션 하는 데 도움을 주어 혁신적인 솔루션과 효율성 향상을 가능하게 한다. 예를 들어, 실제와 유사한 가상 주행 환경을 생성하여 자율주행시스템을 훈련하고 검증하는 데 활용될 수 있으며, 실시간 교통 데이터를 분석하여 교통흐름을 최적화하고 교통체증을 줄이는 데에도 기여한다. DHL, Uber 등 여러 기업에서는 이미 생성형 AI를 활용하여 배송 경로를 최적화하고 교통체증을 줄이는 등의 성과를 거두고 있으며, 향후 교통분야에서 생성형 AI의 활용은 더욱 확대될 것으로 예상된다.

AI 기술로 변화를 맞이하는 물류 산업(DHL Korea), https://www.google.com/search?q=DHL

3. 도시교통분야의 AI가 자율주행차, MaaS, 라스트 마일 모빌리티, DRT, 스마트 시티를 탄생시키다.

AI 기술은 교통분야에서 다양한 트렌드를 이끌고 있다. 자율주행, MaaS(Mobility as a Service), 스마트 시티 등이 대표적인 예이며, 이러한 트렌드는 미래 모빌리티 시스템의 모습을 혁신적으로 변화시킬 것으로 예상된다. 이러한 변화는 단순히 기술적인 발전에 그치는 것이 아니라, 우리의 삶의 방식, 도시의 모습, 사회 시스템 전반에 걸쳐 큰 영향을 미칠 것이다.

◈ 주요 질문

1. 초기 교통분야 AI 시스템은 어떠한 기술에 기반하여 발전하였으며, 주요 특징은 무엇인가?
2. 딥러닝 기반 AI 시스템은 교통분야에 어떠한 혁신을 가져왔으며, 주요 적용 분야는 어디인가?
3. 생성형 AI 기술은 교통분야에서 어떠한 새로운 가능성을 제시하며, 미래 전망은 어떠한가?
4. 자율주행기술은 현재 어느 수준까지 발전하였으며, 미래 모빌리티 시스템에 어떠한 영향을 미칠 것으로 예상하는가?
5. MaaS(Mobility as a Service)는 어떠한 개념이며, AI는 MaaS 플랫폼에서 어떠한 역할을 수행하는가?
6. 라스트 마일 모빌리티(Last Mile Mobility)와 수요응답형 교통(DRT) 서비스에서 AI 기술

은 어떠한 방식으로 활용되며, 어떠한 효과를 기대할 수 있는가?

7. 스마트 시티(Smart City)에서 AI 기술은 어떠한 방식으로 도시 문제를 해결하고 시민들의 삶의 질을 향상시키는가?

1) 자율주행차와 기술

- 자율주행기술은 운전자의 개입 없이 차량이 스스로 주행하는 기술로, 교통사고 감소, 교통혼잡 완화, 편의성 증대 등 다양한 이점을 제공한다. 자율주행기술은 레벨 0부터 레벨 5까지 6단계로 구분되며, 현재 레벨 4 수준의 자율주행기술이 개발 중에 있다.
- 레벨 4 자율주행은 특정 조건에서 운전자의 개입 없이 차량이 스스로 주행할 수 있는 수준이며, 일부 지역에서는 레벨 4 자율주행차량의 시범 운행이 이루어지고 있다. 하지만 아직 완전한 자율주행 시대가 도래했다고 보기는 어려우며, 기술적, 법적, 사회적 측면에서 해결해야 할 과제들이 남아있다.

자율주행기술의 단계와 적용되는 기술

단계	단계별 자율주행의 유형	기술
Level 0	운전자 지원 없음	일반적인 차량
Level 1	운전자 보조시스템	차선 유지 지원, 어댑티브 크루즈 컨트롤
Level 2	부분 자율주행	자동 차선 변경, 자동 주차
Level 3	조건부 자율주행	고속도로 자율주행
Level 4	고도 자율주행	특정 지역 자율주행
Level 5	완전 자율주행	모든 환경 자율주행

AI in Autonomous Vehicle Testing Explained, https://redresscompliance.com/

① **기술 동향**: 딥러닝, 강화학습 등 AI 기술의 발전과 함께 자율주행기술은 빠르게 발전하고 있다. 특히, 라이다, 레이더, 카메라 등 센서 기술의 발전과 고정밀 지도 기술의 발전은 자율주행기술의 고도화에 기여하고 있다. 딥러닝은 자율주행시스템이 주변 환경을 인식하고 판단하는 데 사용되며, 강화학습은 다양한 주행 상황에 대한 학습을 통해 자율주행 능력을 향상시키는 데 사용된다.

② **적용 사례**: 자율주행기술은 승용차뿐만 아니라 버스, 트럭, 택시 등 다양한 차량에 적용되고 있다. 또한, 자율주행 셔틀, 배달 로봇 등 새로운 형태의 자율주행 모빌리티 서비스도 등장하고 있다. 자율주행 셔틀은 정해진 노선을 따라 운행하며, 승객들은 스마트폰 앱을 통해 셔틀을 호출하고 탑승할 수 있다. 배달 로봇은 음식, 택배 등을 자율주행으로 배달하며, 인력부족 문제를 해결하고 배달 효율성을 높이는 데 기여한다.

③ **미래 전망**: 자율주행기술은 미래 모빌리티 시스템의 핵심 기술로, 교통시스템의 효율성을 높이고 안전성을 향상시키는 데 크게 기여할 것으로 예상된다. 자율주행기술의 발전은 교통사고 감소, 교통혼잡 완화, 주차문제 해결, 에너지 절약 등 다양한 사회적, 경제적 이점을 가져올 것으로 기대된다. 또한, 자율주행기술은 새로운 산업을 창출하고, 기존 산업의 구조를 변화시키는 등 사회 전반에 걸쳐 큰 영향을 미칠 것으로 예상된다.

2) MaaS(Mobility as a Service: 서비스로서 모빌리티)

(1) MaaS는 다양한 교통수단을 통합하여 사용자에게 최적의 이동 서비스를 제공하는 개념이다.

- MaaS는 다양한 교통수단을 통합하여 사용자에게 최적의 이동 서비스를 제공하는 개념이다. MaaS는 스마트폰 앱을 통해 사용자의 위치, 목적지, 선호도 등을 파악하고, 대중교통, 택시, 자전거, 렌터카 등 다양한 교통수단을 조합하여 최적의 경로를 제공한다.
- MaaS는 단순히 교통수단을 연결하는 것을 넘어, 사용자 중심의 이동경험을 제공하는 것을 목표로 한다.

① **핵심 기술**: MaaS는 AI, 빅데이터, 클라우드 컴퓨팅 등 다양한 기술을 기반으로 한다. AI는 사용자의 이동 패턴을 분석하고 최적의 경로를 추천하며, 빅데이터는 교통정보를 수집하고 분석하여 실시간 교통상황을 반영한다. 클라우드 컴퓨팅은 MaaS 플랫폼 운영에 필요한 컴퓨팅 자원을 제공하고, 다양한 교통서비스 제공자들을 연결하는 역할을 한다.

② **적용 사례**: MaaS는 도시교통시스템의 효율성을 높이고, 사용자 편의성을 증대하는 데 기여한다. 일부 도시에서는 MaaS 플랫폼을 통해 다양한 교통수단을 예약하고 결제할 수 있으며, 실시간 교통정보를 제공받을 수 있다. 핀란드 헬싱키의 Whim 앱은 MaaS의 대표적인 사례로, 사용자는 월 정액 요금을 지불하고 앱을 통해 다양한 교통수단을 이용할 수 있다.

Whim looks to expand after 2.5m trips in year one,
https://mobilemarketingmagazine.com/whim

③ **미래 전망**: MaaS는 미래 모빌리티 시스템의 핵심 요소로, 개인의 이동 편의성을 높이고 도시교통 문제를 해결하는 데 기여할 것으로 예상된다. MaaS는 자율주행기술, 스마트 시티 기술과 융합하여 더욱 발전할 것으로 예상되며, 미래 도시의 지속 가능한 교통시스템 구축에 중요한 역할을 할 것으로 기대된다.

3) 라스트 마일 모빌리티(Last Mile Mobility)

(1) 라스트 마일 모빌리티는 최종 목적지까지의 짧은 거리의 이동을 의미

라스트 마일 모빌리티는 대중교통 이용 후 목적지까지 이동하는 마지막 구간의 이동수단을 의미한다. 라스트 마일 모빌리티는 최종 목적지까지의 짧은 거리를 이동하는 것을 의미하며, 수요응답형 교통(DRT)은 승객의 실시간 호출에 따라 노선과 운행 시간을 유동적으로 조정하는 교통서비스를 말한다. AI는 라스트 마일 모빌리티와 DRT 서비스의 효율성과 사용자 경험을 향상시키는 데 중요한 역할을 할 수 있다.

Micro-mobility solutions aim to crack last mile challenges, https://www.smartcitiesworld.net/news/

메가시티의 등장과 함께 도시 인구 밀집, 교통체증 심화, 주차난 등의 문제가 발생하면서 라스트 마일 모빌리티의 중요성이 더욱 커지고 있다. 전동 킥보드, 전기 자전거, 공유 자전거 등이 라스트 마일 모빌리티의 대표적인 예이며, AI는 라스트 마일 모빌리티 서비스의 효율성을 높이는 데 중요한 역할을 한다.

(2) 라스트 마일 모빌리티의 활용 예시를 통한 효과

① **AI 기반 경로 안내**: AI는 사용자의 위치, 목적지, 교통상황 등을 고려하여 최적의 라스트 마일 모빌리티 경로를 안내한다. 예를 들어, AI는 실시간 교통정보를 분석하여 혼잡한 도로를 피하고, 안전하고 빠른 경로를 추천한다.

② **수요 예측 및 배차 최적화**: AI는 라스트 마일 모빌리티 수요를 예측하고, 이를 기반으로 차량 배차를 최적화한다. 예를 들어, AI는 특정 시간, 특정 지역의 라스트 마일 모빌리티 수요를 예측하여 해당 지역에 충분한 차량을 배치하고, 사용자 대기시간을 줄인다.

③ **안전 관리**: AI는 라스트 마일 모빌리티 이용자의 안전을 관리하는 데 활용된다. 예를 들어, AI는 CCTV 영상 분석, 운행 데이터 분석 등을 통해 위험 지역을 파악하고, 안전사고 예방을 위한 조치를 취할 수 있다.

AI in Last-Mile Delivery, https://www.linkedin.com/

4) 수요응답형 교통(DRT: Demand Responsive Transport)

용인 관광형 DRT 타바용, 오늘 운행 시작, 서울신문

(1) 수요응답형 교통(DRT)은 고정된 노선이나 시간표 없이 사용자의 요청에 따라 운행하는 교통서비스

수요응답형 교통(Demand Responsive Transport, DRT)은 고정된 노선이나 시간표 없이 사용자의 요청에 따라 운행하는 교통서비스이다. DRT는 버스, 택시, 셔틀 등 다양한 형태로 제공될 수 있으며, AI는 DRT 서비스의 효율성을 높이는 데 중요한 역할을 한다.

(2) 개인 DRT 및 합승 DRT의 특징

① **개인 DRT**: 개인 DRT는 "라이드 헤일링" 또는 "라이드 소싱" 서비스로, 사용자가 스마트폰 앱을 통해 차량을 호출하면, AI가 가장 가까운 차량을 배차하고, 사용자를 목적지까지 이동시킨다. Uber, Lyft 등이 개인 DRT의 대표적인 예이다.

② **합승 DRT**: 합승 DRT는 여러 명의 승객이 같은 방향으로 이동할 때, AI가

이들을 하나의 차량에 배차하여 이동시키는 서비스이다. 합승 DRT는 개인 DRT보다 저렴한 요금으로 이용할 수 있으며, 교통혼잡 완화에도 기여한다. Uber Pool, Lyft Line 등이 합승 DRT의 예이다.

5) 스마트 시티(Smart City)

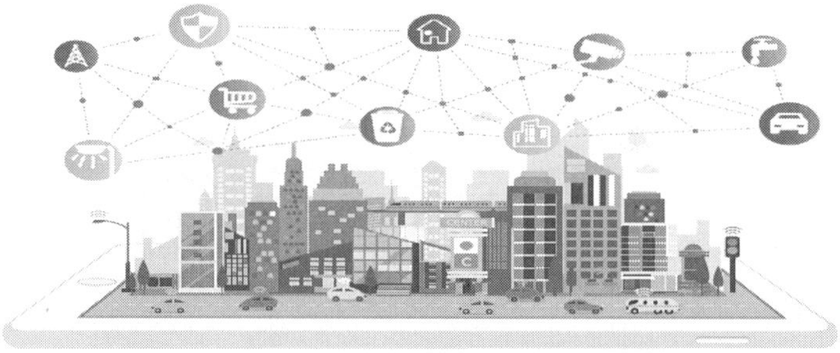

Korea and the fourth industrial revolution 〈Smart City〉, JoongAng Daily

(1) 스마트 시티는 ICT를 활용하여 다양한 도시문제를 해결하고 시민들의 삶의 질을 향상시키는 도시

스마트 시티는 정보통신기술(ICT)을 활용하여 도시의 다양한 문제를 해결하고 시민들의 삶의 질을 향상시키는 도시이다. 스마트 시티는 교통, 에너지, 환경, 안전 등 다양한 분야에서 ICT 기술을 활용하며, AI는 스마트 시티 구축의 핵심 기술 중 하나이다. AI는 스마트 시티의 두뇌 역할을 하며, 도시의 다양한 데이터를 분석하고, 문제를 해결하며, 시민들에게 더 나은 서비스를 제공하는 데 기여한다.

(2) AI 기반 스마트시티의 효과

① **AI 기반 교통시스템**: 스마트 시티는 AI 기반 교통시스템을 통해 교통혼잡을 완화하고 교통안전을 향상시킨다. 예를 들어, AI 기반 교통신호 제어시스템은 실시간 교통상황에 따라 신호시간을 조절하고, AI 기반 교통정보 시스템은 사용자에게 최적의 경로를 안내한다. 또한, AI는 자율주행차량, 드론 등 미래 교통수단과 연동하여 스마트 시티의 교통시스템을 더욱 효율적으로 운영할 수 있도록 한다.

② **데이터 기반 도시 관리**: 스마트 시티는 다양한 센서를 통해 도시 데이터를 수집하고, AI를 활용하여 데이터를 분석하고 도시 문제를 해결한다. 예를 들어, AI는 CCTV 영상을 분석하여 범죄를 예방하고, 교통 데이터를 분석하여 교통혼잡을 예측한다. 또한, AI는 환경 데이터를 분석하여 대기오염, 소음공해 등을 줄이는 데 기여할 수 있다.

③ **미래 전망**: 스마트 시티는 지속 가능한 도시 개발의 중요한 모델이며, AI는 스마트 시티 구축의 핵심 기술로서 도시 문제를 해결하고 시민들의 삶의 질을 향상시키는 데 기여할 것으로 예상된다. AI 기반 스마트 시티는 더욱 안전하고 편리하며 효율적인 도시 환경을 조성하고, 시민들에게 더 나은 삶을 제공할 것으로 기대된다.

03 도시교통분야에서 AI의 활용 분야, 역할, 효과

AI는 효율성, 안전성 및 통행자 경험을 향상시키면서 도시교통 부문에 혁신적인 변화를 가져오고 있다. AI 기반 자율주행시스템은 인간의 오류를 줄이고 도로 안전을 개선하는 자율주행차와 함께 자리를 잡아가고 있다. 또한 AI 기반 교통관리 시스템은 실시간 데이터를 분석하고 그에 따라 교통신호를 조정하여 교통흐름을 최적화하고, 혼잡을 줄이며, 대기가스 배출량을 낮춘다.

대중교통에서 AI는 노선 계획 및 일정을 개선하여 시기적절하고 안정적인 서비스를 보장한다. 또 다른 AI 응용 분야인 예측 유지보수시스템은 차량 상태를 모니터링하고, 잠재적 고장을 예측하며, 적시에 유지보수를 예약하여 가동 중지시간과 운영비용을 줄이는 데 도움을 준다.

또한 AI는 개인화된 여행 추천 및 실시간 업데이트를 통해 통행자 경험을 향상시킨다. AI를 다양한 교통분야에 통합함으로써 전반적인 도시교통시스템을 스마트하고, 안전하며, 효율적으로 견인한다.

1. 도시교통분야에서 AI의 주요 활용 분야

도시교통 부문에서 AI는교통시스템의 수요추정, 교통혼잡관리 및 최적화하는 방식을 혁신하고 있다. 교통분야에서 AI 응용 분야는 안전성, 효율성 및 지속 가능성을 향상시키고 있다. 도시교통분야에서 AI의 주요 활용 분야는 다음과 같다.

1) 자율주행차량

AI는 자율주행 승용차, 트럭 및 드론을 포함한 자율주행차량 개발을 견인하고 있다. 자율주행차량은AI 기반 알고리즘, 센서 및 카메라를 사용하여 주변 환경을 인식하고, 의사결정을 내리며, 사람의 개입 없이 운행한다. Tesla, Waymo 및 Uber와 같은 기업은 이 분야에서 획기적인 발전을 이루어 내고 있다.

(1) **주요 기능**

- 실시간 객체 감지 및 인식
- 경로 계획 및 탐색
- 적응형 크루즈 컨트롤 및 차선 유지 지원

2) 교통 관리

AI 기반 교통관리 시스템은 실시간 교통 데이터를 분석하여 교통흐름을 최적화하고, 혼잡을 줄이며, 안전성을 향상시킨다. 머신러닝 알고리즘을 사용하여 교통수요와 패턴을 예측하고 그에 따라 교통신호 등 교통 인프라를 최적상태로 관리한다.

(1) **주요 기능**

- 실시간 교통 모니터링 및 분석
- 적응형 교통신호 제어
- 사고 감지 및 관리

3) 예측 기반의 교통 인프라 유지보수

AI는 도로, 교량, 철도 등 교통 인프라의 유지보수 필요성을 예측하여 가동중지 시간을 줄이고 사고를 예방하는 데 사용된다. 인프라예측에 기반한 유지보수는 센서 및 IoT 장치의 데이터를 사용하여 교통 인프라의 상태를 모니터링하고 유지보수가 필요한 시기를 예측한다.

(1) **주요 기능**

- 마모 및 파손에 대한 센서 데이터 분석
- 유지보수 일정 예약을 위한 예측 분석
- 유지보수 필요성에 대한 자동화된 알림

4) 차량 관리

AI는 경로를 최적화하고, 연료 소비를 줄이며, 전반적인 효율성을 개선하여 차량 관리를 향상시킨다. AI 알고리즘은 GPS, 날씨 보고서 및 교통상황 데이터를 분석하여 차량 운전자 및 운영자를 위한 최적의 경로 솔루션을 제공한다.

(1) **주요 기능**

- 경로 최적화 및 일정 예약
- 연료 소비 모니터링 및 감소
- 운전자 행동 분석 및 안전 관리

5) 대중교통

AI는 대중교통시스템의 효율성과 이용자서비스를 개선해 주고 있다. AI 활용분야에는 수요 예측, 동적 일정(Dynamic Scheduling) 예약 및 승객을 위한 실시간 업데이트가 포함된다.

(1) **주요 기능**

- 수요 예측을 위한 예측모델 분석
- 동적 일정 예약 및 경로 계획
- 실시간 승객 정보 시스템

6) 지능형 교통시스템(ITS)

지능형 교통시스템(ITS)은 AI를 활용하여 교통 인프라의 다양한 구성 요소를 통합하고 차량, 교통신호 및 제어 센터 간의 통신 및 조정과 통합능력을 향상시킨다.

(1) **주요 기능**
- 차량-인프라 간(V2I) 통신
- 실시간 데이터 공유 및 분석
- 조정과 통합 시스템을 통한 안전성 및 효율성 향상

7) 드론 배송

AI는 상품 및 서비스 배송을 위한 드론 배송 시스템 개발을 가능하게 한다. AI 알고리즘은 드론이 복잡한 환경을 탐색하고, 장애물을 피하며, 배송 경로를 최적화하는 데 도움을 준다.

(1) **주요 기능**
- 자율 탐색 및 장애물 회피
- 효율적인 배송을 위한 경로 최적화
- 실시간 모니터링 및 제어

8) 차량 공유 및 모빌리티 서비스

AI는 수요와 공급을 일치시키고, 경로를 최적화하며, 개인화된 사용자 경험을 제공하여 차량 공유 및 모빌리티 서비스를 변화시키고 있다. Uber 및 Lyft와 같은 기업은 AI를 사용하여 서비스 및 고객 만족도를 개선한다.

(1) **주요 기능**
- 동적 가격책정 및 수요 예측
- 공유 차량을 위한 경로 최적화
- 모빌리티 서비스 이용자를 위한 개인화된 추천

9) AI 기반 교통안전 시스템

차량의 AI 기반 안전 시스템에는 사고를 예방하고 운전자 안전을 향상시키는 첨단 운전자 보조시스템(ADAS)이 포함된다. 이러한 시스템은 AI를 사용하여 환경을 모니터링하고 실시간 경고 등의 서비스를 제공한다.

(1) 주요 기능

- 충돌 방지 및 비상 제동
- 차선 이탈 경고 및 적응형 전조등
- 운전자 모니터링 및 피로 감지

10) 공급망 최적화

AI는 물류를 개선하고, 배송 시간을 줄이며, 비용을 최소화하여 공급망을 최적화한다. AI 알고리즘은 다양한 소스의 데이터를 분석하여 공급망 관리의 의사결정을 향상시킨다.

(1) 주요 기능

- 수요 예측 및 재고 관리
- 경로 계획 및 물류 배송시스템의 최적화
- 실시간 추적 및 분석

도시교통분야에서 AI의 주요별 개요 및 주요 기능

도시교통전략	목표	역할
자율주행차량	AI 기반 알고리즘, 센서, 카메라를 활용하여 인간의 개입 없이 운행되는 자율주행차량 개발을 견인한다.	- 실시간 객체 감지 및 인식 - 경로 계획 및 탐색 - 적응형 크루즈 컨트롤 및 차선 유지 지원
교통 관리	실시간 교통 데이터를 분석하여 교통흐름을 최적화하고 혼잡을 줄이며 안전성을 향상시키는 AI 기반 교통 관리 시스템을 구축한다.	- 실시간 교통 모니터링 및 분석 - 적응형 교통신호 제어 - 사고 감지 및 관리
예측 기반 교통 인프라 유지보수	센서 및 IoT 장치 데이터를 활용하여 도로, 교량, 철도 등 교통 인프라 유지보수 필요성을 예측하고 가동 중단 시간 감소 및 사고 예방을 지원한다.	- 교통 인프라 마모 및 파손에 대한 센서 데이터 분석 - 유지보수 일정 예약을 위한 예측 분석 - 유지보수 필요성에 대한 자동화된 알림 장치

도시교통전략	목표	역할
차량 관리	GPS, 날씨 보고서, 교통상황 데이터 분석을 통해 경로 최적화, 연료 소비 감소, 전반적인 효율성을 개선하는 AI 기반 차량 관리 시스템을 구축한다.	- 경로 최적화 및 일정 예약 - 연료 소비 모니터링 및 감소 - 운전자 행동 분석 및 안전 관리
대중교통	수요 예측, 동적 일정 예약, 실시간 업데이트를 통해 대중교통시스템의 효율성과 이용자 서비스를 개선한다.	- 수요 예측을 위한 예측모델 분석 - 동적 일정 예약 및 경로 계획 - 실시간 승객 정보 시스템
지능형 교통시스템(ITS)	AI를 활용하여 교통 인프라의 다양한 구성 요소를 통합하고 차량, 교통신호, 제어 센터 간 통신 및 조정 능력을 향상시킨다.	- 차량-인프라 간(V2I) 통신 - 실시간 데이터 공유 및 분석 - 조정 및 통합 시스템을 통한 안전성 및 효율성 향상
드론 배송	AI 알고리즘을 활용하여 드론이 복잡한 환경을 탐색하고 장애물을 피하며 배송 경로를 최적화하는 드론 배송 시스템 개발을 지원한다.	- 자율 탐색 및 장애물 회피 - 효율적인 배송을 위한 경로 최적화 - 실시간 모니터링 및 제어
차량 공유 및 모빌리티 서비스	AI를 활용하여 수요와 공급을 일치시키고 경로를 최적화하며 개인화된 사용자 경험을 제공하는 차량 공유 및 모빌리티 서비스 혁신을 주도한다.	- 동적 가격 책정 및 수요 예측 - 공유 차량을 위한 경로 최적화 - 모빌리티 서비스 이용자를 위한 개인화된 추천
AI 기반 교통안전 시스템	AI 기반 안전 시스템(ADAS 포함)은 환경을 모니터링하고 실시간 경고를 제공하여 사고를 예방하고 운전자 안전을 향상시킨다.	- 충돌 방지 및 비상 제동 - 차선 이탈 경고 및 적응형 전조등 - 운전자 모니터링 및 피로 감지
공급망 최적화	다양한 소스 데이터를 분석하여 물류 개선, 배송 시간 단축, 비용 최소화를 통해 공급망 관리 의사결정을 향상시킨다.	- 수요 예측 및 재고 관리 - 경로 계획 및 물류 배송 시스템 최적화 - 실시간 추적 및 분석

2. 도시교통분야에서 AI가 제공하는 편익

1) 효율성 향상

① **교통 관리**: 스마트 교통시스템은 교통흐름을 분석하고 새로운 교통 제어시스템을 구축하여 교통체증을 완화하고 교통흐름을 향상시킨다. 실시간 데이터는 또한 통행자가 혼잡한 노선이나 지역을 피하여 최적 경로로 유도할 수 있다.

② **대중교통**: AI는 승객 교통량에 따라 대중교통의 일정 및 경로를 계획하는 데 도움을 주어 효율성을 높이고 승객의 대중교통 대기시간을 최소화할 수 있다.

2) 비용 절감

① **연료 효율**: AI 시스템은 운전자에게 연료 소비를 최소화하는 최적의 경로를 탐색하여 선정해 줌으로써 개인(운전자 등) 및 물류 회사의 비용을 절감한다.

② **운영 비용**: 자율주행자동차 및 AI가 통합된 공급망은 유통비용을 줄여주고, 직원의 임금 절감을 통해 생산성을 높일 수 있다.

3) 향상된 고객 경험

① **개인화된 서비스**: AI는 개별 이용자에게 여행 추천, 실시간 여행 정보 제공 및 고객 문의 응답서비스를 제공해 줌으로써 여행의 질을 높이고, 편안하고 즐거운 여행경험을 제공해 준다.

② **원활한 결제**: 인공지능을 사용하는 셀프 서비스 결제 시스템은 통행 및 여행 서비스에 대한 결제가 효율적이고 안전하게 이루어지도록 보장해 주어 승객 및 통행자의 만족도를 향상시킨다.

4) 환경적 편익

① **배출량 감소**: 차량 운전자들에게 최적의 경로와 통행시간 선택 정보를 제공함으로써 AI는 차량의 배출량을 줄여 온실 가스를 줄일 수 있다.

② **스마트 교통 인프라**: 스마트 도시에 구축된 AI 기반교통 인프라는 교통혼잡을 줄여줌으로써 대기오염 감소 등 환경 보존에 기여할 수 있다.

5) 교통패턴 분석을 통한 데이터 기반 통찰력 제공

① **교통패턴 분석**: AI 기반 빅데이터 분석은 교통량 및 추세를 파악하여 통행자에게 데이터를 제공함으로써 통행자에게 최적의 의사결정을 내릴 수 있도록 지원한다.

② **통행자 통행패턴 분석**: 통행자에 관한 데이터를 다면적으로 연구함으로써 AI는 통행패턴 및 행동을 분석하여 교통서비스를 개선할 수 있는 토대를 마련할 수 있다.

6) 물류 및 공급망 관리의 효율화

① **경로 최적화**: AI는 배송 시간을 단축할 뿐만 아니라 불필요한 비용이 감소될 수 있는 최적의 배송 경로를 예측할 수 있다.

② **재고 관리**: AI는 수요 예측 및 재고 관리에 도움을 줌으로써 보관비용을 최소화하고 적시에 배송할 수 있는 시스템을 구축할 수 있다.

7) 향상된 이동성(Mobility)

① **차량 공유 서비스**: AI 알고리즘은 승객과 통행자 등에게 차량 공유 서비스를 제안해 주고 최단 시간에 적절한 매칭(통행자와 공유서비스 간의 연결)을 만들어 도로의 차량 수를 최소화할 수 있다.

② **접근성**: AI의 응용은 장애인을 위한 솔루션 제공을 통해 교통 취약 계층의 교통서비스를 개선하는 데 도움이 될 수 있다.

도시교통분야에서 AI가 제공하는 편익

편익 유형	내용
효율성 향상	- 스마트 교통시스템을 통한 교통흐름 분석 및 제어시스템 구축으로 교통체증 완화 및 흐름 향상 - 실시간 데이터 기반 최적 경로 안내를 통해 통행자의 혼잡 노선 회피 지원 - 승객 교통량 기반 대중교통 일정 및 경로 계획을 통해 대기시간 최소화 및 효율성 증대
비용 절감	- AI 시스템 기반 연료 소비 최소화 경로 탐색 및 선정으로 개인 및 물류 회사의 연료비 절감 - 자율주행자동차 및 AI 통합 공급망을 통한 유통 비용 감소 및 인건비 절감을 통한 생산성 향상
향상된 고객 경험	- 개인별 여행 추천, 실시간 여행 정보 제공 및 고객 문의 응답 서비스 제공을 통해 여행 질 향상 및 만족도 증대 - AI 기반 셀프 서비스 결제 시스템을 통한 효율적이고 안전한 결제 환경 구축
환경적 편익	- 최적 경로 및 통행 시간 정보 제공을 통한 차량 배출량 감소 및 온실가스 감축 - 스마트 도시 AI 기반 교통 인프라 구축을 통한 교통혼잡 완화 및 대기오염 감소
데이터 기반 통찰력 제공	- AI 기반 빅데이터 분석을 통한 교통량 및 추세 파악 및 통행자 데이터 제공으로 의사결정 지원 - 통행자의 통행패턴 및 행동 분석을 통한 교통서비스 개선 기반 마련
물류 및 공급망 관리 효율화	- 최적 배송 경로 예측을 통한 배송 시간 단축 및 불필요한 비용 감소 - 수요 예측 및 재고 관리 지원을 통한 보관비용 최소화 및 적시 배송 시스템 구축
향상된 이동성 (Mobility)	- AI 알고리즘 기반 차량 공유 서비스 제안 및 최적 매칭을 통한 도로 차량 수 최소화 - 장애인 대상 솔루션 제공을 통한 교통 취약 계층의 교통서비스 개선

3. 도시교통분야에 활용되는 AI 기술의 목표와 역할

1) 머신러닝과 딥러닝

① **예측 분석**: 머신러닝 알고리즘은 교통서비스에 대한 승객의 요구를 예측하는 모델을 구축해 준다. 또한 교통 데이터를 분석하여 유지보수가 필요한 차량을 선별해 준다.

② **수요 예측**: 교통수요를 예측하여 통행자에게 대중교통 및 차량 호출 서비스를 연계시킨다. 아울러 머신러닝과 딥러닝은 물류유통에 대한 비즈니스 수요를 예측해 준다.

2) 컴퓨터 비전

① **자율주행차량**: 컴퓨터 비전은 표지판을 포함한 교통신호, 차선 표시, 다른 차량 및 주변 보행자와 같은 물체를 감지하여 자율주행차량 등의 적절한 이동을 가능하게 하는 데 도움을 준다.

② **교통 모니터링**: AI 카메라는 주의가 필요한 영역을 관찰하고, 사고 발생 또는 과속이나 빨간불 통과와 같은 위반 사항을 확인해 준다.

3) 자연어 처리(NLP)

① **고객 서비스**: NLP는 고객의 문의를 처리하고, 여행 정보를 제공하며, 예약 및 예약을 하는 데 사용된다.

② **자동차의 음성 인식**: 자동차의 명령에 대한 음성 제어는 운전자가 손을 사용하지 않고도 자동차와 관련된 다양한 측면과 차원을 제어할 수 있는 토대를 마련해 준다.

4) 강화 학습

① **경로 최적화**: 강화 학습 알고리즘을 사용하면 실시간 교통패턴을 기반으로 자율주행차량의 경로를 변경할 수 있으므로 전반적인 교통시스템의 효율성이 향상되고 통행자의 이동 시간도 단축시킬 수 있다.

② **교통신호 제어**: 강화 학습과 같은 기계 학습은 교통체증을 줄이기 위해 신호등 타이밍을 조정하는 데 사용될 수 있다.

5) IoT(사물 인터넷)

① **커넥티드 차량**: 자동차의 텔레매틱스(Telematics)는 자동차에 사용되는 IoT 장치의 도움으로 성능 데이터, 차량의 지리적 위치 및 작동 조건을 분석한다. 데이터는 안전성, 생산성 및 내구성을 향상시키기 위해 AI 시스템에 의해 처리된다.

② **스마트 인프라**: IoT 등은 스마트 신호등 및 기타 센서는 도시 내 교통을 제어하고 개선하기 위해 활용된다.

6) 빅데이터 분석

① **교통 관리**: AI는 교통정보에서 빅데이터 처리를 통해 패턴을 찾고, 교통 문제를 추정하고, 적절한 방법을 제안한다.

② **교통계획**: 교통계획가는 빅데이터 분석기법을 기반으로 미래 교통수요를 추정하여 이를 토대로 교통혼잡 등을 감소시키기 위한 전략 등을 설정할 수 있다.

7) 로봇 공학

① **자율 드론**: 드론은 기존의 군사 및 감시 사용 외에도 제품 배송, 교통 감시, 교량 및 도로의 구조적 문제등의 진단과 검사에 사용될 수 있다.

② **자동화된 창고 관리**: 인공지능과 통합된 로봇 공학은 창고 재고 관리, 주문 및 제품 포장 시스템을 향상시켜 물류산업을 발전시킨다.

8) 시뮬레이션 및 디지털 트윈

① **도시 이동성 시뮬레이션**: 교통상황분석과 과 예측을 AI에 의해 인위적으로 시뮬레이션 함으로써 새로운 교통정책이 입안되기 전에 최적의 교통정책 및 대안을 평가하고 테스트할 수 있다.

② **디지털 트윈**: AI는 교통시스템의 가상 모델을 구축하고 시간 경과에 따른 성과를 추적하여 수정해야 할 영역을 테스트하는 데 도움이 된다.

9) 블록체인

① **안전한 거래**: AI와 결합된 블록체인은 MaaS(서비스로서의 모빌리티) 및 화물 물류, 통행료 징수와 주요 교통산업에서 안전하고 효과적인 거래를 가능하게 한다.

② **공급망 투명성**: 블록체인은 책임과 함께 신뢰와 효율성을 높여 공급망에서 제품의 엔드 투 엔드 추적을 보장한다.

10) 에지 컴퓨팅

① **실시간 처리**: 에지 컴퓨팅으로 AI를 구현하면 클라우드에 연결할 필요 없이 자동차 또는 도로변 인프라 장치 등에서 실시간으로 의사결정을 내릴 수 있다.

② **대기시간 감소**: 자율주행 및 교통신호 제어와 같은 실시간 응용 프로그램의 경우 에지 컴퓨팅으로 대기시간을 줄일 수 있게 된다.

도시교통분야에서 활용되는 AI 기술별 목표 및 역할

AI 기술	목표	역할
머신러닝 & 딥러닝	- 교통서비스 수요 예측 및 차량 유지보수 선별 - 교통수요 예측 기반 통행자 맞춤형 서비스 제공 - 물류 유통 수요 예측을 통한 효율적인 비즈니스 운영 지원	- 예측 분석 모델 구축 - 수요 예측 및 서비스 연계 - 물류 유통 비즈니스 수요 예측
컴퓨터 비전	- 자율주행차량의 안전한 이동 지원 - 교통 모니터링을 통한 사고 예방 및 교통 법규 위반 감지	- 교통신호, 차선, 차량, 보행자 등 객체 감지 및 인식 - AI 카메라 기반 교통 모니터링 및 위반 사항 확인
자연어 처리 (NLP)	- 고객 문의 처리 및 여행 정보 제공 - 자동차 음성 제어를 통한 운전자 편의성 향상	- 고객 서비스 자동화 및 정보 제공 - 음성 인식 기반 자동차 제어
강화 학습	- 실시간 교통패턴 기반 경로 최적화 및 이동시간 단축 - 교통체증 감소를 위한 신호등 타이밍 조정	- 실시간 교통상황 기반 경로 변경 및 최적화 - 교통체증 감소를 위한 신호등 제어

AI 기술	목표	역할
IoT (사물 인터넷)	- 커넥티드 차량 데이터 분석을 통한 안전성 및 생산성 향상 - 스마트 신호등 등 스마트 인프라 활용 교통 제어 및 개선	- 차량 성능 데이터 분석 및 안전 관리 - 스마트 인프라 활용 교통 관리
빅데이터 분석	- 교통문제 예측 및 해결 방안 제시 - 미래 교통수요 예측 기반 교통계획 수립	- 교통정보 분석 및 패턴 파악 - 미래 교통수요 예측 및 교통계획 수립 지원
로봇 공학	- 드론 활용 물품 배송, 교통 감시, 인프라 진단 등 수행 - 자동화된 창고 관리 시스템 구축	- 자율 드론 활용 배송, 감시, 진단 등 수행 - 로봇 활용 창고 관리 자동화
시뮬레이션 & 디지털 트윈	- 새로운 교통 정책 평가 및 테스트 - 교통시스템 가상 모델 구축 및 성능 추적	- 교통상황 분석 및 예측 시뮬레이션 - 가상 모델 기반 교통시스템 성능 평가
블록체인	- MaaS, 화물 물류 등 교통 산업 안전 거래 지원 - 공급망 투명성 확보 및 신뢰성 향상	- 안전하고 효율적인 거래 환경 구축 - 공급망 전반에 걸친 제품 추적 및 관리
에지 컴퓨팅	- 실시간 의사결정 지원 - 자율주행, 교통신호 제어 등 실시간 응용 프로그램 대기시간 감소	- 클라우드 연결 없이 실시간 의사결정 가능 - 실시간 응용 프로그램 대기시간 감소

4. 도시교통분야에서 AI의 활용 예시별 주요기능

1) 교통 관리

① **스마트 신호등**: AI 시스템은 교통체증을 최소화하기 위해 현재 교통상황에 따라 교통을 제어하기 위해 신호등을 동기화하는 등 신호시스템을 최적화한다.

② **교통 예측**: AI는 수집된 과거 데이터와 현재 교통패턴을 기반으로 장래 교통흐름과 교통수요를 예측해 준다.

2) 대중교통 최적화

① **동적 일정예약**: AI는 빅데이터를 사용하여 승객 수요를 분석하고 차량공급 용량을 늘리고 탑승 시간을 줄이기 위해 버스 및 열차 일정을 조정한다.

② **예측 유지보수**: AI는 대중교통수단이 수리가 필요한 시기 등을 가능성을 미리 예측하여 고장 사고를 사전에 방지한다.

3) 차량 공유 서비스

① **동적 가격 책정**: Uber 또는 Lyft와 같은 응용 프로그램은 자동차 수요와 운전자 수입에 따라 가격을 결정하기 위해 AI를 사용한다.

② **경로 최적화**: AI는 라이더를 가능한 최단 경로와 필요한 차량 공유 서비스로 페어링하는 데 도움을 준다.

4) 물류 및 공급망

① **배송 경로 최적화**: AI는 Amazon 및 DHL과 같은 조직에서 연료 절약 및 배송 속도를 높이는 데 도움이 되는 상품 배송 경로를 결정한다.

② **재고 관리**: AI는 고객 수요를 예측하고 재고를 가장 낮은 비용과 최고의 품질로 조정하므로 재고를 보관할 공간이 최소화되어 패션 공급망이 더욱 효율적으로 운영된다.

5) 스마트 인프라

① **커넥티드 도로**: 스마트 도로와 차량은 AI 및 IoT 장치를 사용하여 도로 상태를 지속적으로 모니터링하고, 교통시스템을 제어하고, 커넥티드 자동차와 정보 교환을 한다.

② **교량 및 도로 모니터링**: AI는 센서에서 수집한 데이터를 사용하여 교량 및 도로와 같은 구조물의 구조적 보강구간 등을 식별하고 필요 시 유지보수를 권장하여 사고를 방지할 수 있다.

6) 차량 예측 유지보수

① **차량 관리**: AI는 차량 유지보수 가능성을 추정하므로 차량가동 중지 시간을 최소화하고 차량 수명을 연장하는 데 도움이 된다. 이러한 솔루션은 General Electric 및 Siemens와 같은 회사에서 활용하고 있다.

② **텔레매틱스**: 차량의 텔레매틱스를 사용하여 엔진 상태, 타이어 압력 및 기타 부품 등의 수명 등을 예측한 다음 차량 소유자에게 고장 가능 시기 등을 알릴 수 있다.

7) 통행자 및 여행객의 경험 향상

① **개인화된 여행 지원**: 챗봇 및 가상 비서 형태의 인공지능은 승객에게 통행에 대한 정보를 제공하고, 업데이트를 제공하며, 조언을 제공한다.

② **실시간 업데이트**: 교통정보, 예상 지연 시간 또는 기타 다양한 경로 추천에 대한 정보를 제공한다.

8) 드론 배송

① **자율 드론**: AI 통합을 통한 소형 드론 배송은 도시 및 기타 접근하기 어려운 지역에서 신속하고 저렴한 수송수단으로 등장하고 있다. 현재 이러한 배송 서비스를 제공하는 회사는 Amazon의 Prime Air 및 Zipline이다.

② **교통 모니터링**: AI 기반 의무인 항공기(드론)를 활용하여 교통 제어, 교통 분석 및 교통데이터 수집을 위해 지속적으로 데이터를 수집하고 모니터링을 한다.

9) 향상된 보안시스템

① **감시시스템**: AI를 통한 교통 시설의 전산화는 불법 행위를 모니터링하고 보안시스템을 개선한다.

② **얼굴 인식**: 인공지능을 기반으로 개발된 얼굴 인식은 공항 및 기차역 등에서 보안 및 검색을 강화하여 효율적인 승객 탑승을 지원한다.

AI 기반 도시교통전략별 주요기능

도시교통전략 유형	도시교통전략의 목표	도시교통전략의 주요 역할
교통 관리	스마트 신호등	실시간 교통상황에 따른 신호등 동기화 및 최적화
	실시간 교통 예측	- 과거 데이터 및 현재 교통패턴 기반 장래 교통흐름 분석 - 실시간 교통수요 예측
대중교통 최적화	동적 일정 예약	- 승객 수요 분석 기반 버스 - 열차 일정 조정 - 탑승 시간 단축
	예측 유지보수	대중교통수단의 고장 가능성 예측 및 사전 예방
차량 공유 서비스	동적 가격 책정	차량수요 및 운전자 수입기반 실시간 가격 결정
	경로 최적화	최단 경로 및 차량 공유 서비스 연결

도시교통전략 유형	도시교통전략의 목표	도시교통전략의 주요 역할
물류 및 공급망	배송 경로 최적화	연료절약, 배송속도 향상, 상품 배송경로 결정
	재고 관리	- 고객 수요 예측 - 재고 조정 통한 보관 공간 최소화
스마트 인프라	커넥티드 도로	- 도로 상태 모니터링 - 교통시스템 제어 - 커넥티드 자동차 정보 교환
	교량 및 도로 모니터링	구조물 구조적 보강 구간 식별 및 유지보수 권장
차량 예측 유지보수	차량 관리	차량 유지보수 가능성 추정 통한 가동 중단 시간 최소화 및 수명 연장
	텔레매틱스	엔진 상태, 타이어 압력 등 수명예측 및 고장 가능 시기 알림
통행자 및 여행객의 경험 향상	개인화된 여행 지원	챗봇 및 가상 비서 통한 통행 정보, 업데이트, 조언 제공
	실시간 업데이트	교통정보, 지연 시간, 경로 추천 등 실시간 정보 제공
드론 배송	자율 드론	도시 및 접근 어려운 지역 소형 드론 배송
	교통 모니터링	드론 활용 교통 제어, 분석 및 데이터 수집
향상된 보안시스템	감시시스템	- AI 통한 교통 시설 전산화 - 불법 행위 모니터링
	얼굴 인식	공항, 기차역 등 보안 및 검색 강화 통한 효율적 승객 탑승 지원

5. 도시교통분야에서 AI 활용과 관련된 현안과제

1) 안전성 및 신뢰성 제고

① **시스템 오류**: 안전성은 AI, 특히 자율주행자동차에서 AI 시스템 오류를 사전에 방지해 주고 오류가 발생하더라도 효율적으로 작동하도록 시스템을 복구해 준다.

② **예외 상황**: AI 시스템은 대부분의 경우 일반적인 훈련 데이터에서 다루지 않는 상황에 대한 대처능력을 키울 수 있도록 학습되어야 한다.

2) 규제 및 규정 준수

① **법적, 제도적 규제**: 자율주행차량 및 드론과 같은 운송 분야에서 AI를 규제하는 데 필요한 규제의 틀을 만들어야 한다.

② **책임 문제**: 이 문제는 AI 기반 시스템과 관련된 사고가 발생할 경우 누구에

게 과실이 있는지 결정하는 것과 관련하여 큰 과제를 제시한다.

3) 데이터 개인정보 보호 및 보안

① **데이터 보호**: 교통분야의 AI 시스템은 많은 양의 정보를 수집하므로 데이터 저장, 활용 및 보안성과 같은 이슈가 발생한다.

② **사이버 보안**: AI 시스템은 침입 및 사이버 테러에 노출되어 있으며, 이는 교통 제어와 같은 민감한 시설에서 발견될 경우 커다란 위험을 수반한다.

4) 윤리적 고려 사항

① **편향 및 공정성**: AI 알고리즘은 훈련 데이터 세트에서 편향을 학습할 수 있으며, 결과적으로 불공정하거나 차별적인 결정을 내릴 수 있다. AI 의사결정에서 공정성 및 편향과 관련된 높은 위험은 아무리 강조해도 지나치지 않다.

② **일자리 대체**: 일자리 자동화 과정은 많은 분야와 산업에 영향을 미칠 수 있으며, 운전과 같은 일자리는 사라질 가능성이 높다.

5) 기술적 과제

① **기존 시스템과의 통합**: AI 솔루션은 현재 아키텍처에 적합해야 하며, 다양하고 복잡한 기존의 시스템과 통합되어야 한다.

② **실시간 처리**: 교통분야의 AI 시스템은 일반적으로 데이터를 실시간으로 처리하고 결정을 내려야 하므로 지속 가능하고 효율적인 컴퓨팅 성능이 요구된다.

6) 비용 및 투자비

① **높은 개발 비용**: 자율주행자동차 및 스마트 시티 등에서 활용되는 AI 기술의 구현 및 발전은 상당한 자본 투자를 요구한다.

② **유지보수 및 업그레이드**: AI 시스템이 동시에 가장 유용하고 보호적이기 위해서는 시스템에 대한 변경 및 업데이트가 필요하며, 이는 비용을 증가를 수반하게 된다.

도시교통분야에서 AI 사용 관련 현안 과제

AI 사용 관련 현안 과제	내 용
안전성 및 신뢰성 제고	- AI 시스템 오류 사전 방지 및 발생 시 효율적 복구 시스템 구축 - 일반적 훈련 데이터에서 다루지 않는 예외 상황에 대한 AI 시스템 학습 및 대처 능력 향상
규제 및 규정 준수	- 자율주행차량, 드론 등 운송 분야 AI 규제 위한 법적 프레임워크 마련 - AI 기반 시스템 사고 발생 시 책임 소재 명확화 및 법적 책임 문제 해결
데이터 개인정보 보호 및 보안	- 교통분야 AI 시스템 데이터 저장, 활용 및 보안성 강화 - AI 시스템 사이버 침입 및 테러 대비 보안 강화
윤리적 고려 사항	- AI 알고리즘 편향성 방지 및 공정하고 차별 없는 의사결정 시스템 구축 - AI 기반 자동화 따른 일자리 대체 문제 및 사회적 영향 고려
기술적 과제	- 기존 교통시스템과 AI 솔루션 통합 및 연동 - 실시간 데이터 처리 및 의사결정 위한 고성능 컴퓨팅 환경 구축
비용 및 투자	- 자율주행자동차, 스마트 시티 등 AI 기술 개발 및 구현 위한 투자 확대 - AI 시스템 유지보수 및 업그레이드 위한 지속적 투자 필요

6. 미래 도시교통분야의 AI 기반 교통시스템 트렌드 예측

1) 완전 자율주행차량

① **레벨 5 자율성**: 차량이 운전자의 입력과 도움 없이 작동하고 자율적으로 운영하는 레벨 5를 기대해 볼 수 있다. 이는 궁극적으로 도로를 더 안전하고 효율적으로 만들어 개인 모빌리티 서비스, 차량 호출 및 배송에 혁신을 가져올 수 있다.

② **로보택시**: 자율 택시는 개인 승용차에 의존하지 않고도 효율적이면서 저렴한 교통서비스를 제공하기 위해 대중들에게 인기 있는 준대중교통수단으로 자리매김할 가능성이 높다.

2) 첨단 교통 관리

① **AI 기반 교통시스템**: AI는 미래의 교통 제어 및 관리에 적용되어 교통상황에 효율적으로 대응하고 교통체증, 통근 시간 및 대기오염을 줄인다.

② **스마트 도시**: 이러한 도시교통시스템은 IoT를 통해 AI와 연결되고 스마트 도시가 구축되는 계기를 만들어 준다.

3) 지능형 대중교통

① **동적 경로**: AI를 교통수단에 통합하여 교통수요를 처리하기 위해 경로와 일정을 유연하게 변경하여 대중에게 적절한 서비스를 제공하게 된다.

② **원활한 통합**: AI는 또한 버스, 기차, 자전거 및 차량 공유를 포함한 사용 가능한 실제 교통수단의 최적화를 통하여 서비스로서의 모빌리티(MaaS) 시스템에서 연속성과 연계성을 향상시켜준다.

4) 개인화된 여행 경험

① **맞춤형 서비스**: AI는 특정 통행자와 방문객 등에게 적합한 여행 목적지 및 서비스를 추천하는 투어 가이드 역할도 하게 된다.

② **증강현실**(AR): AI 기반의 증강현실(AR)은 관광객에게 여행 정보와 길 안내를 제공하여 새로운 경험을 체험하는 기회를 제공한다.

5) 지속 가능한 교통시스템

① **전기 및 자율주행차량**: AI 기반 기술은 전기 또는 자율주행차량을 만드는 시스템을 구축해 줌으로써 온실 가스 배출과 지속 가능한 도시를 위한 화석연료 사용을 줄이는데 기여한다.

② **최적화된 경로**: AI는 환경에 악영향을 미치지 않도록 통행자에게 최적의 교통경로를 설정해 주어 연료를 절약하고 배출량을 줄이는 데 도움을 준다.

6) 향상된 안전 및 보안

① **사고 예방**: AI 시스템은 궁극적으로 사고율을 크게 감소시켜 운전자의 안전성을 향상시키게 된다.

② **감시 및 모니터링**: 인공지능 기반 보안시스템은 테러 행위를 식별하는 등 다양한 종류의 범죄 및 테러 행위에 대해 철두철미한 보안 및 경계시스템을 구축하게 해 준다.

7) AI 기반 도시계획

① **데이터 기반 통찰력**: AI 도시 및 교통계획가는 AI분석을 통해 교통, 이동 패턴 및 교통서비스 니즈(Needs) 및 요구 사항에 대한 통찰력을 제공해 줌으로써 지속 가능한 교통시스템 설계를 가능하게 한다.

② **시뮬레이션 및 모델링**: 미래의 최적교통 솔루션을 생성하기 위해 복잡다기한 현실 교통문제를 토대로 가상 도시 시뮬레이션 및 디지털 트윈을 실행할 수 있다.

8) AI 및 신기술의 통합

① **5G 연결**: 5G 기술발전과 네트워크의 확충은 경로나 시간 선택 등 통행자의 실시간 의사결정에 도움을 주기 위하여 차량, 인프라 및 모바일 장치의 AI 시스템 간의 직접적이고 효율적인 연결성을 높이는 초석이 된다.

② **양자 컴퓨팅**: 미래의 양자 컴퓨팅 발전은 교통분야에서 발생하는 어려운 최적화 문제를 해결하는 단초를 제공하고 아울러 교통시스템의 효율성과 성능을 향상시켜 가치를 창출할 수 있는 잠재력을 지니고 있다.

미래 도시교통분야의 AI 기반 교통 트렌드 예측

트렌드	내용
완전 자율주행차량	-운전자 개입 없는 레벨 5 자율주행차량 상용화 및 안전하고 효율적인 도로 환경 구축 -자율 택시(로보택시) 대중화 및 개인 차량 의존도 감소
첨단교통관리	-AI 기반 교통 제어 및 관리 시스템 구축을 통한 교통체증, 통근 시간, 대기오염 감소 -IoT 기반 AI 연동 스마트 도시 건설 및 도시교통시스템 효율성 극대화
지능형 대중교통	-교통수요 기반 동적 경로 및 일정 변경 통한 대중교통서비스 최적화 -버스, 전철, 자전거, 차량 공유 등 통합 MaaS 시스템 구축 및 연계성 강화
개인화된 여행 경험	-개인 맞춤형 여행 목적지 및 서비스 추천 투어 가이드 시스템 구축 -AI 기반 AR 기술 활용 여행 정보 및 길 안내 서비스 제공 통한 사용자 편의성 증대
지속 가능한 교통시스템	-전기 및 자율주행차량 시스템 구축 통한 온실가스 배출 감소 및 지속 가능한 도시 건설 기여 -최적화된 경로 설정 통한 연료 절약 및 배출량 감소
향상된 안전 및 보안	-AI 기반 사고 예방 시스템 구축 통한 운전자 안전성 향상 -AI 기반 보안시스템 구축 통한 범죄 및 테러 행위 감시 및 예방
AI 기반 도시 계획	-AI 분석 통한 교통, 이동 패턴 및 서비스 요구 사항 통찰력 제공 및 지속 가능한 교통시스템 설계 지원 -가상 도시 시뮬레이션 및 디지털 트윈 활용 최적 교통 솔루션 개발
AI 및 신기술 통합	-5G 네트워크 기반 차량, 인프라, 모바일 기기 간 AI 시스템 연동 강화 통한 실시간 의사결정 지원 -양자 컴퓨팅 기반 교통분야 최적화 문제 해결 및 교통시스템 효율성 향상

04 머신러닝(Machine Learning), 딥러닝(Deep Learning), 생성형 AI는 어떻게 탄생되었나?

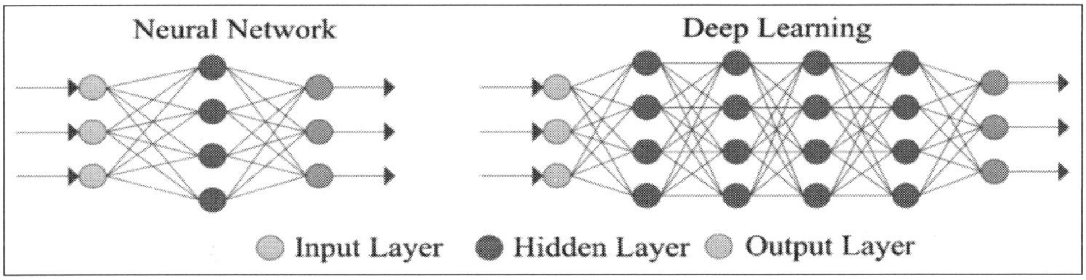

GitHub Deep Learning Neural Network, GitHub

1. 머신러닝과 딥러닝 특징은 무엇이며 도시교통분야에서는 어디에 활용되나?

◈ 주요 질문

1. 머신러닝과 딥러닝의 기본적인 원리와 특징은 무엇이며, 각 학습 방식(지도 학습, 비지도 학습, 강화 학습)은 어떠한 차이를 보이는가?
2. 딥러닝이 머신러닝에 비해 교통분야에서 특히 강점을 보이는 이유는 무엇이며, 자율주행, 교통 예측, 차량 제어 등 구체적인 활용 사례에서 어떠한 효과를 창출하는가?
3. 교통량 예측, 교통안전, 자율주행시스템, 대중교통시스템 최적화 등 각 분야에서 머신러닝 및 딥러닝이 목표 달성을 위해 어떠한 역할을 수행하며, 구체적인 기술 적용과 기대 효과는 무엇인가?
4. 머신러닝과 딥러닝의 정의, 데이터 특징, 학습 방식, 데이터 규모, 계산 복잡도, 성능, 응용 분야 등의 구체적인 차이점은 무엇이며, 교통분야에서 각각의 기술이 어떠한 상황에 적합한가?
5. 국토교통부와 한국교통안전공단이 개발한 교통사고 위험도 예측 시스템 'T-Safer'의 작동 원리와 현재 적용 상황은 어떠하며, 향후 교통안전 분야에서 인공지능 기술의 발전 방향은 무엇인가?

1) 머신러닝(Machine Learning)

(1) 머신러닝이란?

머신러닝은 인공지능의 한 분야로, 컴퓨터가 명시적인 프로그래밍 없이 데이터를 통해 학습하고 스스로 성능을 향상시키는 기술이다. 머신러닝 알고리즘은 데이터에서 패턴을 식별하고, 이를 기반으로 예측을 수행하거나 의사결정을 내린다. 머신러닝은 지도 학습, 비지도 학습, 강화 학습으로 나뉘며, 각각의 학습 방식에 따라 데이터를 분석하고 활용하는 방법이 다르다.

① **지도 학습**: 입력 데이터와 그에 해당하는 정답을 함께 제공하여 모델을 학습시키는 방식이다. 예를 들어, 과거 교통량 데이터와 날씨 정보를 입력 데이터로 제공하고, 이에 따른 혼잡도를 정답으로 제공하여 교통혼잡 예측모델을 학습시킬 수 있다.

② **비지도 학습**: 정답이 없는 데이터를 사용하여 모델을 학습시키는 방식이다. 예를 들어, 사용자들의 이동경로 데이터를 분석하여 유사한 패턴을 가진 사용자들을 그룹화하고, 이를 기반으로 맞춤형 교통서비스를 제공할 수 있다.

③ **강화 학습**: 에이전트가 환경과 상호 작용하면서 시행착오를 통해 학습하는 방식이다. 예를 들어, 자율주행차량이 가상 환경에서 주행하면서 안전하게 주행하는 경우 보상을 주고, 위험한 상황을 발생시키는 경우 페널티를 주는 방식으로 학습시킬 수 있다.

(2) 머신러닝의 학습의 유형

학습 유형	세부설명
지도 학습 (Supervised Learning)	- 학습해야 할 명시적 기준이 있다. - 정답을 알려주며(지도하며) 학습시킨다.
비지도 학습 (Unsupervised Learning)	- 학습해야 할 명시적 기준이 없다. - 정답을 알려주지 않고 자율적으로 학습시킨다.
반지도 학습 (Semi-supervised Learning	- 데이터 일부에만 학습해야 할 기준이 있다. - 정답의 일부만 알려주며 학습시킨다.
강화 학습 (Reinforcement Learning)	- 학습해야 할 기준이 아니라, 현재 행동에 대한 상벌(보상)이 있다. (예: 미로 찾기, 바둑두기, 로봇축구 등)

(3) 머신러닝의 학습 알고리즘 유형의 설명

학습 분류	알고리즘 유형	세부 설명
예측적 학습 (Predictive Learning)	회귀알고리즘(Regression)	수치형 예측: 예측값 Y는 숫자값(예: 신규고객의 소득을 예측)
	분류알고리즘(Classification)	범주형 예측: 예측값 Y는 Class의 분류(예: 신규고객의 신용등급을 분류)
설명적 학습 (Descriptive Learning)	군집화 알고리즘(Clustering)	예측하지 않고 숨겨진 지식을 발견(예: 보유고객의 충성도 등급을 군집(그룹)으로 나눔)
	정보탐색 알고리즘	장바구니 분석을 위한 연관규칙, 상품추천을 위한 협업 필터링 등 정보에서 지식을 추출

2) 딥러닝(Deep Learning)

(1) 딥러닝이란?

딥러닝은 머신러닝의 한 분야로, 인간의 뇌 구조를 모방한 인공 신경망을 사용하여 데이터를 학습한다. 딥러닝은 여러 층으로 구성된 신경망을 통해 복잡한 패턴을 학습하고, 이를 기반으로 예측이나 의사결정을 수행한다. 딥러닝은 이미지 인식, 음성 인식, 자연어 처리 등 다양한 분야에서 뛰어난 성능을 보이며, 교통분야에서도 자율주행, 교통 예측, 차량 제어 등에 활용되고 있다.

딥러닝은 머신러닝보다 더 복잡하고 정교한 문제를 해결할 수 있다는 장점이 있다. 특히, 대량의 데이터를 처리하고 분석하는 데 탁월하며, 이미지, 음성, 텍스트 등 다양한 형태의 데이터를 학습할 수 있다. 딥러닝은 자율주행시스템에서 주변 환경을 인식하고, 교통 예측 시스템에서 교통흐름을 예측하며, 차량 제어시스템에서 차량의 안전성을 높이는 등 다양한 분야에서 활용되고 있다.

(2) 딥러닝 학습 유형

학습 유형	학습방법
지도 학습 (Supervised Learning)	- 레이블이 지정된 데이터를 사용하여 모델을 학습하는 방법이다. - 입력 데이터와 해당하는 정답(레이블) 쌍을 모델에 제공하여 모델이 데이터 패턴을 학습하도록 한다. - 분류(Classification), 회귀(Regression) 등의 방법이 있다.
비지도 학습 (Unsupervised Learning)	- 레이블이 없는 데이터를 사용하여 모델을 학습하는 방법이다. - 데이터의 숨겨진 패턴이나 구조를 파악하는 것을 목표로 한다. - 군집화(Clustering), 차원 축소(Dimensionality Reduction) 등의 방법이 있다.

학습 유형	학습방법
강화 학습 (Reinforcement Learning)	- 에이전트가 환경과 상호작용하며 보상을 최대화하는 방향으로 학습하는 방법이다. - 시행착오를 통해 최적의 행동 전략을 학습한다. - 게임, 로봇 제어, 자율주행 등에 사용된다.
자기 지도 학습 (Self-supervised Learning)	- 데이터 자체에서 레이블을 생성하여 모델을 학습하는 방법이다. - 레이블이 없는 대규모 데이터에서 유용한 표현(representation)을 학습할 수 있다. - 자연어 처리, 이미지 인식 등에 사용된다.
전이 학습 (Transfer Learning)	- 사전 학습된 모델을 특정 작업에 맞게 재학습하는 방법이다. - 적은 데이터로도 높은 성능을 얻을 수 있으며, 학습 시간을 단축할 수 있다. - 이미지 분류, 자연어 처리 등에 사용된다.

(3) 딥러닝 학습 알고리즘 유형

알고리즘 유형	설명	활용 분야
합성곱 신경망 (Convolutional Neural Network, CNN)	- 이미지나 비디오와 같은 시각적 데이터를 처리하는 데 특화된 알고리즘이다. - 합성곱 계층, 풀링 계층, 완전 연결 계층 등으로 구성된다. - 특징 추출에 강점을 보이며, 공간적 계층 구조를 학습한다.	- 이미지 분류 - 객체 탐지 - 이미지 분할 - 비디오 분석
순환 신경망 (Recurrent Neural Network, RNN)	- 시계열 데이터와 같이 순차적인 데이터를 처리하는 데 특화된 알고리즘이다. - 순환 구조를 통해 이전 시간 단계의 정보를 현재 시간 단계에 반영한다. - 장단기 의존성 문제 해결을 위해 LSTM, GRU와 같은 변형된 형태가 사용된다.	- 자연어 처리 - 음성 인식 - 시계열 예측 - 번역
심층 신경망 (Deep Neural Network, DNN)	- 여러 개의 은닉층을 가진 인공 신경망이다. - 다양한 유형의 데이터에 적용 가능하며, 복잡한 패턴을 학습할 수 있다. - 과적합 방지를 위해 다양한 규제 기법이 사용된다.	- 분류, 회귀, 예측, 패턴 인식
생성적 적대 신경망 (Generative Adversarial Network, GAN)	- 생성 모델과 판별 모델을 경쟁적으로 학습시켜 실제와 유사한 데이터를 생성하는 알고리즘이다. - 생성 모델은 실제와 같은 데이터를 생성하고, 판별 모델은 생성된 데이터와 실제 데이터를 구분한다.	- 이미지 생성 - 비디오 생성 - 텍스트 생성 - 스타일 변환
오토인코더 (Autoencoder)	- 입력 데이터를 압축하고 복원하는 신경망이다. - 입력 데이터의 특징을 추출하고 차원을 축소하는 데 사용된다. - 이상 탐지, 이미지 복원, 데이터 압축 등에 활용된다.	- 이상 탐지 - 이미지 복원 - 데이터 압축 - 특징 추출
심층 강화 학습 (Deep Reinforcement Learning, DRL)	- 딥러닝과 강화 학습을 결합한 알고리즘이다. - 환경과 상호 작용하며 보상을 최대화하는 방향으로 학습한다. - 게임, 로봇 제어, 자율주행 등에 사용된다.	- 게임 - 로봇 제어 - 자율주행 - 최적화 문제 해결

3) 딥러닝과 머신러닝의 구체적인 차이

딥러닝과 머신러닝의 구체적인 차이 비교

특징	머신러닝	딥러닝
정의	데이터에서 패턴을 학습하여 예측이나 결정을 수행하는 알고리즘	인공 신경망을 사용하여 데이터에서 복잡한 패턴을 학습하는 머신러닝의 한 분야
데이터 특징	사람이 직접 데이터의 특징을 추출하여 제공	스스로 데이터의 특징을 학습하고 추출
학습 방식	다양한 알고리즘(결정 트리, SVM, 선형 회귀 등) 사용	여러 층의 인공 신경망을 통해 학습
데이터 규모	비교적 적은 데이터로도 학습 가능	대량의 데이터 필요
계산 복잡도	일반적으로 딥러닝보다 낮음	머신러닝보다 높음
성능	데이터 특징 추출에 따라 성능이 크게 좌우됨	대량의 데이터를 통해 높은 성능을 달성 가능
응용 분야	스팸 필터링, 사기 탐지, 추천 시스템 등	이미지 인식, 자연어 처리, 음성 인식 등
예시	스팸 메일 분류, 상품 추천	자율주행, 의료 진단, 기계 번역

4) 도시교통분야에서 머신러닝과 딥러닝의 적용성과 활용 예시

(1) 도시교통분야에서 머신러닝(Machine Learning) 활용 분야별 목표, 역할, 기술, 효과, 활용 예시

AI 기반 도시교통분야 머신러닝 활용 분야별 목표, 역할, 기술, 효과, 활용 예시

머신러닝 활용 분야	목표	역할	기술	효과	활용 예시
교통수요 예측	실시간 교통량 예측을 통해 교통혼잡 완화 및 교통계획 최적화	과거 교통 데이터, 날씨, 사회경제 지표 등을 분석하여 미래 교통량 예측	- 회귀 분석 - 시계열 분석	- 교통혼잡 감소 - 교통 인프라 투자 효율성 향상	- 실시간 교통량 예측 기반 신호 제어시스템 - 단기/장기 교통수요 예측모델
도로혼잡 관리	실시간 교통상황 분석을 통해 교통흐름 최적화 및 사고 예방	센서 데이터, CCTV 영상 등을 분석하여 혼잡 구간 및 사고 위험 지역 감지	- 군집 분석 - 이상 탐지	- 교통혼잡 감소 - 사고 발생률 감소 - 통행 시간 단축	- 실시간 교통정보 제공 시스템 - 혼잡 구간 우회 경로 안내 시스템 - 사고 발생 예측 및 경보 시스템
대중교통시스템 최적화	대중교통 이용 효율성 향상 및 운영 비용 절감	이용 패턴 분석, 수요 예측을 통해 배차 간격 및 노선 최적화	- 군집 분석 최적화 알고리즘 - 강화 학습	- 대중교통 이용률 증기 - 대중교통 운영 효율성 향상 - 승객대기시간 감소	- 수요 기반 탄력적 배차 시스템 - 최적 노선 및 환승 경로 추천 시스템 - 실시간 대중교통 혼잡도 정보 제공 시스템
자율주행	안전하고 효율적인 자율주행시스템	센서 데이터, 지도 정보 등을 분석하여	- 객체 인식 - 센서 융합	- 교통사고 감소 - 교통흐름 개선	- 자율주행차량 경로 계획 및 제어시스템

머신러닝 활용 분야	목표	역할	기술	효과	활용 예시
	구현	주행 환경 인식 및 경로 계획	- 경로 계획 - 알고리즘 - 강화 학습	- 이동 편의성 향상	- 자율주행 택시 및 버스 서비스 - 스마트 주차 시스템
교통안전	교통사고 예방 및 사고 발생 시 신속 대응	사고 발생 패턴 분석, 위험 상황 예측, 사고 발생 시 자동 감지 및 신고	- 이상 탐지 - 패턴 인식 - 영상 분석 - 자연어 처리	- 교통사고 감소 - 사고 발생 시 신속 대응 - 사고 피해 최소화	- 사고 다발 지역 분석 및 위험 예측 시스템 - 차량 충돌 예측 및 경보 시스템 - 사고 발생 시 자동 신고 및 긴급 구조 시스템
ITS (지능형 교통시스템)	교통 인프라 효율성 향상 및 교통정보 제공	센서 데이터, 교통정보 등을 통합 분석하여 교통흐름 최적화 및 정보 제공	- 빅데이터 분석 - 실시간 데이터 처리 - 통신 기술	- 교통흐름 개선 - 교통정보 제공 - 안전성 향상	- 실시간 교통정보 제공 시스템 - 스마트 신호 제어시스템 - 차세대 지능형 교통시스템(C-ITS)
MaaS (서비스형 모빌리티)	사용자 중심 통합 교통서비스 제공	다양한 교통수단 데이터 통합 분석, 최적 경로 추천, 통합 결제 시스템 제공	- 경로 탐색 알고리즘 - 사용자 맞춤형 추천 시스템 - 블록체인	- 이동 편의성 향상 - 교통서비스 접근성 향상 - 교통혼잡 감소	- 통합 교통 앱 - 맞춤형 이동 서비스 제공 플랫폼 - 스마트 모빌리티 허브
보행 교통	보행자 안전 및 편의성 향상	보행자 이동 패턴 분석, 보행 환경 위험 요소 감지 및 개선	- 영상 분석 - 센서 데이터 분석 - 경로 계획 알고리즘	- 보행자 사고 감소 - 보행 환경 개선 - 이동 편의성 향상	- 보행자 안전 감시시스템 - 스마트 횡단보도 시스템 - 보행 약자 맞춤형 경로 안내 시스템
교통약자	교통약자 이동권 보장 및 편의성 향상	교통약자 이동 특성 분석, 맞춤형 이동 지원 서비스 제공	- 사용자 맞춤형 추천 시스템 - 경로 계획 알고리즘 - 음성/영상 인터페이스	- 교통약자 이동 편의성 향상 - 사회적 포용성 증진 - 이동 지원 서비스 효율성 향상	- 교통약자 맞춤형 이동 지원 앱 - 저상버스/장애인 콜택시 배차 최적화 시스템 - 스마트 휠체어 충전소 안내 시스템

(2) 도시교통분야에서 딥러닝(Deep Learning) 활용 분야별 목표, 역할, 기술, 효과, 활용 예시

AI 기반 도시교통분야 딥러닝 활용 분야별 목표, 역할, 기술, 효과, 활용 예시

딥러닝 활용 분야	목표	역할	기술	효과	활용 예시
교통수요 예측	복잡한 교통 패턴 분석 및 예측 정확도 향상	비선형적 교통 데이터 학습 및 미래 교통량 예측	- 순환 신경망(RNN, LSTM, GRU), - 시공간 그래프 신경망(STGCN)	- 예측 정확도 향상 - 교통혼잡 완화 - 교통계획 최적화	- 실시간 교통량 예측 기반 신호 제어시스템 - 단기/장기 교통수요 예측모델 - 대중교통 수요예측 및 배차 최적화

딥러닝 활용 분야	목표	역할	기술	효과	활용 예시
도로 혼잡 관리	실시간 교통상황 분석 및 혼잡 예측	영상 데이터 기반 교통상황 인식 및 혼잡 구간 예측	- 컨볼루션 신경망(CNN) - 객체 탐지(YOLO, Faster R-CNN) - 시계열 예측(TCN)	- 교통흐름 개선 - 혼잡 예측 및 우회 경로 안내 - 사고 예방	- 실시간 교통정보 제공 시스템 - 혼잡 구간 우회 경로 안내 시스템 - 사고 발생 예측 및 경보 시스템 - 스마트 신호 제어시스템
대중교통 시스템 최적화	대중교통 이용효율성 향상 및 운영비용 절감	이용 패턴 분석, 수요 예측을 통한 배차 간격 및 노선 최적화	- 강화 학습(Deep Q-Network, Actor-Critic) - 그래프 신경망(GCN)	- 대중교통 이용률 증가 - 운영 효율성 향상 - 승객대기시간 감소	- 수요 기반 탄력적 배차 시스템 - 최적 노선 및 환승 경로 추천 시스템 - 실시간 대중교통 혼잡도 정보 제공 시스템 - 대중교통사고 예측 및 예방
자율주행	안전하고 효율적인 자율주행시스템 구현	센서 데이터 기반 주행 환경 인식 및 경로 계획	- 객체 인식(YOLO, SSD) - 의미론적 분할(Semantic Segmentation) - 강화 학습(Deep RL)	- 교통사고 감소 - 교통흐름 개선 - 이동 편의성 향상	- 자율주행차량 경로 계획 및 제어 시스템 - 자율주행 택시 및 버스 서비스 - 스마트 주차 시스템 - 위험 상황 예측 및 회피
교통안전	교통사고 예방 및 사고 발생 시 신속 대응	사고 발생 패턴 분석, 위험 상황 예측, 사고 발생 시 자동 감지 및 신고	- 이상 탐지(Autoencoder) - 시계열 예측(LSTM) - 영상 분석(CNN)	- 교통사고 감소 - 사고 발생 시 신속 대응 - 사고 피해 최소화	- 사고 다발 지역 분석 및 위험 예측 시스템 - 차량 충돌 예측 및 경보 시스템 - 사고 발생 시 자동 신고 및 긴급 구조 시스템 - 보행자 안전 예측 및 경보
ITS (지능형 교통시스템)	교통 인프라 효율성 향상 및 교통정보 제공	센서 데이터, 교통정보 등을 통합 분석하여 교통흐름 최적화 및 정보 제공	- 시공간 그래프 신경망(STGCN) - 강화 학습(RL) - 다중 모달 학습(Multi-modal Learning)	- 교통흐름 개선 - 교통정보 제공 - 안전성 향상 - 교통 인프라 효율성 향상	- 실시간 교통정보 제공 시스템 - 스마트 신호 제어시스템 - 차세대 지능형 교통시스템(C-ITS) - 교통 인프라 유지보수 예측 및 관리
MaaS (서비스형 모빌리티)	사용자 중심 통합 교통서비스 제공	다양한 교통수단 데이터 통합 분석, 최적 경로 추천, 통합 결제 시스템 제공	- 강화 학습(RL) - 추천 시스템(Recommendation System) - 다중 모달 학습(Multi-modal Learning)	- 이동 편의성 향상 - 교통서비스 접근성 향상 - 교통혼잡 감소 - 맞춤형 이동 서비스 제공	- 통합 교통 앱, 맞춤형 이동 서비스 제공 플랫폼 - 스마트 모빌리티 허브 - 수요응답형 교통서비스 제공
보행 교통	보행자 안전 및 편의성 향상	보행자 이동 패턴 분석, 보행 환경 위험 요소 감지 및 개선	- 영상 분석(CNN) - 객체 탐지(YOLO) - 보행자 행동 예측(LSTM)	- 보행자 사고 감소 - 보행 환경 개선 - 이동 편의성 향상	- 보행자 안전 감시시스템 - 스마트 횡단보도 시스템 - 보행 약자 맞춤형 경로 안내 시스템 - 보행 환경 위험 요소 감지 및 개선
교통약자	교통약자 이동권 보장 및 편의성 향상	교통약자 이동 특성 분석, 맞춤형 이동 지원 서비스 제공	- 사용자 맞춤형 추천 시스템 - 경로 계획 알고리즘 - 음성/영상 인터페이스 - 다중 모달 학습(Multi-modal Learning)	- 교통약자 이동 편의성 향상 - 사회적 포용성 증진 - 이동 지원 서비스 효율성 향상	- 교통약자 맞춤형 이동 지원 앱 - 저상 버스/장애인 콜택시 배차 최적화 시스템 - 스마트 휠체어 충전소 안내 시스템 - 이동 약자 맞춤형 경로 안내 서비스 제공

2. 생성형 AI(Generative AI)로 오기까지: 개요와 특징

◈ 주요 질문

1. 생성형 AI의 정의 및 핵심 역할은 무엇이며, AGI와 비교했을 때 생성형 AI가 갖는 고유한 특징과 한계는 무엇인가?
2. 생성형 AI가 교통 및 모빌리티 분야에 적용될 때 기대되는 혁신적인 효과는 무엇이며, 각 효과가 실제로 구현되기 위한 필수적인 기술적 요건 및 고려사항은 무엇인가?
3. 트랜스포머, GAN, VAE 등 생성형 AI의 유형별 목표, 특징, 작동 방식, 활용 분야, 기여도는 무엇이며, 각 모델이 교통분야에 적용될 때 기대되는 효과와 극복해야 할 과제는 무엇인가?
4. 챗GPT와 일반적인 생성형 AI 모델의 목표, 특징, 작동 방식, 활용 분야, 기여도는 어떻게 비교 분석될 수 있으며, 이러한 차이점이 교통분야 적용 시 어떠한 시사점을 제공하는가?
5. 맥컬럭-피츠 모델부터 현재의 생성형 AI에 이르기까지 딥러닝 기술 발전 과정의 주요 단계는 무엇이며, 각 단계가 생성형 AI의 등장 및 발전에 어떠한 영향을 미쳤는가?
6. ANI, AGI, ASI는 각각 어떠한 특징을 가지며, 생성형 AI는 이러한 AI 발전 단계에서 어떠한 위치를 차지하고 어떠한 역할을 수행하는가?
7. GAN, 트랜스포머, 확산 모델이 교통계획, 교통수요 추정, 대중교통, 모빌리티 분야에 적용될 때 목표, 특징, 작동 원리, 효과, 장단점, 활용 사례, 시사점은 각각 무엇인가?
8. ANI, AGI, ASI가 교통계획, 교통수요 추정, 대중교통, 모빌리티 분야에 적용될 때 목표, 특징, 작동 원리, 효과, 장단점, 활용 사례, 시사점은 각각 무엇인가?

1) 생성형 인공지능(Generative AI)이란?

생성형 인공지능(Generative AI)은 2023년부터 기업이나 공공부분에 점점 다가오고 있다. 생성형 AI는 업무를 자동화하거나 가속화한다. 챗GPT의 등장 이후 AI서비스는 단순한 도구에서 일상적 파트너로 등장했다. 특히 고객관리, 마케팅, 연구개발 분야에서 생성형 AI는 이용자에게 생산성 향상이라는 선물을 제공한다.

(1) 생성형 AI란 텍스트, 오디오, 이미지 또는 동영상 형태의 새로운 콘텐츠를 생성하도록 설계된 인공지능 모델이다.

생성형 AI(Generative AI)는 인공지능(AI)의 일종으로, 기존 데이터를 기반으로 새로운 콘텐츠를 생성할 수 있는 기술이다. 생성형 AI란 텍스트, 오디오, 이미지 또는 동영상 형태의 새로운 콘텐츠를 생성하도록 설계된 인공지능 모델이다.

생성형 AI를 활용하면 특정 작가의 스타일을 기반으로 단편 소설을 쓰거나, 존재하지 않는 인물의 사실적인 이미지를 생성하거나, 유명 작곡가의 스타일로 교향곡을 작곡하거나, 간단한 텍스트 설명으로 비디오 클립을 만들 수 있다.

생성형 AI는 머신러닝 기술을 활용하여 데이터에서 학습하고 패턴을 모방하여 예측하거나 결정한다. 사용자가 프롬프트를 입력하면, 생성형 AI는 인터넷의 기존 사례에서 학습한 내용을 기반으로 응답을 생성한다.

(2) 생성형 AI는 AI 개발단계에서 AGI 초기단계에 위치하고 있다고 보아야 할 것이다.

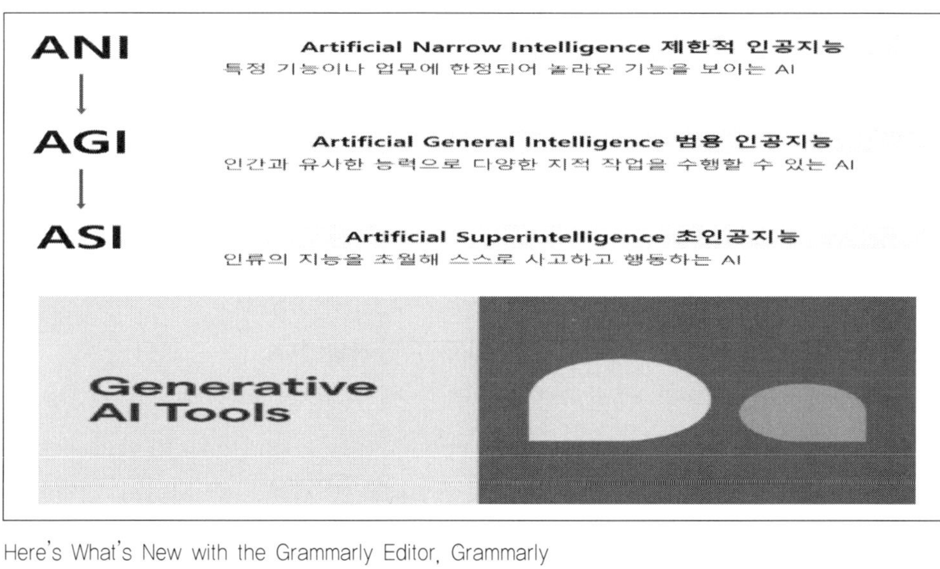

Here's What's New with the Grammarly Editor, Grammarly

2) 생성형 AI의 특징

(1) 생성형 AI의 역할: 생성형 AI의 기반은 딥러닝이다.

① **생성형 AI는 언어 생성, 이미지 생성, 음성생성, 음악생성, 비디오 생성**

생성형 AI에는 언어 생성, 이미지 생성, 음성생성, 음악생성, 비디오 생성의 다섯 가지가 있다. 생성형AI중에서 우리의 라이프스타일과 밀접한 관계를 맺고 있는 것이 언어생성이다. 대화형 언어모델로 일반 및 판별 AI와 달리 사용자의 말 또는 프롬프트(문자기반의 명령)를 이해하고 그에 대한 상호작용이 가능한 답변과 반응을 생성하도록 답변은 내놓는다.

생성형 AI 속에서 우리에게 인기가 좋은 챗GPT를 포함해 구글은 바드(Bard)라는 프롬프트 창을, 마이크로소프트는 챗GPT를 독점적으로 웹브라우저에 적용했다. 네이버는 이전 클로바 채팅 플랫폼을 업그레이드한 한국형 GPT 하이버클로바 X를 출시했다.

② **생성형 AI는 머신러닝 기술을 활용하여 새로운 데이터를 학습하고 생성한다.**

머신러닝을 통해 시스템은 명시적 프로그래밍이 아닌 데이터로부터 학습할 수 있다. 즉, 머신러닝은 컴퓨터 프로그램이 새로운 데이터에 적응하고 새로운 데이터로부터 독립적으로 학습하여 통찰력을 얻을 수 있는 과정이다.

③ **생성형 AI는 AGI와 동등하지 않다. AGI는 더 넓은 수준의 자율성과 기능을 나타낸다.**

생성형 AI는 이러한 시스템의 구성 요소일 수 있지만 AGI와 동등하지는 않다. 생성형 AI는 새로운 데이터 인스턴스를 생성하는 데 중점을 두는 반면, AGI는 더 넓은 수준의 자율성과 기능을 나타냅니다.

④ **생성형 AI의 기반은 머신러닝의 일종인 딥러닝이다.**

생성형 AI의 기반은 데이터를 처리하고 의사결정을 위한 패턴을 생성하는 인간 두뇌의 작용을 모방하는 머신러닝의 일종인 딥러닝이다. 딥러닝 모델은 인공 신경망으로 알려진 복잡한 아키텍처를 사용한다. 이러한 신경망은 정보를 처리하고 전송하는 수많은 상호 연결된 계층으로 구성되어 있으며, 인간 두뇌의 뉴런을 모방한다.

(2) 생성형 AI의 교통 및 모빌리티 분야 적용 효과

생성형 AI는 교통 및 모빌리티 분야에 다양한 혁신적인 효과를 창출한다. 구체적인 효과는 다음과 같다.

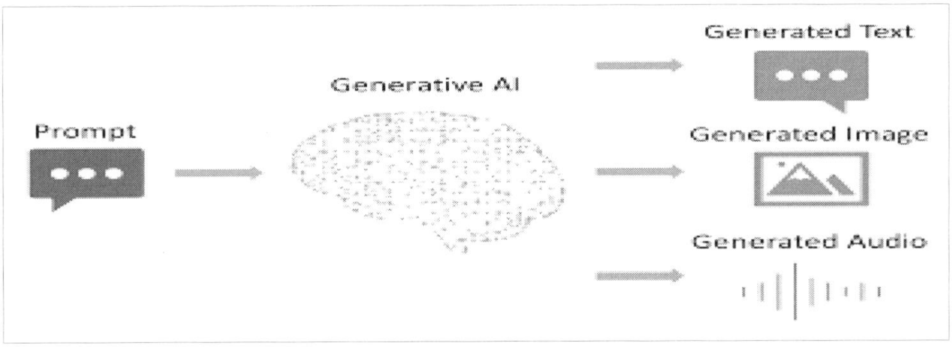

How Generative AI works, Library guides

① 현실적인 교통시뮬레이션 환경 구축

- 다양한 시나리오 생성: 실제와 유사한 가상 환경을 생성하여 다양한 교통 상황을 시뮬레이션 한다. 이를 통해 실제 환경에서 발생 가능한 다양한 변수를 고려한 사전 검증이 가능하게 된다.
- 고해상도 데이터 생성: 고해상도 도시 모델 또는 교통 데이터를 생성하여 보다 정밀한 분석 및 예측을 가능하게 한다.
- 자율주행 시뮬레이션: 실제와 유사한 자율주행 시뮬레이션 환경을 구축하여 자율주행 알고리즘의 안전성을 검증하고 성능을 향상시킨다.

② 교통수요 예측 및 최적화

- 복잡한 수요 패턴 학습: 복잡한 교통수요 패턴을 학습하고 예측하여 보다 정확한 수요 예측을 가능하게 한다.
- 돌발상황 대응: 돌발상황 발생 시 수요 변화를 예측하여 실시간 대응 능력을 향상시킨다.
- 개인 맞춤형 서비스 제공: 개인의 이동 패턴을 분석하여 맞춤형 이동경로 추천, 대중교통정보 제공 등의 서비스를 제공한다.
- 수요 기반 배차 및 노선 최적화: 실시간 수요 데이터를 기반으로 배차 및

노선을 최적화하여 대중교통 효율성을 향상시킨다.

③ **효율성 및 사용자 경험 향상**

- 실시간 정보 제공: 실시간 교통정보를 분석하고 예측하여 사용자에게 필요한 정보를 제공한다.
- 맞춤형 서비스 제공: 사용자의 이동 패턴과 선호도를 분석하여 맞춤형 이동경로 추천, 대중교통정보 제공 등의 서비스를 제공한다.
- 다양한 모빌리티 통합 관리: 다양한 모빌리티 서비스를 통합 관리하여 사용자의 편의성을 향상시킨다.

The Role of Artificial Intelligence in Transport System, Linkedin

④ **교통계획 및 교통설계 개선**

- 데이터 기반 의사결정 지원: 과거 및 현재의 교통 데이터를 분석하고 예측하여 데이터 기반의 의사결정을 지원한다.
- 다양한 계획 시나리오 제시: 다양한 계획 시나리오를 제시하고 각 시나리오의 결과를 예측하여 최적의 계획을 수립하도록 돕는다.
- 시민 참여형 계획 수립: 시민의 의견을 수렴하고 분석하여 시민 참여형 교통계획 수립을 지원한다.
- 최적 디자인 시뮬레이션: 도로, 교통 시설 등의 디자인을 시뮬레이션 하여 최적의 디자인을 도출한다.

⑤ **안전성 강화**

- 자율주행 안전성 검증: 자율주행 시뮬레이션을 통해 자율주행 알고리즘의 안전성을 검증하고 개선한다.

- 위험 예측 및 경고: 교통사고 발생 위험을 예측하고 사용자에게 경고하여 사고 예방에 기여한다.

생성형 AI의 교통 및 모빌리티 분야 적용 효과

생성형 AI가 적용되는 교통분야	생성형 AI의 교통분야 적용 효과
현실적인 교통 시뮬레이션 환경 구축	- 실제와 유사한 가상 환경 생성 통한 다양한 교통상황 시뮬레이션 및 사전 검증 가능 - 고해상도 도시 모델 또는 교통 데이터 생성 통한 정밀한 분석 및 예측 가능 - 실제와 유사한 자율주행 시뮬레이션 환경 구축 통한 자율주행 알고리즘 안전성 검증 및 성능 향상
교통수요 예측 및 최적화	- 복잡한 교통수요 패턴 학습 및 예측 통한 정확한 수요 예측 가능 - 돌발상황 발생 시 수요 변화 예측 통한 실시간 대응능력 향상 - 개인 이동 패턴 분석 기반 맞춤형 이동경로 추천 및 대중교통정보 제공 서비스 제공 - 실시간 수요 데이터 기반 배차 및 노선 최적화 통한 대중교통 효율성 향상
효율성 및 사용자 경험 향상	- 실시간 교통정보 분석 및 예측 통한 사용자 필요 정보 제공 - 사용자 이동 패턴 및 선호도 분석 기반 맞춤형 이동경로 추천 및 대중교통정보 제공 서비스 제공 - 다양한 모빌리티 서비스 통합 관리 통한 사용자 편의성 향상
교통계획 및 교통 설계 개선	- 과거 및 현재 교통 데이터 분석 및 예측 통한 데이터 기반 의사결정 지원 - 다양한 계획 시나리오 제시 및 결과 예측 통한 최적 계획 수립 지원 - 시민 의견 수렴 및 분석 통한 시민 참여형 교통계획 수립 지원 - 도로, 교통 시설 등 디자인 시뮬레이션 통한 최적 디자인 도출
안전성 강화	- 자율주행 시뮬레이션 통한 자율주행 알고리즘 안전성 검증 및 개선 - 교통사고 발생 위험 예측 및 사용자 경고 통한 사고 예방 기여

3) 생성형 AI가 적용되는 일반적인 워크플로(Workflow)

생성형 AI 모델 전반에 생성형 AI가 적용되는 일반적인 워크플로는 다음과 같다.

① **데이터 수집**: 생성할 콘텐츠 유형에 대한 예시가 포함된 대규모 데이터 세트를 수집한다. 예를 들어, 사실적인 그림을 생성하기 위한 이미지 데이터 세트나 일관된 문장을 생성하기 위한 텍스트 데이터 세트가 수집된다.

② **모델 훈련**: 생성 AI 모델은 신경망을 사용하여 구축된다. 모델은 수집된 데이터 세트에 대한 학습을 통해 데이터의 기본 패턴과 구조를 학습한다.

③ **생성**: 모델이 훈련되면, 사용된 모델에 따라 잠재 공간에서 또는 생성기 네트워크를 통해 샘플링을 통해 새로운 콘텐츠를 생성할 수 있다. 생성된 콘텐츠는 모델이 훈련 데이터에서 학습한 내용을 종합한 것이다.

④ **세부 조정**: 태스크 및 애플리케이션에 따라 생성된 콘텐츠는 품질을 개선하거나 특정 요구사항을 충족하기 위해 추가적인 조정 또는 후처리를 거칠 수 있다.

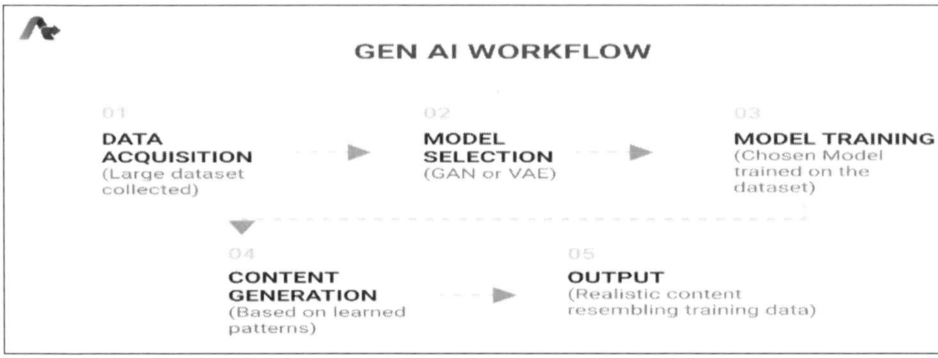

A Comprehensive Guide to Generative AI Workflow, Accelirate

4) 생성형 AI의 유형별 특성

(1) 생성형 AI의 유형: 트랜스포머(Transformer) 기반 모델, 생산적 적대 신경망(GAN), 변분 오토인코더(VAE) 개요

생성형 AI의 유형은 다양하며, 각 유형마다 고유한 특성이 있고 다양한 애플리케이션에 적합하다. 이러한 모델은 주로 다음 세 가지 범주에 속한다.

① **트랜스포머**(Transformer) **기반 모델**: 텍스트 생성의 경우 GPT-3 및 GPT-4와 같은 트랜스포머 기반 모델이 유용하게 사용된다. 입력 텍스트의 전체 컨텍스트를 고려할 수 있는 아키텍처를 사용하므로 일관성이 높고 상황에 따라 적절한 텍스트를 생성할 수 있다.

② **생산적 적대 신경망**(GAN: Generative Adversarial Network): GAN은 생성기와 판별기의 두 부분으로 구성된다. 생성기는 새로운 데이터 인스턴스를 생성하고, 판별기는 이러한 인스턴스의 진위 여부를 평가한다. 기본적으로 생성기는 판별기가 실제 데이터와 구별할 수 없는 데이터를 생성하기 위해 노력하고 판별기는 가짜 데이터를 더 잘 찾아내려고 노력하는 두 부분이 게임을 벌이는 것과 같다. 시간이 지남에 따라 생성기는 매우 사실적인 데이터 인스턴스를 생성하는 데 능숙해진다.

③ **변분 오토인코더**(VAE: Variational Aotoencoders): VAE는 통계적 추론의 원리를 활용하는 또 다른 유형의 생성 모델을 나타낸다. 입력 데이터를 잠재 공간(데이터의 압축된 표현)으로 인코딩한 다음 이 잠재 표현을 디코딩하여 새로운 데이터를 생성함으로써 작동한다. 인코딩 프로세스에 무작위 요소가 도입됨에 따라 VAE는 다양하고 유사한 데이터 인스턴스를 생성할 수 있다.

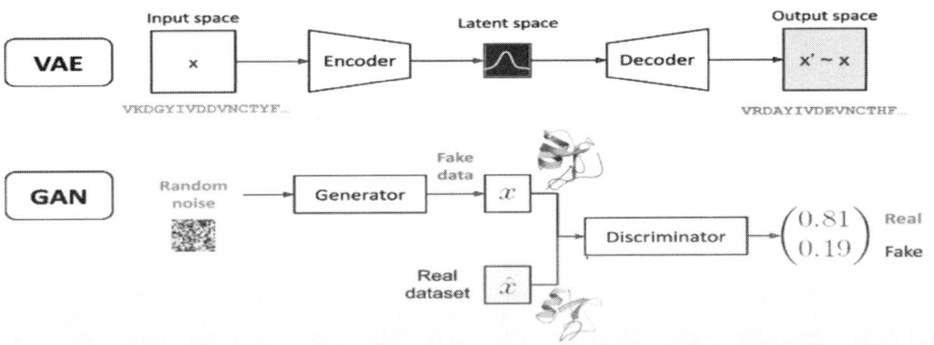

GAN vs VAE: Two Creative Approaches to Generative AI, Linkedin

(2) 생성형 AI 알고리즘 유형별 목표, 특징, 작동 방식, 활용 분야, 기여도

생성형 AI 유형별 목표, 특징, 작동 방식, 활용 분야, 기여도

생성형 AI 알고리즘 유형	목표	특징	작동 방식	활용 분야	기여도
트랜스포머(Transformer) 기반 모델	텍스트 생성	입력 텍스트 전체 컨텍스트 고려, 일관성 높고 상황에 따라 적절한 텍스트 생성	입력 텍스트 분석 후 전체 맥락 고려하여 다음 단어 예측	- 챗봇 - 번역 - 텍스트 요약 - 질의응답	- 자연스러운 텍스트 생성 - 다양한 텍스트 기반 작업 자동화
생성적 적대 신경망(GAN)	사실적인 데이터 생성	생성기와 판별기 두 부분으로 구성, 생성기는 새로운 데이터 인스턴스 생성, 판별기는 진위 여부 평가	생성기는 판별기 속이기 위해 노력, 판별기는 가짜 데이터 찾아내려고 노력, 시간 지남에 따라 생성기는 매우 사실적인 데이터 생성	- 이미지 생성 - 음악 생성 - 비디오 생성	- 사실적인 이미지 - 음악, 비디오 등 생성 - 예술 창작 및 콘텐츠 제작 분야 활용
변분 오토인코더(VAE)	다양하고 유사한 데이터 생성	통계적 추론 원리 활용, 입력 데이터 잠재 공간으로 인코딩 후 디코딩하여 새로운 데이터 생성	인코딩 프로세스에 무작위 요소 도입, 다양하고 유사한 데이터 생성	- 이미지 생성 - 이상 탐지 - 데이터 압축	- 다양한 이미지 생성 - 데이터 분석 분야 활용

5) 챗GPT와 생성형 AI 비교 분석

비교지표	챗GPT	생성형 AI
유형별 목표	- 자연어 이해 및 생성 - 인간과 유사한 대화 생성 - 질문에 대한 답변 제공	- 다양한 유형의 콘텐츠 생성(텍스트, 이미지, 음악, 코드 등) - 새로운 아이디어 및 창작물 제시 - 기존 콘텐츠 변형 및 개선
특징	- 대규모 언어 모델(LLM) 기반 - 텍스트 기반 입력 및 출력 - 인간 피드백 기반 강화 학습(RLHF)	- 다양한 모델 및 알고리즘 사용(LLM, GAN, Diffusion Model 등) - 다양한 유형의 데이터 입력 및 출력 - 학습 데이터의 규모 및 품질에 따라 성능 차이 발생
작동 방식	- 입력 텍스트 분석 및 이해 - 문맥 파악 및 관련 정보 검색 - 학습된 패턴 기반 응답 생성	- 입력 데이터 분석 및 패턴 학습 - 새로운 데이터 생성 또는 기존 데이터 변형 - 생성된 결과 평가 및 개선
활용 분야	- 챗봇, 가상 비서 - 콘텐츠 제작(글쓰기, 번역, 요약) - 정보 검색 및 질의응답	- 예술 창작(음악, 미술, 글쓰기) - 콘텐츠 제작(이미지, 비디오, 음악) - 데이터 분석 및 예측 - 신약 개발, 재료 설계
기여도 측면	- 인간과 컴퓨터의 상호 작용 개선 - 정보 접근성 향상 - 업무 자동화 및 효율성 증대	- 창의성 증진 및 새로운 콘텐츠 제작 - 다양한 분야의 혁신 및 발전 - 인간의 문제 해결 능력 향상

Machines That Learn: Demystifying the Power of Machine Learning, Linkedin

6) 생성형 AI: 트랜스포머(Transformer), GAN, VAE의 도시교통분야 적용

트랜스포머, GAN, VAE의 교통분야 적용

분야	목표	AI 기술별 특징	작동 원리	효과	장단점	활용 사례	시사점
교통 계획	- 장기 도시 변화 예측 및 계획 수립 - 현실적 도시 시뮬레이션 환경 구축 - 다양한 계획 시나리오 탐색 및 최적화	**트랜스포머**: 시계열 도시 변화 예측, 장기 의존성 학습 GAN: 현실적 도시 모델 생성, 가상 환경 구축 VAE: 다양한 도시 계획 시나리오 생성 및 탐색	**트랜스포머**: 어텐션 메커니즘 기반 장기 시계열 데이터 학습 및 예측 GAN: 생성자-판별자 네트워크 경쟁 학습 통한 현실적 데이터 생성 VAE: 데이터 분포 학습 통한 다양한 시나리오 생성 및 탐색	**트랜스포머**: 장기 도시 변화 예측 정확도 향상, 계획 수립 효율성 증대 GAN: 현실적 시뮬레이션 환경 제공, 계획 검증 및 최적화 VAE: 다양한 시나리오 탐색 통한 창의적 계획 수립	**트랜스포머**: 계산 복잡성, 긴 시퀀스 처리 어려움 GAN: 학습 불안정성, 모드 붕괴 문제 VAE: 생성 데이터 품질 문제, 잠재 공간 해석 어려움	- 트랜스포머 활용 - 도시 성장 및 교통 변화 예측 기반 장기 교통계획 수립 - GAN 활용, 가상 도시 모델 생성 및 교통시스템 시뮬레이션 - VAE 활용, 다양한 도시 개발 시나리오 생성 및 평가	- 다양한 AI 기술 융합 활용 필요 - 장기 계획 수립 위한 데이터 기반 의사결정 체계 구축 중요
교통 수요 추정	- 장기 교통수요 변화 예측 - 다양한 시나리오별 수요 패턴 생성 - 개인 맞춤형 수요 예측	**트랜스포머**: 시계열 수요 변화 예측, 장기 의존성 학습 GAN: 실제와 유사한 수요 패턴 생성, 가상 데이터 생성 VAE: 다양한 시나리오별 수요 패턴 생성 및 탐색	**트랜스포머**: 어텐션 메커니즘 기반 시계열 데이터 학습 및 예측 GAN: 생성자-판별자 네트워크 경쟁 학습 통한 실제 데이터 분포 학습 VAE: 데이터 분포 학습 통한 다양한 수요 패턴 생성 및 탐색	**트랜스포머**: 장기 수요 변화 예측 정확도 향상, 돌발상황 대응력 강화 GAN: 실제와 유사한 수요 패턴 학습, 예측 정확도 향상 VAE: 다양한 시나리오별 수요 예측, 불확실성 감소	**트랜스포머**: 계산 복잡성, 긴 시퀀스 처리 어려움 GAN: 학습 불안정성, 모드 붕괴 문제 VAE: 생성 데이터 품질 문제, 잠재 공간 해석 어려움	- 트랜스포머 활용, 장기 교통수요 변화 예측 및 교통신호 제어 - GAN 활용, 실제 교통 데이터 기반 수요 패턴 생성 및 예측 - VAE 활용, 다양한 교통상황별 수요 예측 및 시뮬레이션	- 다양한 데이터 융합 및 분석 필요 - 예측모델 검증 및 개선 지속 필요
대중 교통	- 실시간 교통정보 분석 및 예측 - 가상 승객 데이터 생성 통한 최적화 - 다양한 운영 시나리오 탐색 및 최적화	**트랜스포머**: 실시간 정보 분석 및 예측, 장기 의존성 학습 GAN: 가상 승객 데이터 생성, 수요 기반 배차 최적화 VAE: 다양한 운영 시나리오 생성 및 탐색	**트랜스포머**: 어텐션 메커니즘 기반 실시간 정보 학습 및 예측 GAN: 생성자-판별자 네트워크 경쟁 학습 통한 실제 승객 데이터 분포 학습 VAE: 데이터 분포 학습 통한 다양한 운영 시나리오 생성 및 탐색	**트랜스포머**: 실시간 정보 기반 맞춤형 서비스 제공, 운영 효율성 향상 GAN: 수요 기반 배차 최적화, 효율성 증대 VAE: 다양한 시나리오 기반 대중교통 운영 개선, 효율성 증대	**트랜스포머**: 계산 복잡성, 실시간 처리 어려움 GAN: 가상 데이터의 현실 반영 어려움, 개인정보 문제 VAE: 생성 데이터 품질 문제, 잠재 공간 해석 어려움	- 트랜스포머 활용, 실시간 버스 도착 정보 제공 및 맞춤형 경로 추천 - GAN 활용, 가상 승객 데이터 기반 배차 최적화 및 노선 설계 - VAE 활용, 다양한 배차 간격 및 노선 시나리오 생성 및 평가	- 개인정보 보호 및 윤리적 문제 고려 필요 - 실시간 데이터 처리 및 분석 능력 강화 필요
모빌 리티	- 교통흐름 예측 및 자율주행 경로 최적화· - 현실적 자율주행 시뮬레이션 환경 구축 - 다양한 주행 환경 생성 및 시뮬레이션	**트랜스포머**: 교통흐름 예측 및 경로 최적화, 장기 의존성 학습 GAN: 현실적 자율주행 시뮬레이션 환경 생성, 가상 환경 구축 VAE: 다양한 주행 환경 생성 및 시뮬레이션	**트랜스포머**: 어텐션 메커니즘 기반 교통흐름 학습 및 경로 학습 GAN: 생성자-판별자 네트워크 경쟁 학습 통한 실제 주행 환경 학습 VAE: 데이터 분포 학습 통한 다양한 주행 환경 생성 및 탐색	**트랜스포머**: 실시간 교통정보 기반 경로 최적화, 안전성 향상 GAN: 현실적 시뮬레이션 통한 자율주행 알고리즘 검증 및 개선 VAE: 다양한 주행 환경 시뮬레이션, 안전성 평가 다양화	**트랜스포머**: 계산 복잡성, 실시간 처리 어려움 GAN: 현실 반영 어려움, 안전성 검증 문제 VAE: 생성 데이터 품질 문제, 잠재 공간 해석 어려움	- 트랜스포머 활용, 실시간 교통흐름 예측 및 자율주행 경로 최적화 - GAN 활용, 다양한 교통상황 시뮬레이션 및 자율주행 알고리즘 검증 - VAE 활용, 다양한 악천후 및 도로 환경 시뮬레이션 및 안전성 평가	- 안전성 확보 및 윤리적 문제 고려 필요 - 다양한 모빌리티 통합 관리 체계 구축 필요

3. 생성형 AI와 딥러닝 발전과정과 ANI, AGI, ASI와 연결성

1) 생성형 AI와 딥러닝 발전 과정의 연결고리: 맥컬럭-피츠(McCulloch-Pitts Model) 모델부터 딥러닝까지

생성형 AI는 딥러닝 기술의 발전과 밀접한 관련이 있으며, 맥컬럭-피츠 모델부터 딥러닝까지의 각 단계는 생성형 AI의 등장을 위한 토대를 마련하는 데 기여했다. 시기적으로는 딥러닝 발전 과정의 각 단계를 거쳐 생성형 AI가 등장했으며, 기술적으로는 각 단계의 핵심 기술들이 생성형 AI 모델에 활용되고 있다.

(1) 맥컬럭-피츠 모델(1943)

① **시기적 연결**: 딥러닝 역사의 시작점으로, 인공 신경망의 기본 개념을 최초로 제시. 이후 헵의 이론, 퍼셉트론 등 딥러닝 발전의 토대를 마련

② **기술적 연결**: 생물학적 뉴런의 동작을 단순화하여 0과 1의 이진 출력을 내는 논리 게이트로 모델링. 이는 인공 신경망의 기본 단위가 되었으며, 딥러닝 모델에서도 여전히 활용되는 활성화 함수의 기본 개념을 제시

③ **방법론적 연결**: 뉴런의 연결 강도를 조절하여 학습하는 아이디어를 제시. 이는 이후 헵의 이론과 퍼셉트론 학습 알고리즘의 기초가 됨

[AI 이야기] 인공지능의 결정적 인물들(2) 딥러닝의 시초, 월터 피츠, letr.ai/ko/blog/story

(2) 헵(Hebb)의 이론(1949)

① **시기적 연결**: 맥컬럭-피츠 모델 이후, 뉴런 간의 연결 강도가 학습에 따라 변화한다는 아이디어를 제시. 퍼셉트론 학습 알고리즘 개발에 영향을 미침

② **기술적 연결**: "함께 활성화되는 뉴런들은 연결 강도가 강화된다"는 규칙을 제시. 이는 인공 신경망에서 가중치를 업데이트하는 학습 규칙의 기본 원리가 되었으며, 딥러닝 모델의 학습 알고리즘에도 영향을 미침

③ **방법론적 연결**: 학습 과정에서 뉴런 간의 연결 강도를 조절하여 정보를 저장하고 처리하는 방법을 제시. 이는 딥러닝 모델에서 가중치를 통해 정보를 표현하고 학습하는 방법의 기초가 됨

도널드 헵(Donald Olding Hebb)의 신경심리학 - 인문/교육

(3) 퍼셉트론(Perceptron, 1957)

① **시기적 연결**: 헵의 이론을 기반으로, 최초의 인공 신경망 학습 알고리즘을 구현. 이후 인공 신경망 연구의 발전과 딥러닝 등장에 중요한 역할을 함

② **기술적 연결**: 입력값에 가중치를 곱하고 합산한 후, 활성화 함수를 통해 출력값을 계산하는 알고리즘을 제시. 이는 딥러닝 모델의 기본 구조와 동일하며, 다층 퍼셉트론(MLP)은 딥러닝 모델의 한 종류로 볼 수 있음

③ **방법론적 연결**: 지도 학습 방식을 통해 가중치를 조절하여 입력 데이터를 분류하는 방법을 제시. 이는 딥러닝 모델에서도 널리 사용되는 지도 학습 방법의 기초가 됨

(4) 인공 신경망(1980년대)

① **시기적 연결**: 퍼셉트론의 한계를 극복하기 위한 다양한 연구가 진행되면서, 다층 퍼셉트론, 역전파 알고리즘 등이 개발. 딥러닝 기술 발전의 토대를 마련

② **기술적 연결**: 다층 구조를 통해 복잡한 패턴을 학습하고, 비선형 문제를 해결할 수 있는 인공 신경망 모델 개발. 이는 딥러닝 모델의 기본 구조가 되었으

며, 다양한 딥러닝 모델의 등장으로 이어짐

③ **방법론적 연결**: 역전파 알고리즘을 통해 다층 인공 신경망을 효율적으로 학습하는 방법을 제시. 이는 딥러닝 모델 학습의 핵심 알고리즘으로, 생성형 AI 모델 학습에도 활용됨

(5) 딥러닝(2000년대 이후)

① **시기적 연결**: 빅데이터, 컴퓨팅 성능 향상 등에 힘입어 인공 신경망 연구가 다시 활발해지면서 딥러닝 기술 등장. 생성형 AI 발전에 결정적인 역할을 함

② **기술적 연결**: 심층 신경망(DNN) 구조, 합성곱 신경망(CNN), 순환 신경망(RNN) 등 다양한 딥러닝 모델 개발. 이러한 딥러닝 모델은 생성형 AI 모델의 기반이 되었으며, 이미지, 텍스트, 음성 등 다양한 콘텐츠 생성에 활용됨

③ **방법론적 연결**: 대규모 데이터셋을 활용한 학습, GPU 기반 병렬 처리, 다양한 학습 알고리즘 개발 등을 통해 딥러닝 모델의 성능을 향상시키는 방법 제시. 이러한 방법론적 발전은 생성형 AI 모델의 성능 향상에도 기여

(6) 생성형 AI(현재)

① **시기적 연결**: 딥러닝 기술의 발전, 특히 GAN, Transformer, Diffusion Model 등의 등장으로 급격히 발전. 이미지, 텍스트, 음성 등 다양한 콘텐츠를 생성하는 데 활용

② **기술적 연결**: 딥러닝 모델을 기반으로, 새로운 콘텐츠를 생성하고 창의적인 작업을 수행하는 다양한 생성형 AI 모델 개발. 예를 들어, GAN은 이미지 생성, Transformer는 텍스트 생성, Diffusion Model은 고해상도 이미지 생성에 활용

③ **방법론적 연결**: 딥러닝 모델 학습에 사용되는 다양한 기술(예: 대규모 데이터셋, GPU 기반 병렬 처리, 학습 알고리즘)을 활용하여 생성형 AI 모델을 학습하고 성능을 향상. 또한, 생성형 AI 모델의 학습 과정에서 새로운 방법론(예: 강화 학습, 자기 지도 학습)이 활용되기도 함

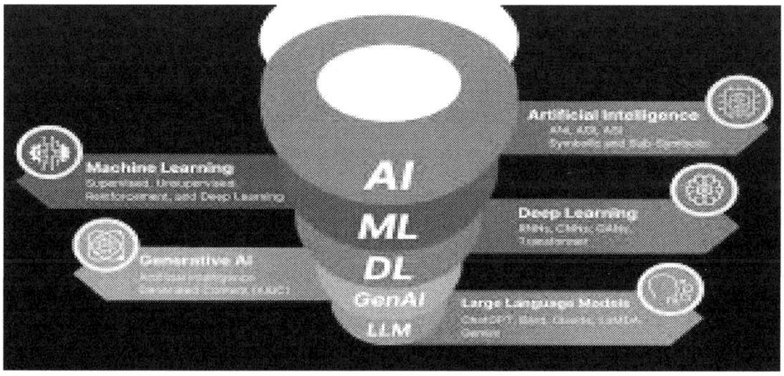

Position of Generative AI, Kevin David Shields

(7) 생성형 AI와 딥러닝 발전 과정의 연결성 비교

생성형 AI와 딥러닝 모델의 시기적 연결, 기술적 연결, 방법론적 연결, 연결성 비교

딥러닝과 생성형 AI 모델의 발전 단계	딥러닝과 생성형 AI모델의 시기적 연결	딥러닝과 생성형 AI모델의 기술적 연결	딥러닝과 생성형 AI모델의 방법론적 연결
맥컬럭-피츠 모델 (1943)	- 딥러닝 역사 시작점, 인공 신경망 기본 개념 제시 - 딥러닝 발전 토대 마련	- 생물학적 뉴런 모델링 통한 인공 신경망 기본 단위 제시 - 활성화 함수 기본 개념 제시	- 뉴런 연결 강도 조절 학습 아이디어 제시
햅(Hebb)의 이론 (1949)	- 맥컬럭-피츠 모델 이후 뉴런 간 연결 강도 학습 변화 아이디어 제시 - 퍼셉트론 학습 알고리즘 개발 영향	- "함께 활성화되는 뉴런 연결 강도 강화" 규칙 제시 - 딥러닝 모델 가중치 업데이트 기본 원리 영향	- 학습 과정에서 뉴런 간 연결 강도 조절 정보 저장 및 처리 방법 제시 - 딥러닝 모델 가중치 정보 표현 및 학습 방법 기초 제시
퍼셉트론 (1957)	- 햅 이론 기반 최초 인공 신경망 학습 알고리즘 구현 - 인공 신경망 연구 발전 및 딥러닝 등장 기여	- 입력값 가중치 곱셈 및 합산 후 활성화 함수 통한 출력값 계산 알고리즘 제시 - 딥러닝 모델 기본 구조 및 다층 퍼셉트론(MLP) 개발	- 지도 학습 방식 가중치 조절 통한 입력 데이터 분류 방법 제시 - 딥러닝 모델 지도 학습 방법 기초 제시
인공 신경망 (1980년대)	- 퍼셉트론 한계 극복 위한 다층 퍼셉트론, 역전파 알고리즘 개발 - 딥러닝 기술 발전 토대 마련	- 다층 구조 통한 복잡한 패턴 학습 및 비선형 문제 해결 모델 개발 - 딥러닝 모델 기본 구조 및 다양한 딥러닝 모델 등장	- 역전파 알고리즘 통한 다층 인공 신경망 효율적 학습 방법 제시 - 딥러닝 모델 학습 핵심 알고리즘 제시 및 생성형 AI 모델 학습 활용
딥러닝 (2000년대 이후)	- 빅데이터, 컴퓨팅 성능 향상 힘입어 딥러닝 기술 등장 - 생성형 AI 발전 결정적 역할	- 심층 신경망(DNN), 합성곱 신경망(CNN), 순환 신경망(RNN) 등 다양한 딥러닝 모델 개발 - 생성형 AI 모델 기반 및 이미지, 텍스트, 음성 등 콘텐츠 생성 활용	- 대규모 데이터셋 학습, GPU 기반 병렬 처리, 학습 알고리즘 개발 통한 딥러닝 모델 성능 향상 - 생성형 AI 모델 성능 향상 기여
생성형 AI (현재)	- 딥러닝 기술 발전, GAN, Transformer, Diffusion Model 등 등장 통한 급격한 발전 - 이미지, 텍스트, 음성 등 콘텐츠 생성 활용	- 딥러닝 모델 기반 새로운 콘텐츠 생성 및 창의적 작업 수행 생성형 AI 모델 개발 - GAN(이미지), Transformer(텍스트), Diffusion Model(고해상도 이미지) 등 활용	- 딥러닝 모델 학습 기술 활용 생성형 AI 모델 학습 및 성능 향상 - 생성형 AI 모델 학습 과정에서 강화 학습, 자기 지도 학습 등 새로운 방법론 활용

2) 챗GPT와 생성형 AI의 AI교통분야 적용시 적용대상별 차이점

(1) 챗GPT와 생성형 AI의 비교

① 챗GPT는 생성형 AI의 한 유형으로, 텍스트 생성에 특화된 모델이다.

② 생성형 AI는 텍스트, 이미지, 음성, 코드 등 다양한 유형의 콘텐츠를 생성할 수 있다.

③ 챗GPT는 대규모 언어 모델(LLM)을 기반으로 작동하며, 인간 피드백을 통해 강화 학습된다.

④ 생성형 AI는 다양한 모델 및 알고리즘을 사용하며, 학습 데이터의 규모와 품질에 따라 성능이 달라진다.

⑤ 챗GPT는 챗봇, 가상 비서, 콘텐츠 제작 등에 활용되며, 생성형 AI는 창작, 콘텐츠 제작, 데이터 분석 등 다양한 분야에 활용된다.

⑥ 챗GPT는 인간과 컴퓨터의 상호 작용을 개선하고 정보 접근성을 향상시키는 데 기여하며, 생성형 AI는 창의성 증진, 혁신, 문제 해결 능력 향상 등에 기여한다.

(2) 챗GPT와 생성형 AI의 교통분야 적용 시 목표, 특징, 작동 원리, 효과, 장단점, 활용 예시, 시사점

챗GPT와 생성형 AI의 교통분야 적용 시 목표, 특징, 작동 원리, 효과, 장단점, 활용 예시, 시사점

교통분야	목표	기술 특징	작동 원리	효과	장단점	활용 사례	시사점
교통계획	- 데이터 기반 의사결정 지원 - 시나리오별 최적 계획 도출 - 시민 참여형 계획 수립	**챗GPT**: 자연어 처리, 문맥 이해 **생성형 AI**: 데이터 기반 시나리오 생성, 디자인 최적화	**챗GPT**: 대규모 텍스트 데이터 학습, 사용자 질의응답 **생성형 AI**: 데이터 패턴 학습, 가상 환경 모델링	**챗GPT**: 계획 수립 과정 효율화, 시민 의견 수렴 강화 **생성형 AI**: 다양한 계획 시나리오 제시, 시각화 통한 이해도 향상	**챗GPT**: 데이터 편향성, 정보 정확도 문제 **생성형 AI**: 고비용 모델 구축, 데이터 의존성	- 도시 계획 시 챗GPT 활용, 시민 의견수렴 및 분석 - 도로 설계 시 생성형 AI 활용, 최적 디자인 시뮬레이션	- 데이터 기반 의사결정 체계 구축 필요 - AI 활용 윤리적 문제 고려 필요
교통수요추정	- 정확한 미래 수요 예측 - 실시간 수요 변화 대응 - 개인 맞춤형 수요 예측	**챗GPT**: 과거 데이터 기반 미래 수요 예측 **생성형 AI**: 다양한 변수 고려 시나리오별 수요 예측	**챗GPT**: 과거 교통 데이터 학습, 미래 패턴 예측 **생성형 AI**: 인구, 경제, 날씨 등 변수 종합 분석, 수요 예측	**챗GPT**: 예측 정확도 향상, 실시간 예측 가능 **생성형 AI**: 다양한 시나리오별 예측, 불확실성 감소	**챗GPT**: 데이터 품질 의존성, 예측 불확실성 **생성형 AI**: 복잡한 모델 구축, 높은 컴퓨팅 자원 요구	- 챗GPT 활용, 단기교통량 예측 및 교통신호 제어 - 생성형 AI 활용, 미래 도시 성장 시나리오별 교통량 예측	- 데이터 공유 및 협력 체계 구축 중요 - 예측 모델 검증 및 개선 필요

교통 분야	목표	기술 특징	작동 원리	효과	장단점	활용 사례	시사점
대중 교통	- 효율적인 배차 및 노선 운영 - 실시간 정보 제공 및 안내 - 개인 맞춤형 대중교통서비스	**챗GPT**: 실시간 정보 기반 맞춤형 안내 **생성형 AI**: 최적 배차 및 노선 설계, 가상 환경 시뮬레이션	**챗GPT**: 사용자 질의응답, 실시간 정보 제공 **생성형 AI**: 수요 패턴 학습, 최적 배차 및 노선 설계	**챗GPT**: 사용자 편의성 향상, 실시간 정보 제공 **생성형 AI**: 운영 효율성 증대, 비용 절감	**챗GPT**: 정보 정확도 문제, 개인 정보 보호 문제 **생성형 AI**: 모델 복잡성, 실시간 데이터 처리 문제	- 챗GPT 활용, 실시간 버스 도착 정보 안내 및 맞춤형 경로 추천 - 생성형 AI 활용, 수요 기반 배차 및 노선 최적화	- 데이터 기반 서비스 운영 체계 구축 필요 - 개인정보 보호 및 윤리적 문제 고려 필요
모빌 리티	- 개인 맞춤형 모빌리티 서비스 제공 - 다양한 모빌리티 통합 관리 - 자율주행기술 개발 및 고도화	**챗GPT**: 사용자 맞춤형 이동경로 추천 및 정보 제공 **생성형 AI**: 자율주행 시뮬레이션, 최적 경로 및 교통흐름 생성	**챗GPT**: 사용자 질의응답, 실시간 정보 제공, 맞춤형 추천 **생성형 AI**: 가상 환경 시뮬레이션, 강화 학습 기반 자율주행 제어	**챗GPT**: 사용자 편의성 향상, 맞춤형 서비스 제공 **생성형 AI**: 자율주행기술 발전, 교통 효율성 증대	**챗GPT**: 정보 정확도 문제, 개인정보 보호 문제 **생성형 AI**: 기술적 한계, 안전성 문제	- 챗GPT 활용, 개인 맞춤형 이동 경로 추천 및 예약 서비스 제공 - 생성형 AI 활용, 자율주행 시뮬레이션 및 최적 경로 학습	- 다양한 모빌리티 데이터 통합 관리 필 - 기술 개발 및 안전성 확보 중요

4. 생성형 AI는 머신러닝과 딥러닝, 그리고 ANI, AGI, ASI 흐름 속에서 탄생

https://lucazambrelli.it/en/types-of-artificial-intelligence

1) 생성형 AI는 딥러닝 모델, 특히 GAN, Transformer, Diffusion Model 등을 활용하여 콘텐츠 생성

(1) 딥러닝 기술의 발전과 함께 등장한 생성형 AI 기반의 GAN, Transformer, Diffusion Model의 탄생

GAN, Transformer, Diffusion Model은 딥러닝 기술의 발전과 함께 등장한 모델이며, AI 교통과 모빌리티 분야에서 각자의 강점을 바탕으로 다양한 방식으로 활용되고 있다. 2012년은 딥러닝 기술이 크게 발전한 해였다. GAN, Transformer, Diffusion Model은 모두 딥러닝 모델에 속하며, 각자 고유한 구조와 작동 방식을 가지고 있다. 2012년 딥러닝 모델은 주로 이미지 인식에 사용되었지만, 이후 발전된 GAN, Transformer, Diffusion Model은 이미지 생성, 텍스트 처리, 음성 생성 등 다양한 분야에서 활용되고 있다.

(2) 각 모델의 교통분야 적용시 목표, 기술, 원리, 효과, 장단점, 활용 사례

생성형 AI: GAN, Transformer, Diffusion Model의 교통분야 적용시 목표, 기술, 원리, 효과, 장단점, 활용 사례

분야	목표	AI 기술별 특징	작동 원리	효과	장단점	활용 사례	시사점
교통계획	- 현실적 도시 모델 생성 - 다양한 계획 시나리오 시뮬레이션 - 도시 변화 예측 및 대응	GAN: 실제와 유사한 도시 환경 생성 Transformer: 시계열 도시 변화 예측 Diffusion Model: 고해상도 도시 모델 생성	GAN: 생성자판별자 네트워크 경쟁 학습 Transformer: 어텐션 메커니즘 기반 장기 의존성 학습 Diffusion Model: 점진적 잡음 제거를 통한 데이터 생성	GAN: 현실적 시뮬레이션 환경 제공 Transformer: 미래 도시 변화 예측 정확도 향상 Diffusion Model: 고해상도 도시 모델 활용 계획 수립	GAN: 학습 불안정성, 모드 붕괴 문제 Transformer: 계산 복잡성, 긴 시퀀스 처리 어려움 Diffusion Model: 높은 계산 비용, 샘플링 속도 느림	- GAN 활용, 가상 도시 모델 생성 및 교통시스템 시뮬레이션 - Transformer 활용, 도시성장 및 교통 변화 예측 - Diffusion Model 활용, 고해상도 도시 모델 기반 교통계획 수립	- 다양한 AI 기술 융합 활용 필요 - 현실적 제약 조건 고려 모델 개발 중요
교통수요추정	- 복잡한 수요 패턴 학습 및 예측 - 돌발상황 발생 시 수요 변화 예측 - 개인 맞춤형 수요 예측	GAN: 실제와 유사한 교통수요 패턴 생성 Transformer: 시계열 수요 변화 예측 Diffusion Model: 다양한 시나리오별 수요 패턴 생성	GAN: 생성자판별자 네트워크 경쟁 학습, 실제 데이터 분포 학습 Transformer: 어텐션 메커니즘 기반 시계열 의존성 학습 Diffusion Model: 점진적 잡음 제거를 통한 다양한 수요 패턴 생성	GAN: 실제와 유사한 수요 패턴 학습, 예측 정확도 향상 Transformer: 장기 수요 변화 예측, 돌발상황 대응력 강화 Diffusion Model: 다양한 시나리오별 수요 예측, 불확실성 감소	GAN: 학습 불안정성, 모드 붕괴 문제 Transformer: 계산 복잡성, 긴 시퀀스 처리 어려움 Diffusion Model: 높은 계산 비용, 다양한 시나리오 생성 어려움	- GAN 활용, 실제 교통 데이터 기반 수요 패턴 생성 및 예측 - Transformer 활용, 장기 교통 수요 변화 예측 및 교통신호 제어 - Diffusion Model 활용, 다양한 교통 상황별 수요 예측 및 시뮬레이션	- 다양한 데이터 융합 및 분석 필요 - 예측모델 검증 및 개선 지속 필요
대중교통	- 효율적인 배차 및 노선 최적화 - 개인 맞춤형 서비스 제공 - 대중교통 이용 경험 향상	GAN: 가상 승객 데이터 생성, 수요 기반 배차 최적화 Transformer: 실시간 교통정보 분석 및 예측 Diffusion Model: 다양한 대중교통 시나리오 생성 및 시뮬레이션	GAN: 생성자판별자 네트워크 경쟁 학습, 실제 승객 데이터 분포 학습 Transformer: 어텐션 메커니즘 기반 실시간 정보 분석 및 예측 Diffusion Model:	GAN: 수요 기반 배차 최적화, 효율성 증대 Transformer: 실시간 정보 기반 맞춤형 서비스 제공 Diffusion Model: 다양한 시나리오 기반 대중교	GAN: 가상 데이터의 현실 반영 어려움, 개인정보 문제 Transformer: 계산 복잡성, 실시간 처리 어려움 Diffusion Model: 다양한 시나리	- GAN 활용, 가상 승객 데이터 기반 배차 최적화 및 노선 설계 - Transformer 활용, 실시간 버스 도착 정보 제공 및 맞춤형 경로 추천 - Diffusion Model	- 개인정보 보호 및 윤리적 문제 고려 필요 - 실시간 데이터 처리 및 분석 능력 강화 필요

분야	목표	AI 기술별 특징	작동 원리	효과	장단점	활용 사례	시사점
			점진적 잡음 제거를 통한 다양한 대중교통 시나리오 생성	통 운영 개선	오 생성 비용 높음, 현실적 제약 반영 어려움	활용, 다양한 대중교통 시나리오 시뮬레이션 및 운영 개선	
모빌리티	- 자율주행 시뮬레이션 및 안전성 검증 - 다양한 모빌리티 통합 관리 및 최적화 - 개인 맞춤형 모빌리티 서비스 제공	GAN: 현실적 자율주행 시뮬레이션 환경 생성 Transformer: 교통흐름 예측 및 자율주행 경로 최적화 Diffusion Model: 다양한 주행 환경 생성 및 시뮬레이션	GAN: 생성자판별자 네트워크 경쟁 학습, 실제 주행 환경 학습 Transformer: 어텐션 메커니즘 기반 교통흐름 예측 및 경로 학습 Diffusion Model: 점진적 잡음 제거를 통한 다양한 주행 환경 생성	GAN: 현실적 시뮬레이션 환경 제공, 안전성 검증 강화 Transformer: 실시간 교통정보 기반 경로 최적화 Diffusion Model: 다양한 주행 환경 시뮬레이션, 안전성 평가 다양화	GAN: 현실 반영 어려움, 안전성 검증 문제 Transformer: 계산 복잡성, 실시간 처리 어려움 Diffusion Model: 다양한 환경 생성 비용 높음, 현실적 제약 반영 어려움	- GAN 활용, 다양한 교통상황 시뮬레이션 및 자율주행 알고리즘 검증 - Transformer 활용, 실시간 교통흐름 예측 및 자율주행 경로 최적화 - Diffusion Model 활용, 다양한 주행 환경 시뮬레이션 및 안전성 평가	- 안전성 확보 및 윤리적 문제 고려 필요 - 다양한 모빌리티 통합 관리 체계 구축 필요

2) ANI, AGI, ASI

AI와 QA 엔지니어의 미래, Brunch

(1) ANI(Artificial Narrow Intelligence, 좁은 인공지능)

① **시기적 연결**: 현재 가장 널리 활용되는 AI 단계로, 특정 작업에 특화된 형태. 초기 맥컬럭-피츠 모델, 퍼셉트론 등은 ANI의 초기 형태로 볼 수 있으며, 이후 딥러닝 기술 발전과 함께 이미지 인식, 자연어 처리 등 특정 분야에서 뛰어난 성능을 보이는 ANI 모델들이 등장. 생성형 AI는 이러한 ANI 모델들을 기반으로 발전

② **기술적 연결**: 머신러닝, 딥러닝 등의 기술을 기반으로 특정 문제 해결에 특화된 알고리즘 및 모델을 개발. 생성형 AI는 딥러닝 모델, 특히 GAN, Transformer, Diffusion Model 등을 활용하여 콘텐츠 생성

③ **방법론적 연결**: 대규모 데이터셋을 이용한 지도 학습, 강화 학습 등을 통해 특정 작업에 최적화된 모델을 학습. 생성형 AI 또한 대규모 데이터셋을 활용하여 딥러닝 모델을 학습하고, 생성 능력을 향상시키는 방법론 활용

(2) AGI(Artificial General Intelligence, 일반 인공지능)

① **시기적 연결**: 아직 실현되지 않은 AI 단계로, 인간 수준의 지능을 가진 AI. 생성형 AI는 AGI 개발을 위한 중요한 기술 중 하나로 여겨짐. 인간의 창의성, 문제 해결 능력 등을 모방하는 생성형 AI 모델 개발을 통해 AGI에 한 걸음 더 다가갈 수 있음

② **기술적 연결**: 다양한 ANI 기술을 통합하고, 새로운 학습 방법 및 알고리즘을 개발하여 인간 수준의 지능 구현. 생성형 AI는 멀티모달 학습, 추론, 계획 등 AGI에 필요한 핵심 기술들을 개발하고 발전시키는 데 기여

③ **방법론적 연결**: 전이 학습, 메타 학습 등 인간의 학습 방식을 모방하는 학습 방법론 연구. 생성형 AI는 이러한 학습 방법론을 활용하여 다양한 분야에서 새로운 콘텐츠를 생성하고, 문제를 해결하는 능력을 향상

(3) ASI(Artificial Super Intelligence, 초인공지능)

① **시기적 연결**: AGI를 넘어 인간 지능을 초월하는 AI 단계. ASI는 아직 이론적인 개념이지만, 생성형 AI의 발전은 ASI 실현 가능성을 높일 수 있음. 생성형 AI가 인간의 창의성을 뛰어넘는 새로운 콘텐츠를 생성하고, 스스로 학습 및 진화하는 능력을 갖추게 된다면 ASI에 근접할 수 있음

② **기술적 연결**: AGI를 기반으로 자의식, 감정, 창의성 등 인간 고유의 능력을 구현하는 기술 개발. 생성형 AI는 인간의 창의성을 모방하고 뛰어넘는 기술을 통해 ASI 개발에 기여. 예를 들어, 예술 작품 생성, 새로운 과학적 발견, 복잡한 문제 해결 등에 활용

③ **방법론적 연결**: 인간의 사고방식을 뛰어넘는 새로운 학습 및 문제 해결 방법론 연구. 생성형 AI는 새로운 콘텐츠 생성, 지식 발견, 혁신적인 솔루션 제시 등을 통해 ASI 개발을 위한 방법론적 토대를 마련

3) ANI, AGI, ASI의 교통 및 모빌리티 분야 적용

ANI, AGI, ASI의 교통분야 적용시 목표, 기술, 원리, 효과, 장단점, 활용 사례, 시사점

교통분야	목표	AI 기술별 특징	작동 원리	효과	장단점	활용 사례	시사점
교통계획	- 최적의 도시 계획 수립 - 지속 가능한 교통시스템 구축 - 시민 삶의 질 향상	ANI: 특정 교통 데이터 분석 및 최적화 AGI: 인간 수준의 교통계획 수립 및 시뮬레이션 ASI: 초인간 수준의 창의적 교통시스템 설계	ANI: 특정 알고리즘 기반 데이터 분석 및 예측 AGI: 인간 인지 능력 기반 교통계획 수립 및 시뮬레이션 ASI: 초인적인 문제 해결 능력 및 창의성 발휘	ANI: 데이터 기반 효율적 계획 수립 AGI: 인간 수준의 계획 수립 및 시뮬레이션 정확도 향상 ASI: 혁신적 교통시스템 설계 및 최적화	ANI: 제한적 문제 해결 능력, 창의성 부족 AGI: 구현 및 윤리적 문제 발생 가능성 ASI: 예측 불가능성, 통제 불가능성 우려	- ANI 활용, 교통혼잡 완화 위한 신호 체계 최적화 - AGI 활용, 도시 전체 교통시스템 시뮬레이션 및 최적 계획 수립 - ASI 활용, 미래 도시교통시스템 혁신적 설계	- 단계적 AI 기술 발전 및 적용 필요 - 윤리적 문제 및 안전성 확보 중요
교통수요추정	- 초정밀 수요 예측 - 실시간 수요 변화 대응 - 개인 맞춤형 수요 예측	ANI: 특정 교통 데이터 기반 수요 예측 AGI: 다양한 변수 고려 초정밀 수요 예측 ASI: 인간 예측 능력 초월하는 미래 수요 예측	ANI: 특정 알고리즘 기반 데이터 분석 및 예측 AGI: 다양한 데이터 분석 및 인과관계 파악 ASI: 초인적 데이터 분석 및 미래 예측 능력 발휘	ANI: 제한적 정확도의 수요 예측 AGI: 높은 정확도의 초정밀 수요 예측 ASI: 미래 교통수요 완벽 예측 및 대응	ANI: 제한적 예측 능력, 돌발 상황 대응 미흡 AGI: 구현 및 데이터 의존성 문제 발생 가능성 ASI: 예측 불가능성, 사회적 영향력 예측 어려움	- ANI 활용, 특정 시간대 교통량 예측 및 신호 제어 - AGI 활용, 도시 전체 교통수요 변화 실시간 예측 및 대응 - ASI 활용, 미래 교통수요 완벽 예측 기반 맞춤형 모빌리티 서비스 제공	- 데이터 품질 및 다양성 확보 중요 - 예측모델 검증 및 개선 지속 필요
대중교통	- 자율 운행 및 최적화 - 개인 맞춤형 서비스 제공 - 안전하고 편리한 대중교통시스템 구축	ANI: 특정 대중교통시스템 자동화 및 최적화 AGI: 인간 수준의 자율 운행 및 최적화 ASI: 초인간 수준의 대중교통시스템 설계 및 운영	ANI: 특정 알고리즘 기반 자동 제어 AGI: 인간 인지 능력 기반 자율 운행 및 최적화 ASI: 초인적 문제 해결 능력 및 창의성 발휘	ANI: 효율적 시스템 운영 및 자동화 AGI: 인간 수준의 자율 운행 및 최적화 ASI: 혁신적 대중교통시스템 설계 및 운영	ANI: 제한적 자동화 및 최적화 능력, 안전성 문제 AGI: 구현 및 윤리적 문제 발생 가능성, 안전성 확보 어려움 ASI: 예측 불가능성, 사회적 영향력 예측 어려움	- ANI 활용, 지하철 자동 운행 및 배차 최적화 - AGI 활용, 자율 운행 버스 및 개인 맞춤형 대중교통서비스 제공 - ASI 활용, 미래 도시 맞춤형 혁신적 대중교통시스템 구축	- 기술 발전 및 안전성 확보 중요 - 개인정보 보호 및 윤리적 문제 고려 필요

교통 분야	목표	AI 기술별 특징	작동 원리	효과	장단점	활용 사례	시사점
모빌리티	- 완전 자율주행 실현 - 개인 맞춤형 모빌리티 서비스 제공 - 안전하고 편리한 이동 환경 구축	ANI: 특정 자율주행 기능 구현 및 최적화 AGI: 인간 수준의 완전 자율주행 실현 ASI: 초인간 수준의 개인 맞춤형 모빌리티 서비스 제공	ANI: 특정 알고리즘 기반 자동 제어 및 최적화 AGI: 인간 인지 능력 기반 자율주행 및 최적 경로 설정 ASI: 초인적 문제해결 능력 및 창의성 발휘	ANI: 제한적 자율주행 기능 구현 및 최적화 AGI: 인간 수준의 안전한 완전 자율주행 실현 ASI: 개인 맞춤형 안전하고 편리한 모빌리티 서비스 제공	ANI: 제한적 자율주행 능력, 안전성 문제 AGI: 구현 및 윤리적 문제 발생 가능성, 안전성 확보 어려움 ASI: 예측 불가능성, 사회적 영향력 예측 어려움	- ANI 활용, 특정 경로 자율주행 및 주차 보조 기능 구현 - AGI 활용, 도시 전체 완전 자율주행시스템 구축 및 운영 - ASI 활용, 개인 맞춤형 안전하고 편리한 미래 모빌리티 서비스 제공	- 기술 발전 및 안전성 확보 중요 - 법적 및 윤리적 문제 해결 필요

05 LLM(거대언어모델: Large Language Model) ⇒ LMM(거대멀티모달모델: Large Multimodal Model) ⇒ LAM(거대행동모델: Large Action Model)

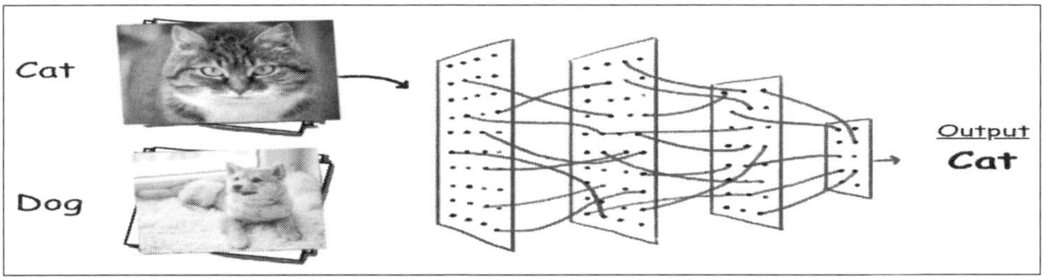

How to Evaluate an Image Classification Model, Medium

1. AI는 거대언어모델(LLM), 거대멀티모달모델(LMM), 거대행동모델(LAM)로 진화 중이다.

◈ 주요 질문

1. LLM, LMM, LAM은 각각 어떠한 원리와 기술을 기반으로 작동하며, 각 모델이 인간의 인지 능력을 모방하고 발전시키는 과정에서 어떠한 역할을 수행하는가?
2. LLM과 LMM은 각각 어떠한 데이터 유형을 처리하며, LMM이 다양한 데이터 유형을 통합적으로 처리하기 위해 활용하는 핵심 기술 요소는 무엇인가?
3. LAM은 기존의 LLM, LMM과 비교하여 어떠한 차별성을 가지며, LAM이 인간의 행동 패턴을 학습하고 예측하기 위해 사용하는 기술적 접근 방식은 무엇인가?
4. LLM, LMM, LAM은 각각 어떠한 기술적 특징을 가지며, 모델 간의 차이를 명확히 구분하는 핵심 기술 요소는 무엇인가?

1) AI는 LLM → LMM → LAM의 개발과정을 겪어왔다.

인공지능(AI) 기술은 빠른 속도로 진화하고 있으며, 2025년 초를 기준으로 할 때 거대언어모델(LLM)이 우리에게 다가와 있다. 이러한 진화는 거대언어모델(LLM), 거대멀티모달모델(LMM), 거대행동모델(LAM)의 순서로 현재 진행형이다.

2022년 말 챗GPT의 등장 이후 LLM은 텍스트 처리 능력을 넘어 전문가 수준의 지식 추론 능력을 보여주는 GPT-4에 이르기까지 괄목할 만한 성장을 이루었다. 인공지능(AI)의 진화는 눈부시다. 정말 힘에 겨워 쫓아가기 힘들 정도이다. 이러한 LLM의 발전은 마치 1차 산업혁명 이후 2차, 3차 산업혁명으로 이어지며 세상을 바꿔 놓았듯, 거대멀티모달모델(LMM)과 거대행동모델(LAM)의 등장으로 이어지며 인공지능 분야의 새로운 혁명을 예고해 준다.

2) LLM: 텍스트 기반으로 정보를 처리, LMM: 이미지, 소리, 영상 등 다양한 형태의 정보를 함께 처리, LAM: 인간의 행동패턴까지 학습하고 예측하여 스스로 상황에 맞는 행동을 결정

LLM은 텍스트 기반으로 정보를 처리하는 데 특화되어 있었다면, LMM은 이미지, 소리, 영상 등 다양한 형태의 정보를 함께 처리하며 인간의 인지 능력에 더 가까워졌다. LAM은 이러한 LMM을 넘어 인간의 행동 패턴까지 학습하고 예측하여 스스로 상황에 맞는 행동을 결정하고 실행할 수 있을 것으로 기대된다.

모델	기능	응용 분야	예시
LLM	주로 텍스트 데이터를 처리하고 생성	자연어 처리(NLP), 번역, 챗봇, 텍스트 생성	GPT-4, BERT
LMM	텍스트, 이미지, 비디오, 오디오 등 다양한 데이터를 처리	자율주행, 의료영상분석, 멀티미디어 서비스	GPT-4o (이미지 및 오디오 처리 가능)
LAM	사용자의 명령을 이해하고 실제 행동을 취함	로봇공학, 자동화시스템, 자율주행	자율주행차, 로봇팔 제어시스템

LLM, LMM, LAM: AI의 다양한 모델과 그 응용, 미래채널-티스토리

2. LLM, LMM, LAM: 원리 및 이론

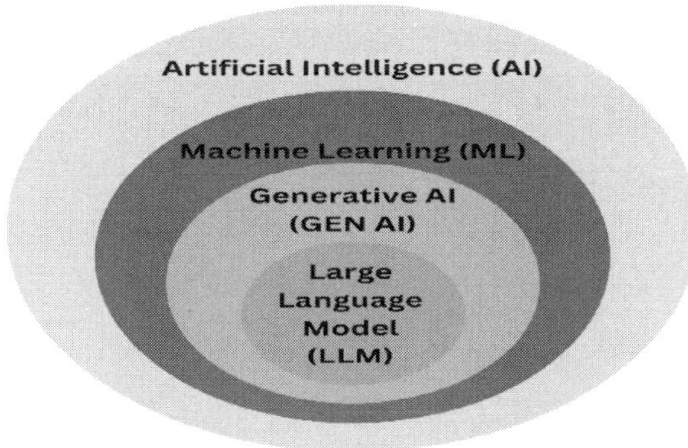

Understanding Artificial Intelligence Hierarchy, DevBlogIt

1) LLM(Large Language Model: 거대언어모델): 대규모 텍스트 데이터를 학습하여 인간의 언어를 이해하고 생성하는 AI모델

(1) LLM 개념과 원리(주요 LLM으로는 OpenAI의 GPT 시리즈, Google의 BERT, PaLM, Meta의 Llama)

LLM은 대규모 텍스트 데이터를 학습하여 인간의 언어를 이해하고 생성하는 인공지능 모델이다. 방대한 데이터 학습을 통해 문맥을 파악하고, 질문에 답변하며, 번역, 요약, 텍스트 생성 등 다양한 작업을 수행할 수 있다.

주요 LLM으로는 OpenAI의 GPT 시리즈, Google의 BERT, PaLM, Meta의 Llama 등이 있으며, IBM의 Granite 모델 시리즈 또한 Watsonx.ai를 기반으로 개발되어 주목받고 있다. Claude 2는 각 프롬프트에서 최대 10만 개의 토큰을 입력받아 처리할 수 있어, 수백 페이지의 기술 문서나 책 전체를 분석하는 것도 가능하다.

(2) LLM 이론

최근 연구에서는 LLM이 인간의 인지 과정과 유사한 추론 능력을 보인다는 사실이 밝혀졌다. 예를 들어, LLM은 맥락 학습(in-context learning)을 통해 주어진 예시를 바탕으로 새로운 문제를 해결하는 능력을 보여준다. 또한, 사고 사슬 프롬프팅(chain-of-thought prompting)을 통해 단계별 추론 과정을 거쳐 더욱 정확한 답변을 생성할 수 있다. 이러한 능력은 LLM이 단순히 텍스트를 생성하는 것을 넘어 인간처럼 사고하고 문제를 해결할 수 있는 가능성을 시사한다.

2) LMM(Large Multimodal Model): 텍스트, 이미지, 소리, 영상 등 다양한 형태의 데이터를 이해하고 처리하는 AI모델

LMM(Large Multimodal Model)은 텍스트를 비롯하여 이미지, 소리, 영상 등 다양한 형태의 데이터를 이해하고 처리하는 AI모델이다.

(1) Google의 Gemini 시리즈는 텍스트, 이미지, 오디오, 비디오 등을 통합적으로 처리하는 대표적인 LMM이다.

Google의 Gemini 시리즈는 텍스트, 이미지, 오디오, 비디오 등을 처음부터 통합적으로 처리하도록 설계된 대표적인 LMM이다.

LMM은 텍스트뿐만 아니라 이미지, 소리, 영상 등 다양한 형태의 데이터를 이해하고 처리하는 인공지능 모델이다. LMM은 각 데이터 유형의 패턴과 관계를 학습하여 여러 작업을 동시에 수행할 수 있다.

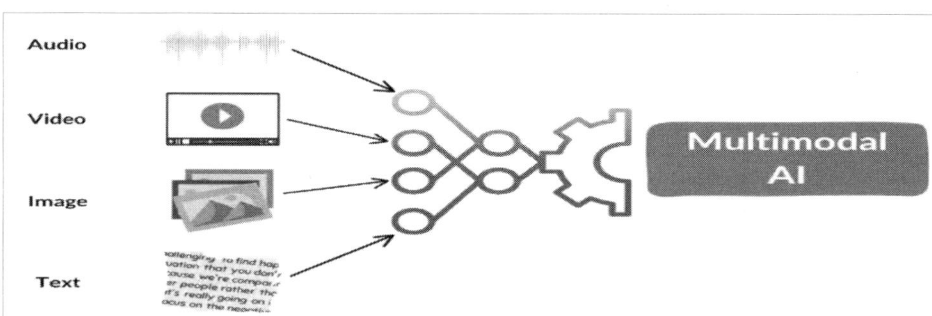

What is Multimodal NLP?, https://spotintelligence.com/

예를 들어, 텍스트로 작성된 이야기를 바탕으로 이미지를 생성하거나 짧은 영상을 만들 수 있다. Google의 Gemini 시리즈는 텍스트, 이미지, 오디오, 비디오 등을 처음부터 통합적으로 처리하도록 설계된 대표적인 LMM이다. 기존의 멀티모달 모델은 각 데이터 유형별로 별도의 모듈을 사용하여 처리했지만, Gemini는 "네이티브 멀티모달" 방식으로 설계되어 처음부터 모든 데이터 유형을 통합적으로 처리할 수 있다는 점에서 차별화된다.

(2) LMM은 다양한 데이터 유형을 효과적으로 처리하고 통합

LMM은 멀티모달 인코더, 크로스 모달 어텐션, 멀티모달 퓨전 등의 기술을 통해 다양한 데이터 유형을 효과적으로 처리하고 통합한다. 멀티모달 인코더는 각 데이터 유형을 벡터 형태로 변환하고, 크로스 모달 어텐션은 서로 다른 데이터 유형 간의 관계를 파악하며, 멀티모달 퓨전은 여러 데이터 유형에서 추출된 정보를 통합하여 최종 결과를 생성한다.

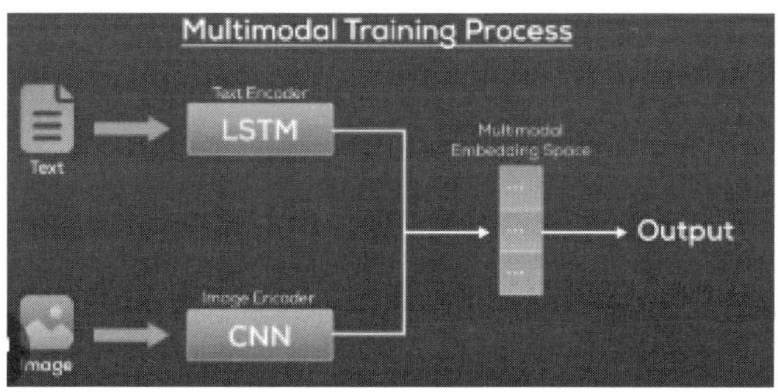

Multimodal AI, Deepgram

3) LAM(Large Action Model: **거대행동모델**): 스스로 직접 작업을 수행하며 추론한다. 인간을 대신해 줄 에이전트이다.

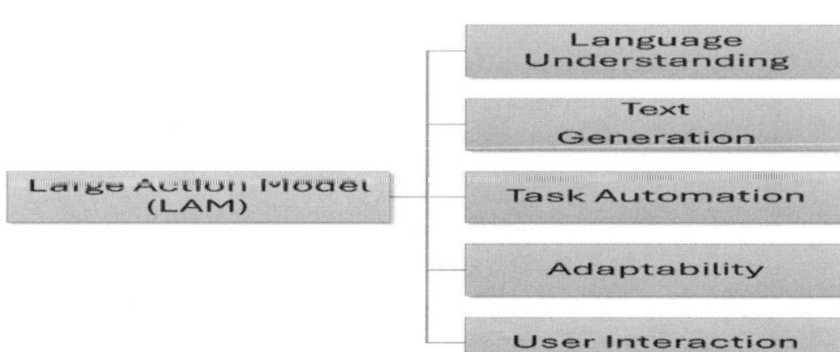

Large Action Models(LAMs), https://www.knowledgeridge.com/

(1) LAM은 스스로 직접 작업을 수행하며 추론한다. 인간을 대신해 줄 에이전트이다.

LLM이 문장과 그림, 비디오 등을 생성하는 데에 특화돼 있다면, LAM은 언어적 유창성과 독립적인 작업수행능력을 결합해 단순히 무언가를 생성하는데 그치지 않고 직접 작업을 수행하며 인간을 대신해 줄 에이전트이다.

(2) LAM은 아직 명확한 학술적 정의가 확립되지 않은 새로운 개념의 인공지능 모델이다.

LAM은 아직 명확한 학술적 정의가 확립되지 않은 새로운 개념의 인공지능 모델이다. 현재로서는 LLM, LMM을 포괄하는 상위 개념으로, 인간의 행동 패턴을 이해하고 예측하여 상황에 맞는 최적의 행동을 생성하는 것을 목표로 한다.

LAM은 다양한 데이터를 기반으로 인간의 행동을 분석하고, 이를 통해 의사결정, 문제 해결, 상호 작용 등 복잡한 행동을 수행할 수 있을 것으로 예상된다. LAM은 sporadic LAM(S-LAM)과 TSC-LAM의 두 가지 유형으로 나뉘며, 진행성 호흡 곤란, 피로, 기흉 등의 증상을 나타낸다.

(3) LAM은 강화 학습, 행동 트리, 목표 지향 계획 등의 기술을 활용하여 인간의 행동을 모델링하고 예측한다.

LAM은 강화 학습, 행동 트리, 목표 지향 계획 등의 기술을 활용하여 인간의 행동을 모델링하고 예측한다. 강화 학습은 시행착오를 통해 최적의 행동을 학습하는 방식이며, 행동 트리는 복잡한 행동을 계층적으로 분해하여 표현하는 방법이다. 목표 지향 계획은 주어진 목표를 달성하기 위한 일련의 행동을 계획하는 기술이다.

고도로 발달한 AI는 인간으로 볼 수 있을까요?, 캠페인즈

3) LLM, LMM, LAM별 기술적 특징 비교

LLM, LMM, LAM은 각 모델별로 처리하는 데이터 유형과 핵심 기술 요소가 다르다.

① **LLM**: 주로 텍스트 데이터를 처리하며 Transformer, Attention 메커니즘, 인코더-디코더 구조 등의 기술을 사용한다.
② **LMM**: 텍스트, 이미지, 소리, 영상 등 다양한 데이터를 처리하며 멀티모달 인코더, 크로스 모달 어텐션, 멀티모달 퓨전 등의 기술을 활용한다.
③ **LAM**: 인간의 행동 패턴을 분석하기 위해 강화 학습, 행동 트리, 목표 지향 계획 등의 기술을 사용한다.

LLM, LMM, LAM별 기술적 특징, 기술요소, 예시 비교

모델	기술적 특징	핵심 기술 요소	예시
LLM	- 대규모 텍스트 데이터 학습 - 자연어 이해 및 생성, 문맥 파악 - 텍스트 기반 추론	- Transformer, Attention 메커니즘 - 인코더-디코더 구조	GPT-4, BERT, LaMDA
LMM	- 다양한 데이터 유형(텍스트, 이미지, 소리, 영상) 처리 - 데이터 간의 관계 학습 - 멀티모달 정보 통합	- 멀티모달 인코더 - 크로스 모달 어텐션, 멀티모달 퓨전	Gemini, Be My AI
LAM	- 인간 행동 패턴 학습 및 예측 - 상황 인지 및 행동 생성 - 다양한 환경에서의 적응력	- 강화 학습 - 행동 트리 - 목표 지향 계획	

3. 2012년 구글 고양이 인식사건 이후 AI 발전사: 딥러닝 혁명과 AGI 시대로의 초석을 깔다.

◈ 수요 논의과제

1. 2012년 구글 고양이 인식 사건이 AI 발전사에 갖는 중요한 의의는 무엇이며, 이 사건을 통해 AI가 기존의 수동적인 학습 방식에서 벗어나 자율적으로 학습하는 능력을 획득하게 된 구체적인 과정을 예시를 통해 설명하라.

2. 딥러닝 기술이 AI의 자율 학습 능력 향상에 기여한 핵심적인 요인은 무엇이며, 딥러닝 기술의 주요 특징과 장점을 요리 레시피 비유를 통해 설명하고, 2012년 구글 사건 이후 딥러닝이 AI 발전의 핵심 동력으로 자리매김하게 된 배경을 논하라.
3. 알파고의 승리가 AI 발전에 시사하는 바는 무엇이며, 알파고의 핵심 기술과 작동 원리를 간략하게 설명하고, 딥러닝 기술이 인간의 지적 능력을 뛰어넘는 잠재력을 가지고 있음을 입증한 사례로 알파고의 승리가 갖는 의미를 심층적으로 분석하라.
4. 2012년 구글 고양이 인식 사건 이후 AI 기술이 딥러닝을 기반으로 어떻게 발전해 왔으며, 자율주행, 의료 진단 등 실생활에서의 AI 영향력 확대와 함께 대두되는 초인공지능 시대에 대한 기대와 우려를 종합적으로 논하라.
5. 2012년 구글 사건 이후 딥러닝 기술의 심화, 거대 모델의 등장, 자연어 처리 기술의 비약적 발전, 챗GPT의 등장과 AI 대중화에 이르는 AI 발전 스토리를 설명하고, AI 발전 과정을 초고층 빌딩 건축에 비유하여 각 단계의 주요 특징과 의의를 명확하게 제시하라.
6. 2012년 딥러닝 모델, Transformer 모델(LLM), GAN 모델이 각각 교통분야에 적용될 때, 각 모델의 목표, 기술적 특징, 작동 원리, 기대 효과, 장단점, 활용 사례를 구체적으로 비교 분석하고, 각 모델의 적용 사례가 교통분야의 발전에 어떠한 시사점을 제공하는지 종합적으로 논하라.

1) 딥러닝이라는 기술을 통해 AI는 인간의 도움 없이 스스로 학습하는 능력을 획득하다.

2012년 6월, 구글은 인공지능(AI)이 스스로 고양이 얼굴을 인식하는 데 성공했다고 발표하며 전 세계를 놀라게 했다. 이는 단순한 기술적 진보를 넘어, AI 발전의 새로운 패러다임을 예고하는 역사적인 사건으로 기록된다. 이전까지의 AI와는 질적으로 다른, 스스로 학습하는 AI 시대의 개막을 알리는 신호탄이었던 것이다. 2012년 구글의 고양이 얼굴 인식 사건은 AI 발전사에 획기적인 전환점을 마련했다.

(1) 2012년 구글 고양이 인식 사건: AI 자율 학습 시대의 서막을 열다.

2012년 구글의 발표는 AI 연구 분야에 거대한 파장을 일으켰다. 그 이전의 AI는 마치 숙련된 장인이 정교하게 조각칼을 다듬어 작품을 만들 듯, 인간 전문가가 데이터의 특징을 일일이 정의해주어야 했다. AI는 인간이 설정해 준 틀 안에서만 데이터를 수동적으로 학습하는, 다소 제한적인 존재였던 것이다.

비유1. 고양이 사진으로 AI가 배우다.

그러나 구글의 AI는 달랐다. 마치 어린아이가 세상을 탐험하며 스스로 지식을 쌓아가듯, 방대한 이미지 데이터 속에서 스스로 특징을 추출하고 학습하는 놀라운 능력을 보여주었다. 수많은 고양이 사진들을 보여주자, AI는 이미지 속에서 선, 면과 같은 기본적인 요소들을 파악하기 시작했고, 점차 눈, 코, 입과 같은 얼굴 부위의 특징을 인지하기 시작했다. 마침내, 이들을 조합하고 통합하여 '고양이 얼굴'이라는 고유한 이미지 패턴을 스스로 학습하는 경지에 이르렀다.

When the Cat Programs the Human: Reflections on AI, Medium

비유2: AI가 사과로도 배운다.

마치 어린 아이가 그림책을 보면서 '사과' 그림을 처음 배우는 과정을 떠올려 보자. 이전 AI는 "사과는 둥글고 빨갛고 꼭지가 있어"와 같이 인간이 사과의 특징을 일일이 설명해줘야 겨우 사과를 인식할 수 있었다. 하지만 구글 AI는 수많은 사과 그림을 보여주자, 스스로 '둥근 형태', '붉은 색', '꼭지'와 같은 사과의 시각적 특징을 추출하고 학습하여, 어떤 그림을 보더라도 '아, 이것은 사과구나' 하고 스스로 판단할 수 있게 된 것이다.

DreamShaper prompt: a girl holds an apple., PromptHero

(2) 딥러닝, AI 자율 학습 능력의 핵심 동력으로 부상하다.

① **딥러닝은 인간 뇌의 신경망 구조를 모방한 인공 신경망을 깊게 쌓아 올려 만든 기술이다.**

구글 AI의 고양이 얼굴 인식 성공의 배경에는 딥러닝이라는 혁신적인 기술이 있었다. 딥러닝은 인간 뇌의 신경망 구조를 모방한 인공 신경망을 깊게 쌓아 올려 만든 기술이다. 마치 여러 겹의 필터를 거쳐 이미지가 점점 선명해지듯, 딥러닝은 여러 층의 신경망을 거치면서 데이터 속에서 더욱 복잡하고 추상적인 특징들을 효과적으로 추출해낸다.

비유: 딥러닝 AI는 수많은 요리 데이터를 스스로 학습하여, "이런 종류의 요리에는 어떤 재료를 어떻게 조합해야 맛있는 요리가 되는지"를 스스로 깨닫게 된다.

딥러닝을 요리 레시피에 비유해 보자. 이전 AI는 인간이 "이 요리에는 소금 1g, 설탕 2g, 간장 3g을 넣어라"와 같이 재료의 양과 조리법을 상세하게 알려줘야 요리를 할 수 있었다. 하지만 딥러닝 AI는 수많은 요리 데이터(재료, 조리법, 맛 평가 등)를 스스로 학습하여, "이런 종류의 요리에는 어떤 재료를 어떻게 조합해야 맛있는 요리가 되는지"를 스스로 깨닫게 된다. 심지어 인간이 알려주지 않은 새로운 레시피를 창조해낼 수도 있는 것이다.

② **딥러닝은 이미지, 음성, 자연어와 같이 복잡하고 비정형적인 데이터에서 자동으로 특징을 추출하는 탁월한 능력을 발휘한다.**

딥러닝은 이미지, 음성, 자연어와 같이 복잡하고 비정형적인 데이터에서 자동으로 특징을 추출하는 탁월한 능력을 발휘하며, AI 연구 분야에 혁명적인 변화를 가져왔다. 2012년 구글 사건 이후, 딥러닝은 AI 발전의 핵심 동력으로 자리매김하게 된다.

(3) 알파고, 딥러닝의 위력을 세상에 증명하다.

① **알파고의 승리는 AI가 단순한 계산 능력을 넘어, 인간의 고유 영역으로 여겨졌던 직관과 창의력까지 모방하고 뛰어넘을 수 있음을 시사하는 충격적인 사건이었다.**

2016년, 딥러닝 기반의 AI '알파고'는 세계 최정상 바둑 기사 이세돌과의 대국에서 압도적인 승리를 거두며 다시 한번 전 세계를 놀라게 했다. 바둑은 경우의 수가 우주 전체의 원자 수보다 많다고 알려진 매우 복잡한 게임으로, 인간 고유의 직관과 창의력이 필요한 영역으로 여겨져 왔다. 알파고의 승리는 AI가 단순한 계산 능력을 넘어, 인간의 고유 영역으로 여겨졌던 직관과 창의력까지 모방하고 뛰어넘을 수 있음을 시사하는 충격적인 사건이었다.

② **딥러닝이 단순한 기술적 도구를 넘어, 인간의 지적 능력을 뛰어넘는 잠재력을 가지고 있음을 전 세계에 각인시키는 계기가 되었다.**

알파고의 핵심 기술 역시 딥러닝이었다. 알파고는 수많은 바둑 기보 데이터를 학습하여 바둑의 규칙과 전략을 스스로 깨우쳤고, 강화 학습이라는 기술을 통해 스스로 대국을 두면서 실력을 더욱 향상시켜 나갔다. 알파고의 승리는 딥러닝이 단순한 기술적 도구를 넘어, 인간의 지적 능력을 뛰어넘는 잠재력을 가지고 있음을 전 세계에 각인시키는 계기가 되었다.

(4) 딥러닝을 넘어, 범용인공지능(AGI), 초인공지능(ASI) 시대로 나아가다.

① **알파고 이후, AI는 딥러닝을 기반으로 더욱 빠른 속도로 발전하고 있다. 이미지 인식, 음성 인식, 자연어 처리 등 다양한 분야에서 딥러닝 기술이 적용**

되고 있다.

알파고 이후, AI는 딥러닝을 기반으로 더욱 빠른 속도로 발전하고 있다. 이미지 인식, 음성 인식, 자연어 처리 등 다양한 분야에서 딥러닝 기술이 적용되며, 이전에는 상상하기 어려웠던 수준의 성능을 보여주고 있다. 자율주행 자동차, AI 의료 진단, 개인 맞춤형 서비스 등 우리 삶 곳곳에서 AI의 영향력이 점차 확대되고 있으며, 이는 삶의 편리성을 증진시키는 긍정적인 효과를 가져오고 있다.

② **2012년 구글 고양이 인식 사건을 기점으로 시작된 AI의 자율 학습 능력 발전은, 인류가 상상해왔던 범용AI나 초인공지능 시대가 더 이상 먼 미래의 이야기가 아닐 수 있음을 시사하고 있다.**

물론, 현재의 AI 기술은 아직 초인공지능과는 거리가 멀다. 여전히 많은 기술적, 윤리적 과제들이 남아 있으며, AI의 미래는 불확실성으로 가득 차 있다. 하지만 2012년 구글 고양이 인식 사건을 기점으로 시작된 AI의 자율 학습 능력 발전은, 인류가 상상해왔던 범용AI나 초인공지능 시대가 더 이상 먼 미래의 이야기가 아닐 수 있음을 시사하고 있다.

2) 2012년 구글 고양이 인식사건부터 딥러닝, LLM, MMLM까지: 교통 및 모빌리티 분야 혁신을 위한 AI 진화의 여정

2012년 6월, 구글이 발표한 인공지능(AI)의 고양이 얼굴 자율 인식 성공은 AI 기술 발전의 거대한 전환점을 알리는 기념비적인 사건으로 기록된다. 이는 단순한 기술적 성과를 넘어, AI가 인간의 개입 없이 스스로 학습하고, 나아가 인간의 지능을 뛰어넘는 가능성을 엿보게 한 역사적인 순간이었다.

본 글에서는 2012년 구글 딥러닝 모델을 시작으로, 챗GPT로 대표되는 거대 언어 모델(LLM), 그리고 최근 주목받는 멀티모달 학습 모델(MMLM)에 이르기까지 AI의 진화 과정을 살펴보고자 한다.

2012년부터 2025년까지: AI 자율 학습 능력 진화의 파노라마

2012년 구글의 고양이 인식 사건은 AI, 특히 딥러닝 기반 AI의 자율 학습 능력의 잠재력을 세상에 알린 신호탄이었다. 이 사건 이후, AI는 딥러닝이라는 강력한 엔진을 장착하고 비약적인 발전을 거듭하며 챗GPT, MMLM 등 혁신적인 모델들을 탄생시켰다.

(1) 2012년 딥러닝 모델: CNN 모델(이미지 인식 능력의 강화)

① **CNN 모델의 특징, 효과: 스스로 이미지 특징을 추출하고 학습**

- 2012년 딥러닝 모델은 스스로 이미지 특징을 추출하고 학습하는 능력을 보여주었다.
  2012년 구글이 선보인 딥러닝 모델은 이미지 인식 분야에서 혁명적인 성능 향상을 가져왔다. 이전까지의 이미지 인식 AI는 인간 전문가가 직접 설계한 특징(feature)에 의존하여 이미지를 분석했으나, 2012년 딥러닝 모델은 스스로 이미지 특징을 추출하고 학습하는 능력을 보여주었다.
- 기술적 특징으로는 심층 신경망(Deep Neural Network, DNN) 기반의 합성곱 신경망(Convolutional Neural Network, CNN) 구조를 활용하였다.
  기술적 특징으로는 심층 신경망(Deep Neural Network, DNN) 기반의 합성곱 신경망(Convolutional Neural Network, CNN) 구조를 활용하였다. CNN은 이미지의 공간적 특징을 효과적으로 추출하는 데 특화된 구조로, 이미지 내 객체의 형태, 질감, 색상 등의 특징을 계층적으로 학습한다.

비유: 2012년 딥러닝 모델은 컬러 TV처럼 선명하고 다채로운 이미지를 정확하게 인식하는 능력을 갖추게 된 것이다.

2012년 딥러닝 모델은 마치 '디지털 눈'과 같다. 이전 AI가 흐릿한 흑백 사진만 겨우 구분하던 수준이었다면, 2012년 딥러닝 모델은 컬러 TV처럼 선명하고 다채로운 이미지를 정확하게 인식하는 능력을 갖추게 된 것이다. 이는 이미지 인식 AI의 '해상도'를 획기적으로 높인 사건이라 할 수 있다.

② **딥러닝 속의 CNN모델: AI 기반 이미지 인식모델**

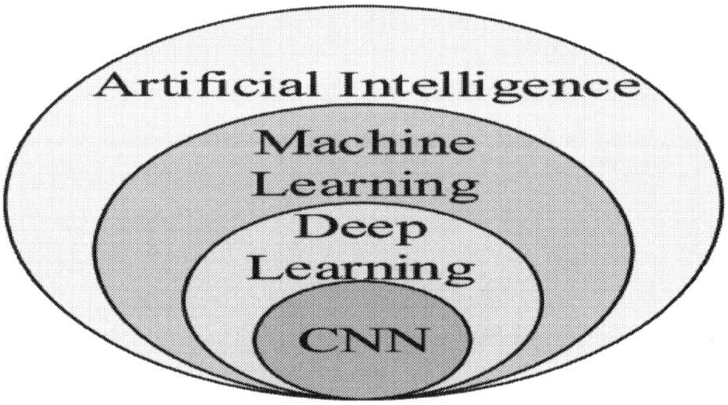

Relationship between AI, ML, DL, and CNN, ResearchGate

■ 딥러닝 속의 CNN모델 기술 세부 설명

- CNN 기반 객체 검출(YOLO, SSD): 이미지 내에서 특정 객체(차량, 보행자, 표지판 등)의 위치와 종류를 파악한다.
- CNN 기반 문자 인식(OCR): 이미지 내 문자(번호판, 표지판 등)를 인식하고 텍스트로 변환한다.
- 이미지 분할(Segmentation): 이미지를 픽셀 단위로 분할하여 특정 객체 또는 영역을 분리한다.
- 의미론적 분할(Semantic Segmentation): 이미지의 각 픽셀에 의미 정보를 부여하여 장면을 이해한다.
- 추적 알고리즘: 연속된 프레임에서 객체의 움직임을 추적하여 위치와 경로를 파악한다.
- 이상 감지: 정상 이미지와 비교하여 비정상적인 요소(도로 파손, 낙하물 등)를 감지한다.

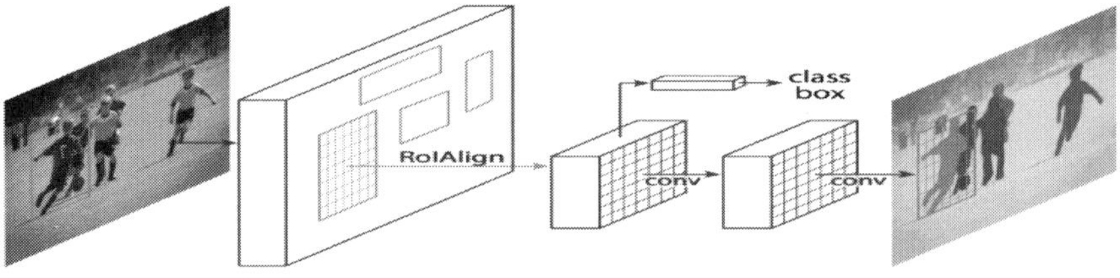

Everything About Mask R-CNN: A Beginner's Guide-viso.ai

■ 딥러닝 속의 CNN모델의 교통분야 적용시 효과

- 교통효율 증진: 실시간 교통정보 제공 및 예측을 통해 교통 정체를 완화하고 교통흐름을 최적화한다.
- 교통안전성 향상: 위험 상황 감지 및 경고를 통해 교통사고를 예방하고 운전자 및 보행자의 안전을 확보한다.
- 교통서비스 이용자 편의성 증대: 자동화된 시스템을 통해 통행료 징수, 주차 관리 등 교통 관련 서비스를 편리하게 이용할 수 있도록 지원한다.
- 교통시설 유지관리비용 절감: 자동화 및 효율적인 관리 시스템을 통해 인력 및 유지보수 비용을 절감한다.

③ 교통분야에서의 딥러닝의 CNN(Convolutional Neural Network) 기반 이미지 인식 모델 목표, 역할, 기술, 효과 및 활용 예시

교통분야에서의 딥러닝의 CNN 기반 이미지 인식 모델 목표, 역할, 기술, 효과 및 활용 예시

딥러닝 CNN의 교통분야 적용	목표	역할	기술	활용 예시
실시간 교통흐름 분석 및 예측	- 교통 정체 완화 - 효율적인 교통 관리	- CCTV 영상 분석을 통한 차량 검출 - 속도 측정, 교통량 추정	- CNN 기반 객체 검출 (YOLO, SSD), - 추적 알고리즘	- 교통흐름 실시간 파악 - 예측 정확도 향상 - 교통체증 감소
자동 요금 징수 시스템(ETCS)	- 효율적인 통행료 징수 - 교통 정체 감소	- 차량 번호판 인식 - 차량 종류 식별	- CNN 기반 문자 인식(OCR) - 객체 분류	- 수동 요금 징수 대비 처리 속도 향상 - 오류 감소 - 통행 시간 단축
도로 표지판 인식 및 관리	- 운전자 안전 증진 - 도로 유지 보수 효율화	- 도로 표지판 검출, 종류 식별 - 손상 여부 판단	- CNN 기반 객체 검출, - 이미지 분할(Segmentation)	- 표지판 관리 효율성 향상 - 위험 상황 사전 인지 - 사고 예방
자율주행차량 환경 인식	- 안전한 자율주행 - 보행자 및 장애물 회피	- 도로 상황 - 차량 - 보행자 - 장애물 인식	- CNN 기반 객체 검출, - 의미론적 분할(Semantic Segmentation)	- 자율주행 안전성 확보 - 주행 환경 인지 능력 향상 - 돌발상황 대응
주차 관리 시스템	- 효율적인 주차 공간 활용 - 주차 편의 증진	- 주차 가능 공간 인식 - 차량 번호판 인식	- CNN 기반 객체 검출, 문자 인식	- 주차 공간 탐색 시간 단축 - 주차 효율 향상, 무인 주차 관리
도로 위험 요소 감지 및 경고	- 교통사고 예방 - 도로 안전 증진	- 도로 파손 - 낙하물 - 안개 등 위험 요소 감지	- CNN 기반 이상 감지, 객체 검출	- 위험 상황 실시간 알림, - 사고 위험 감소 - 도로 유지 보수 효율화
교통약자 이동 지원 시스템	- 교통약자 이동 편의 증진 - 안전 확보	- 휠체어, 유모차 등 교통약자 탑승 차량 인식 - 이동경로 분석	- CNN 기반 객체 검출, 추적	- 교통약자 이동 지원 서비스 개선 - 교통약자 이동 안전 확보, 맞춤형 정보 제공

(2) Transformer 모델(LLM모델): 텍스트 생성, 번역, 질의응답 등 다양한 NLP 작업에서 인간수준을 따라오는 놀라운 성능

① **2017년 구글이 발표한 Transformer 모델 구조는 자연어 처리(NLP) 분야에 혁신을 초래**

- 2017년 구글이 발표한 Transformer 모델 구조는 자연어 처리(Natural Language Processing, NLP) 분야에 거대한 혁신을 가져왔다.
  2017년 구글이 발표한 Transformer 모델 구조는 자연어 처리(Natural Language Processing, NLP) 분야에 거대한 혁신을 가져왔다. Transformer 모델은 문장 내 단어 간의 관계를 효과적으로 파악하는 Self-Attention 메커니즘을 도입하여, AI가 문맥을 깊이 이해하고 인간과 자연스러운 대화를 나눌 수 있는 가능성을 열었다.
- Transformer 모델기반으로 등장한 GPT(Generative Pre-trained Transformer) 시리즈와 같은 거대 언어 모델(LLM)들은 텍스트 생성, 번역, 질의응답 등 다양한 NLP task에서 인간수준을 따라오는 성능을 보여주다.
  이를 기반으로 등장한 GPT(Generative Pre-trained Transformer) 시리즈와 같은 거대 언어 모델(LLM)들은 텍스트 생성, 번역, 질의응답 등 다양한 NLP 작업에서 인간수준을 따라오는 놀라운 성능을 보여주었다.

② **Transformer 모델기반으로 GPT(Generative Pre-trained Transformer) 시리즈와 같은 LLM(Large Language Model) 모델**

- 기술적 특징은 문장 내 단어 간의 상호 관계를 동적으로 파악하여 문맥적 의미를 깊이 이해한다.
  Transformer 네트워크 기반의 Self-Attention 메커니즘을 핵심 기술로 사용한다. Self-Attention은 문장 내 단어 간의 상호 관계를 동적으로 파악하여 문맥적 의미를 깊이 이해하고, 장문 텍스트 처리 능력과 병렬 연산 효율성을 극대화한다.

비유: AI가 인간의 언어 능력을 모방하고, 인간과 더욱 자연스럽게 소통할 수 있는 '디지털 두뇌'를 갖게 된 것과 비견될 수 있다.

- LLM 모델은 인간처럼 문장을 이해하고, 맥락을 파악하며, 창의적인 글쓰기까지 가능한 수준으로 발전했다.

  LLM 모델은 마치 '디지털 뇌'와 같다. 이전 AI가 단어 단위의 단순한 텍스트 처리만 가능했다면, LLM 모델은 인간처럼 문장을 이해하고, 맥락을 파악하며, 창의적인 글쓰기까지 가능한 수준으로 발전했다. 이는 AI가 인간의 언어 능력을 모방하고, 인간과 더욱 자연스럽게 소통할 수 있는 '디지털 두뇌'를 갖게 된 것과 비견될 수 있다.

③ 교통분야에서의 Transformer 모델 적용 시 기술 및 효과

- 교통분야에 적용되는 기술 세부 설명
  - Transformer 기반 시계열 예측모델: 시계열 데이터의 장기 의존성 학습 및 예측 성능 향상에 특화
  - Transformer 기반 자연어 처리(NLP): 사용자 질의 이해 및 맞춤형 정보 제공에 활용
  - Transformer 기반 멀티모달 데이터 처리: 다양한 센서 데이터 및 정보 통합 처리 및 의사결정에 활용
- 교통분야에서 효과 상세 설명
  - 정확도 향상: 시계열 데이터 및 멀티모달 데이터 분석 정확도 향상
  - 효율성 증대: 맞춤형 정보 제공 및 최적 경로 추천을 통해 이동 효율 극대화
  - 안전성 강화: 사고 예측 및 자율주행 의사결정 정확도 향상을 통해 교통안전 증진
  - 편의성 증진: 대중교통 이용 편의 증진 및 맞춤형 교통서비스 제공
  - 최적화: 대중교통시스템 및 도로 교통흐름 최적화를 통해 효율성 극대화

④ **교통분야에서의 Transformer 모델 적용시 목표, 역할, 기술, 활용 예시**

교통분야에서의 Transformer 모델 적용시 목표, 역할, 기술, 활용 예시

교통분야 Transformer 모델적용	목표	역할	기술	활용 예시
미래 교통수요 예측	효율적인 교통계획 수립, 교통 인프라 투자 최적화	과거 교통 데이터, 날씨, 사회 경제적 데이터 등 시계열 데이터 분석 및 예측	Transformer 기반 시계열 예측모델 (e.g., Transformer-XL, Informer)	예측 정확도 향상, 교통수요 변동성 고려, 탄력적인 교통계획 수립
개인 맞춤형 교통정보 제공	사용자 편의 증진, 이동 효율 극대화	사용자 이동 패턴, 실시간 교통정보, 선호도 기반 최적 경로 추천, 예상 도착 시간 제공	Transformer 기반 자연어 처리(NLP), 추천 시스템	사용자 만족도 향상, 이동시간 단축, 맞춤형 교통서비스 제공
자율주행차량 의사결정	안전하고 효율적인 자율주행, 복잡한 교통상황 대응	센서 데이터, 지도 정보, 교통 규칙 등 다양한 입력 데이터 기반 주행 경로 계획, 차선 변경, 속도 조절 등 의사결정	Transformer 기반 멀티모달 데이터 처리, 강화 학습	자율주행 안전성 및 성능 향상, 복잡한 환경 적응 능력 강화
대중교통시스템 최적화	대중교통 이용 효율 증진, 혼잡도 감소	대중교통 이용 패턴, 실시간 운행 정보 분석 및 최적 운행 간격 설정, 노선 조정	Transformer 기반 시계열 예측, 최적화 알고리즘	대중교통 이용 편의 증진, 운행 효율 향상, 혼잡도 감소
교통사고 예측 및 예방	교통안전 증진, 사고 발생률 감소	과거 사고 데이터, 도로 환경 데이터, 운전자 행동 패턴 분석 및 사고 위험 예측	Transformer 기반 이상 감지, 시계열 예측	사고 발생 가능성 예측 정확도 향상, 선제적 안전 조치 가능, 사고 예방 효과 증대
도로 교통흐름 예측 및 제어	교통혼잡 완화, 교통 효율성 증대	교통량, 속도, 신호등 정보 등 실시간 데이터 분석 및 최적 신호 제어, 교통흐름 예측	Transformer 기반 시계열 예측, 강화 학습	실시간 교통흐름 예측 정확도 향상, 최적 신호 제어 가능, 교통혼잡 완화

(3) GAN(Generative Adversarial Network) 이미지 인식모델

① **생성적 적대 신경망(Generative Adversarial Network, GAN) 이미지 생성, 영상 생성, 3D 모델링, 스타일 변환 등 분야에서 창의적인 결과물을 내 놓는다.**

- 생성자(Generator)와 판별자(Discriminator)라는 두 개의 신경망 모델이 서로 경쟁하며 학습하는 방식으로, 새로운 데이터를 생성하는 데 특화되어 있다. AI 진화 과정에서 빼놓을 수 없는 또 다른 중요한 모델은 생성적 적대 신경망(Generative Adversarial Network, GAN)이다. GAN은 생성자(Generator)와 판별자(Discriminator)라는 두 개의 신경망 모델이 서로 경쟁하며 학습하는 방식으로, 새로운 데이터를 생성하는 데 특화되어 있다. GAN은 이미지 생성, 영상 생성, 3D 모델링, 스타일 변환 등 다양한

분야에서 창의적인 결과물을 만들어내며, 디자인, 예술, 엔터테인먼트 분야에 새로운 가능성을 제시하고 있다.

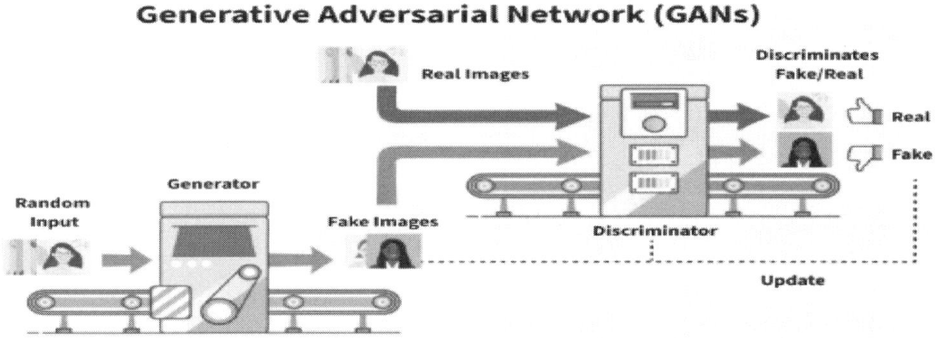

Generative Adversarial Network(GAN), https://www.geeksforgeeks.org/generative-adversarial-network-gan/

- 생성자(Generator) 네트워크는 무작위 노이즈를 입력받아 실제 데이터와 유사한 가짜 데이터를 생성하고, 판별자(Discriminator) 네트워크는 진짜 데이터와 가짜 데이터를 구별하는 역할을 수행한다.

  기술적 특징으로 생성자(Generator) 네트워크는 무작위 노이즈를 입력받아 실제 데이터와 유사한 가짜 데이터를 생성하고, 판별자(Discriminator) 네트워크는 진짜 데이터와 가짜 데이터를 구별하는 역할을 수행한다. 두 네트워크는 서로 적대적인 방식으로 경쟁하며 학습하며, 생성자는 판별자를 속이도록, 판별자는 생성자를 정확하게 판별하도록 학습된다. 이러한 경쟁적 학습 과정을 통해 생성자는 점차 실제 데이터와 구별하기 어려울 정도로 현실적인 데이터를 생성하는 능력을 갖추게 된다.

The Magic of Generative Adversarial Network(GANs), Becoming Human

#비유: GAN 모델은 마치 '천재 사기꾼과 명탐정'의 대결과 같다.

GAN 모델은 마치 '천재 사기꾼과 명탐정'의 대결과 같다. 생성자는 위조지폐를 만드는 사기꾼, 판별자는 위조지폐를 감별하는 명탐정에 비유할 수 있다. 사기꾼(생성자)은 명탐정(판별자)을 속이기 위해 더욱 정교한 위조지폐를 만들고, 명탐정(판별자)은 더욱 예리한 감별 능력으로 위조지폐를 식별해낸다. 이러한 경쟁과 협력 과정을 통해 사기꾼은 완벽에 가까운 위조지폐 제조 기술을 습득하고, 명탐정은 더욱 강력한 감별 능력을 갖추게 된다. GAN은 이러한 경쟁적 학습 메커니즘을 통해 고품질의 새로운 데이터를 생성하는 능력을 확보한다.

② 교통분야 GAN 모델 적용 목표, 역할, 기술, 활용 예시

교통분야 GAN 모델 적용 목표, 역할, 기술, 활용 예시

교통분야에 GAN 모델 적용	목표	역할	기술	활용 예시
미래 교통수요 예측	- 실제 교통 데이터와 유사한 가상 교통 데이터 생성 - 예측모델 성능 향상	- 실제 데이터의 분포 학습 - 다양한 시나리오 기반 가상 데이터 생성	- 조건부 GAN(Conditional GAN) - 시계열 GAN(Time-series GAN)	- 악천후, 행사 등 특수 상황 반영 미래 교통수요 예측 - 데이터 부족 지역 예측 정확도 향상
개인 맞춤형 교통정보 제공	- 사용자 선호도 및 상황에 맞는 맞춤형 교통정보 생성 및 제공	- 사용자 이동 패턴 분석 - 개인화된 교통정보 생성 및 추천	- 스타일 변환 GAN (Style Transfer GAN) - 정보 필터링 및 생성	- 개인별 맞춤형 최적 경로 및 예상 도착 시간 제공 - 선호 교통수단 기반 정보 제공
자율주행차량 의사결정	- 다양한 주행 환경 생성 - 자율주행 알고리즘 학습 및 검증	- 실제 환경과 유사한 가상 환경 생성 - 위험 상황 시뮬레이션	- 3D GAN, 시뮬레이션 기반 GAN	- 악천후, 복잡한 도로 상황 등 다양한 환경에서의 자율주행 알고리즘 검증 - 위험 상황 인식 및 대응능력 향상
대중교통시스템 최적화	- 대중교통 이용 패턴 분석 - 최적 배차 및 노선 설계	- 가상 승객 이동 패턴 생성 - 다양한 시나리오 기반 시스템 효율성 분석	- 군집 분석 GAN (Clustering GAN) - 강화 학습 결합 GAN	- 수요 변화에 따른 탄력적 배차 간격 조정 - 환승 효율 극대화 노선 설계 - 실시간 혼잡도 예측 및 안내
교통사고 예측 및 예방	- 사고 발생 패턴 분석 - 위험 상황 예측 및 사전 경고	- 사고 발생 가능성 높은 상황 생성 - 사고 위험 요소 시각화	- 이상 탐지 GAN(Anomaly Detection GAN) - 영상 분석 GAN	- 사고 다발 지역 및 시간대 예측 - 운전자 위험 행위 감지 및 경고 - 실시간 교통상황 기반 위험 예측
도로 교통흐름 예측 및 제어	- 복잡한 도로 교통흐름 분석 및 예측 - 실시간 신호 제어 최적화	- 다양한 교통흐름 패턴 학습 - 실시간 교통상황 기반 최적 신호 제어	- 시계열 예측 GAN - 강화 학습 결합 GAN	- 실시간 교통량 기반 최적 신호 제어 - 돌발상황 발생 시 교통흐름 예측 및 신호 제어 - 교통혼잡 완화

3) CNN, LLM, LMM, GAN 모델적용 시 교통분야별 목표, 특징, 작동 원리, 효과, 장단점, 활용 사례, 비교

CNN, LLM, LMM, GAN 모델적용 시 교통분야별 목표, 특징, 작동 원리, 효과, 장단점, 활용 사례 비교

교통분야 모델 적용	목표	AI 기술별 특징	작동 원리	효과	장단점	활용 사례
교통계획	- 이미지 기반 도시 분석 및 예측 - 자연어 기반 계획 수립 및 소통 - 멀티모달 도시 모델 생성 - 현실적 도시 시뮬레이션 환경 구축	CNN: 이미지 특징 추출 및 분석 LLM: 자연어 기반 계획 수립 및 소통 LMM: 이미지, 텍스트, 센서 데이터 등 멀티모달 정보 통합 분석 GAN: 현실적인 도시 시뮬레이션 환경 생성	CNN: 합성곱 연산 통한 이미지 특징 추출 및 분석 LLM: 대규모 텍스트 데이터 학습 통한 자연어 처리 및 생성 LMM: 멀티모달 데이터 임베딩 및 어텐션 메커니즘 활용 통합 분석 GAN: 생성자-판별자 네트워크 경쟁 학습 통한 현실적 데이터 생성	CNN: 이미지 기반 도시 변화 분석 및 예측 정확도 향상 LLM: 계획 수립 과정 효율화 및 시민 참여 증대 LMM: 도시 환경 변화 종합 분석 및 예측 정확도 향상 GAN: 현실적 시뮬레이션 통한 계획 검증 및 최적화	CNN: 제한적 분석 능력, 데이터 의존성 LLM: 정보 정확도 문제, 데이터 편향성 LMM: 모델 복잡성, 멀티모달 데이터 통합 어려움 GAN: 학습 불안정성, 모드 붕괴 문제	- CNN 활용, 위성 이미지 기반 도시 개발 패턴 분석 및 예측 - LLM 활용, 시민 의견 수렴 및 분석 통한 교통계획 수립 - LMM 활용, 도시 환경 변화 종합 분석 및 미래 도시 모델 생성 - GAN 활용, 가상 도시 모델 생성 및 교통시스템 시뮬레이션
교통수요 추정	- 이미지 기반 교통량 추정 및 예측 - 자연어 기반 수요 예측 및 소통 - 멀티모달 데이터 활용 초정밀 수요 예측 - 현실적 수요 패턴 생성 및 시뮬레이션	CNN: CCTV 이미지 분석 통한 교통량 추정 및 예측 LLM: 자연어 기반 수요 예측 및 소통 LMM: 교통량, 날씨, 사회경제 등 멀티모달 데이터 통합 분석 GAN: 실제와 유사한 교통수요 패턴 생성	CNN: 합성곱 연산 통한 이미지 특징 추출 및 교통량 분석 LLM: 대규모 텍스트 데이터 학습 통한 수요 패턴 예측 및 사용자 질의응답 LMM: 멀티모달 데이터 임베딩 및 어텐션 메커니즘 활용 초정밀 수요 예측 GAN: 생성자-판별자 네트워크 경쟁 학습 통한 실제 데이터 분포 학습	CNN: 실시간 교통량 추정 및 예측 정확도 향상 LLM: 사용자 맞춤형 수요 예측 및 정보 제공 LMM: 다양한 변수 고려 초정밀 수요 예측 GAN: 실제와 유사한 수요 패턴 학습, 예측 정확도 향상	CNN: 제한적 분석 능력, 날씨 등 환경 영향 고려 어려움 LLM: 정보 정확도 문제, 데이터 편향성 LMM: 모델 복잡성, 멀티모달 데이터 통합 어려움 GAN: 학습 불안정성, 모드 붕괴 문제	- CNN 활용, CCTV 이미지 분석 통한 실시간 교통량 추정 및 교통신호 제어 - LLM 활용, 사용자 질의 기반 교통정보 제공 및 맞춤형 경로 추천 - LMM 활용, 다양한 데이터 통합 분석 통한 미래 교통수요 예측 - GAN 활용, 실제 교통 데이터 기반 수요 패턴 생성 및 예측
대중교통	- 이미지 기반 승객 분석 및 안전 관리 - 자연어 기반 사용자 맞춤형 서비스 제공 - 멀티모달 데이터 활용 최적 운영 및 관리 - 가상 승객 데이터 생성 통한 최적화	CNN: 승객 밀도 분석 및 이상 행위 감지 LLM: 사용자 맞춤형 정보 제공 및 서비스 안내 LMM: 승객, 날씨, 교통 등 멀티모달 데이터 통합 분석 GAN: 가상 승객 데이터 생성 및 수요 기반 배차 최적화	CNN: 합성곱 연산 통한 이미지 특징 추출 및 승객 분석 LLM: 대규모 텍스트 데이터 학습 통한 사용자 질의응답 및 정보 제공 LMM: 멀티모달 데이터 임베딩 및 어텐션 메커니즘 활용 최적 운영 및 관리 GAN: 생성자-판별자 네트워크 경쟁 학습 통한 실제 승객 데이터 분포 학습	CNN: 승객 안전 관리 및 서비스 효율성 향상 LLM: 사용자 만족도 향상 및 맞춤형 서비스 제공 LMM: 실시간 운영 최적화 및 효율성 증대 GAN: 수요 기반 배차 최적화, 효율성 증대	CNN: 제한적 분석 능력, 개인정보 보호 문제 LLM: 정보 정확도 문제, 데이터 편향성 LMM: 모델 복잡성, 멀티모달 데이터 통합 어려움 GAN: 가상 데이터의 현실 반영 어려움, 개인정보 문제	- CNN 활용, CCTV 영상 분석 통한 승객 밀도 관리 및 이상 행위 감지 - LLM 활용, 사용자 맞춤형 버스 도착 정보 제공 및 경로 추천 - LMM 활용, 실시간 데이터 분석 통한 배차 간격 조정 및 노선 최적화 - GAN 활용, 가상 승객 데이터 기반 배차 최적화 및 노선 설계
모빌리티	- 이미지 기반 자율주행 안전성 향상 - 자연어 기반 사용자 맞춤형 모빌리티 서비스 제공 - 멀티모달 데이터 활용 자율주행 성능 향상 - 현실적 자율주행 시뮬레이션 환경 구축	CNN: 도로 환경 인식 및 장애물 감지 LLM: 사용자 맞춤형 이동경로 추천 및 정보 제공 LMM: 라이다, 카메라, GPS 등 멀티모달 데이터 통합 분석 GAN: 현실적인 자율주행 시뮬레이션 환경 생성	CNN: 합성곱 연산 통한 이미지 특징 추출 및 객체 인식 LLM: 대규모 텍스트 데이터 학습 통한 사용자 질의응답 및 맞춤형 추천 LMM: 멀티모달 데이터 임베딩 및 어텐션 메커니즘 활용 자율주행 성능 향상 GAN: 생성자-판별자 네트워크 경쟁 학습 통한 실제 주행 환경 학습	CNN: 자율주행 안전성 및 정확도 향상 LLM: 사용자 편의성 향상 및 맞춤형 서비스 제공 LMM: 자율주행 성능 향상 및 안전성 확보 GAN: 현실적 시뮬레이션 통한 자율주행 알고리즘 검증 및 개선	CNN: 제한적 분석 능력, 날씨 등 환경 영향 고려 어려움 LLM: 정보 정확도 문제, 개인정보 보호 문제 LMM: 모델 복잡성, 멀티모달 데이터 통합 어려움 GAN: 현실 반영 어려움, 안전성 검증 문제	- CNN 활용, 카메라 영상 분석 통한 도로 환경 인식 및 장애물 회피 - LLM 활용, 사용자 질의 기반 맞춤형 이동경로 추천 및 예약 서비스 제공 - LMM 활용, 다양한 센서 데이터 통합 분석 통한 자율주행 성능 향상 - GAN 활용, 다양한 교통 상황 시뮬레이션 및 자율주행 알고리즘 검증

4. 딥러닝은 신경망과 은닉층을 중심축으로 설계되었다.

◈ 주요 질문

1. 딥러닝은 어떻게 인간 뇌의 신경망 구조를 모방하여 데이터에서 자동적으로 특징을 추출하는 능력을 통해 AI 발전에 기여할까?
2. 딥러닝은 어떤 방법으로 복잡한 예측을 위해 입력과 출력 사이에 중간 세포층인 은닉층을 두어 연산 능력을 높일까?
3. 딥러닝이 뇌 신경망 모방을 통해 노드와 연결선으로 구성되며, 연결선 강도 조절을 통해 예측 정확도를 높이는 학습 과정은 어떤 과정일까?
4. 딥러닝은 은닉층을 어떻게 도입하여 입력 데이터의 단순 조합을 넘어 고차원적인 정보 표현을 가능하게 하여 복잡한 문제 해결을 도울까?
5. 딥러닝은 어떻게 은닉층을 통해 자동 특징 추출 능력을 확보, 인간 전문가의 개입 없이도 데이터에서 유용한 정보를 얻을 수 있나?

1) 딥러닝(Deep Learning)은 어떻게 자동으로 데이터의 특징을 알 수 있을까?

딥러닝은 인간 뇌의 정보 처리 시스템에서 영감을 받아 탄생하였다. 인간의 뇌는 약 1천억 개의 신경세포(뉴런)와 이들을 연결하는 시냅스로 이루어진 복잡한 신경망으로 구성되어 정보를 처리한다. 딥러닝은 뇌 신경망을 모방한 심층 신경망 구조와 자동 특징 추출 능력을 통해 인공지능 분야에 혁신적인 발전을 가져왔다.

은닉층을 깊게 쌓아 올린 심층 신경망은 복잡한 데이터 속에서 숨겨진 패턴을 효과적으로 학습하고, 인간의 개입 없이 데이터로부터 유용한 특징을 스스로 추출

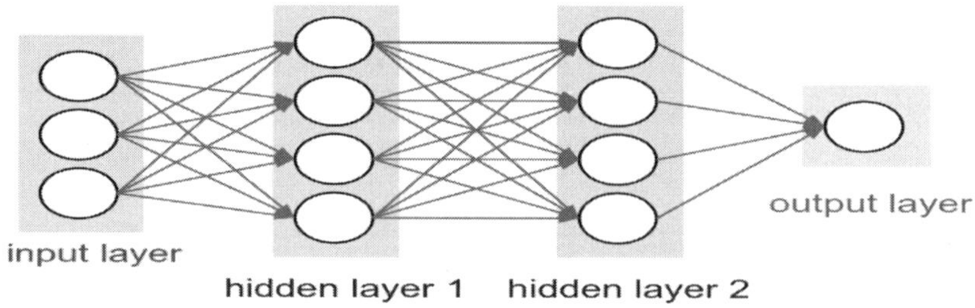

What's a Deep Neural Network? BMC Software

할 수 있다. 이러한 딥러닝의 핵심 원리를 이해하는 것은 미래 AI 기술 발전 방향을 예측하고 능동적으로 대처하는 데 필수적인 기반이 될 것이다.

① **딥러닝의 가장 큰 강점은 자동으로 데이터의 특징을 추출하는 능력이다.**
딥러닝은 바로 이러한 뇌의 신경망 구조를 컴퓨터 알고리즘으로 구현한 것이다. 딥러닝이라는 명칭은 "신경세포가 깊이 있게 연결되어 있다"는 뇌 신경망의 특징에서 유래되었다 딥러닝의 가장 큰 강점은 자동으로 데이터의 특징을 추출하는 능력이다.

② **각 층의 노드와 연결선은 학습 과정에서 자동으로 조정되며, 이러한 자동 조정 과정을 통해 신경망은 데이터의 핵심적인 특징을 효과적으로 포착한다.**
각 층의 노드와 연결선은 학습 과정에서 자동으로 조정되며, 이러한 자동 조정 과정을 통해 신경망은 데이터의 핵심적인 특징을 효과적으로 포착한다. 층이 깊어질수록 더욱 복잡한 특징을 추출할 수 있으며, 이는 딥러닝이 이미지 인식, 자연어 처리, 음성 인식 등 다양한 분야에서 뛰어난 성능을 보이는 핵심적인 이유이다.

비유: 신경망은 입력 데이터와 예측 사이의 관계를 조정함으로써 예측의 정확도를 높이는 것이다.

키와 몸무게를 입력하면 '아이인지 성인인지' 예측하도록 하는 상황으로 예를 들어보자. 키 170cm에 60kg이면 두 숫자를 더 했을 때 230이 된다. 지금까지 학습한 데이터를 기반으로 이 합계가 160을 초과하면 성인으로 판단하기로 하자. 여기에 제3의 입력수치로 머리카락 길이를 고려한다고 하자. 그러나 머리카락이 짧은 성인도 있으므로 성인인지 아닌지 판단하는 기준으로 머리카락 길이는 고려 대상이 되지 않는다. 이 경우 머리카락에 대응하는 신경세포와 예측에 대응하는 신경세포 사이의 연결고리를 약하게 하여 앞이 덧셈할 때 고려 대상에서 제외시켜야 한다. 이처럼 신경망은 입력 데이터와 예측 사이의 관계를 조정함으로써 예측의 정확도를 높이는 것이다.

③ **입력과 출력 사이에 중간세포층을 넣어 한 번 합한 것을 다시 더해서 합치면**

복잡한 로직을 만들 수 있다는 점은 직관적으로도 이해할 수 있을 것이다.

그러나 이처럼 숫자만 더하는 것만으로는 복잡한 예측을 할 수 없다. 그래서 입력과 출력 사이에 중간세포층을 넣는 것이다. 한 번 합한 것을 다시 더해서 합치면 복잡한 로직을 만들 수 있다는 점은 직관적으로도 이해할 수 있을 것이다. 이 중간세포로 이루어진 층을 숨겨진 층이라고 한다. 숨겨진 층은 한 층 뿐만이 아니라 여러 층으로 겹쳐질 수 있다. 이처럼 층층이 반복해서 쌓은 것을 딥러닝이라고 한다.

2) 딥러닝을 해부해 보자: 신경망과 은닉층을 중심으로

(1) 입력과 출력 사이에 중간세포층을 넣어 한 번 합한 것을 다시 더해서 합치면 복잡한 로직을 만들 수 있다.

인공지능(AI) 분야의 혁신적인 기술인 딥러닝은 인간의 뇌 신경망 작동 원리를 모방하여 복잡한 데이터 속에서 자동으로 특징을 추출하고 학습하는 놀라운 능력을 보인다.

① **입력과 출력 사이에 중간세포층을 넣는 것이다. 한 번 합한 것을 다시 더해서 합치면 복잡한 로직을 만들 수 있다.**

숫자만 더하는 것만으로는 복잡한 예측을 할 수 없다. 그래서 입력과 출력 사이에 중간세포층을 넣는 것이다. 한 번 합한 것을 다시 더해서 합치면 복잡한 로직을 만들 수 있다는 점은 직관적으로도 이해할 수 있을 것이다. 이 중간세포로 이루어진 층을 숨겨진 층이라고 한다. 숨겨진 층은 한 층 뿐만이 아니라 여러 층으로 겹쳐질 수 있다. 이처럼 층층이 반복해서 쌓은 것을 딥러닝이라고 한다.

② **층이 깊을(많을)수록, 한층 더 복잡한 특징을 파악하는 것이 가능하다.**

첫 번째 층은 앞에서 아이인지 성인인지 예측할 때와 유사하게 입력된 값을 그대로 더한다. 두 번째 층은 첫 번째 층의 수치를 합친 것이다. 마찬가지로, 세 번째 층 이후도 차례차례 그 이전 값을 더하면 된다. 층이 깊을(많을)수록, 한층 더 복잡한 특징을 파악하는 것이 가능하다. 자동으로 조정되는 신경세포 사이의 연결이, 특징을 자동으로 추출하는 작용을 한다.

(2) 딥러닝의 근간, 뇌 신경망 모방

① **"신경세포가 깊이 있게 연결되어 있다"는 사실에서 '딥러닝(Deep Learning)' 이라는 명칭이 유래하였다.**

딥러닝은 인간 뇌의 정보 처리 방식에서 영감을 받아 개발되었다. 뇌는 수많은 신경세포(뉴런)들이 복잡하게 연결되어 정보를 전달하고 처리하는 신경망으로 구성되어 있다. 딥러닝은 이러한 신경망 구조를 컴퓨터 모델로 구현한 것이다. "신경세포가 깊이 있게 연결되어 있다"는 사실에서 '딥러닝(Deep Learning)'이라는 명칭이 유래하였다.

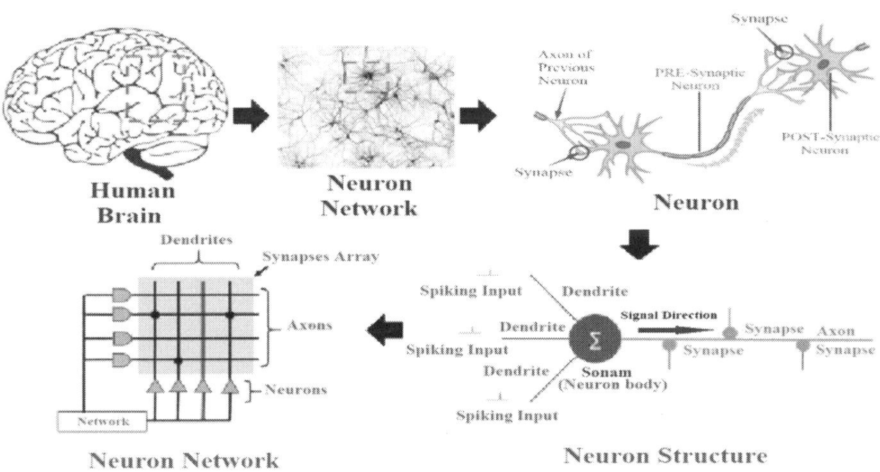

Human brain and AI Structure, ResearchGate

② **딥러닝의 기본적인 구성 요소는 신경세포를 모방한 '노드(node)'와 신경세포 간의 연결을 모방한 '연결선(edge)'이다.**

딥러닝의 기본적인 구성 요소는 신경세포를 모방한 '노드(node)'와 신경세포 간의 연결을 모방한 '연결선(edge)'이다. 노드는 정보를 입력받고 처리하는 역할을 수행하며, 연결선은 노드 간의 정보 전달 통로이자 정보의 중요도를 조절하는 역할을 한다. 뇌의 시냅스와 유사하게, 딥러닝 연결선은 학습 과정을 통해 연결 강도를 조절하며, 이를 통해 네트워크는 데이터의 특징을 효과적으로 학습하게 된다.

(3) 예시로 이해하는 신경망 작동 원리 – 입력층, 연결선과 가중치, 합산 및 활성화 함수, 학습 과정: 연결 강도 조절을 통한 예측 정확도 향상 – 아이와 성인 예측 모델

신경망의 작동 원리를 쉽게 이해하기 위해 '키와 몸무게를 입력받아 아이인지 성인인지 예측하는 모델'을 예시로 들어 설명하고자 한다. 키와 몸무게는 개인의 성장 상태를 나타내는 중요한 지표이며, 이러한 정보를 이용하여 아이와 성인을 구별하는 간단한 신경망 모델을 구축할 수 있다.

① **입력층**: 신경망은 먼저 입력 데이터를 받아들이는 입력층으로 시작한다. 본 예시에서는 키(170cm)와 몸무게(60kg)가 입력층의 노드에 각각 입력된다.

② **연결선과 가중치**: 입력층의 각 노드는 다음 층의 노드와 연결선으로 연결된다. 이때 각 연결선에는 가중치(weight)가 할당된다. 가중치는 입력되는 정보의 중요도를 조절하는 역할을 한다. 예를 들어, 키가 아이와 성인을 구별하는 데 더 중요한 정보라면, 키에 연결된 연결선의 가중치는 몸무게에 연결된 연결선의 가중치보다 높게 설정될 수 있다.

③ **합산 및 활성화 함수**: 다음 층의 각 노드는 연결선으로부터 전달된 입력값과 가중치를 곱한 값들을 모두 합산한다. 이 합산값은 활성화 함수(activation function)를 거쳐 최종 출력값으로 변환된다. 활성화 함수는 노드의 출력을 비선형적으로 변환하여 신경망이 복잡한 패턴을 학습할 수 있도록 돕는 역할을 한다. 본 예시에서는 단순화를 위해 활성화 함수를 생략하고, 합산된 값이 특정 임계 값(예: 160)을 초과하면 '성인', 그렇지 않으면 '아이'로 판단하는 규칙을 적용한다고 가정한다.

④ **학습 과정**: 연결 강도 조절을 통한 예측 정확도 향상. 신경망은 학습 데이터를 통해 예측 정확도를 높여 나간다. 초기에는 연결선 가중치가 임의의 값으로 설정되어 있어 예측 결과가 정확하지 않을 수 있다. 하지만 학습 데이터를 반복적으로 입력하고 실제 정답과 예측 결과의 차이를 비교하여 연결선 가중치를 점차적으로 조정한다.

비유1: 머리카락 길이에 해당하는 입력 노드와 예측 노드 사이의 연결선 가중치를 약화시켜 머리카락 길이가 예측 결과에 미치는 영향을 줄여야 한다. 예를 들어, '머리카락 길이'를 추가적인 입력 변수로 고려한다고 가정해 보자. 하지만 머리카락 길이는 성인 여부를 판단하는 데 결정적인 정보가 되지 못할 수 있다. 오히려 짧은 머리카락을 가진 성인도 존재하기 때문에 예측 정확도를 떨어뜨릴 수도 있다. 이러한 경우, 머리카락 길이에 해당하는 입력 노드와 예측 노드 사이의 연결선 가중치를 약화시켜 머리카락 길이가 예측 결과에 미치는 영향을 줄여야 한다. 반대로, 예측에 도움이 되는 정보라면 연결선 가중치를 강화시켜 정보의 중요도를 높인다. 이처럼 신경망은 입력 데이터와 예측 결과 사이의 관계를 스스로 조정하며 예측 정확도를 높여나간다.

3) 복잡한 문제 해결의 핵심, 중간세포층(은닉층)의 도입

단순히 입력값을 더하는 방식으로는 복잡한 패턴을 학습하고 예측하는 데 한계가 있다. 딥러닝에서는 이러한 복잡성을 모델링하기 위해 중간세포층(hidden layer)을 도입한다.

① **중간세포층은 입력 데이터의 단순 조합을 넘어 더욱 고차원적인 정보 표현을 가능하게 한다.**
중간세포층은 입력층과 출력층 사이에 위치하며, 입력 데이터로부터 더욱 복잡하고 추상적인 특징을 추출하는 역할을 수행한다. "한 번 합한 것을 다시 더해서 합치면 복잡한 로직을 만들 수 있다"는 직관적인 이해처럼, 중간세포층은 입력 데이터의 단순 조합을 넘어 더욱 고차원적인 정보 표현을 가능하게 한다. 중간세포층은 은닉층이라고도 불리며, 이는 입력층과 출력층에 직접적으로 노출되지 않고 숨겨져 있기 때문이다.

② **딥러닝의 핵심적인 특징은 다수의 은닉층을 깊게 쌓아 올린다는 점이다. 심층 신경망(Deep Neural Network) 즉, 은닉층을 깊게 쌓아 복잡성이 증대된다.**
딥러닝의 핵심적인 특징은 다수의 은닉층을 깊게 쌓아 올린다는 점이다. 심층 신경망(Deep Neural Network) 은닉층을 깊게 쌓아 복잡성이 증대된다는 것이다. 딥러닝의 핵심적인 특징은 다수의 은닉층을 깊게 쌓아 올린다는 점

이다. 은닉층이 깊어질수록 신경망은 더욱 복잡한 특징을 계층적으로 학습할 수 있게 된다. 첫 번째 은닉층은 입력 데이터에서 기본적인 특징(예: 모서리, 색깔)을 추출하고, 두 번째 은닉층은 첫 번째 층에서 추출된 특징들을 조합하여 더욱 복잡한 특징(예: 눈, 코, 입)을 추출한다. 이러한 방식으로 층이 깊어질수록 신경망은 점차적으로 추상적이고 고수준의 특징(예: 얼굴, 객체)을 파악할 수 있게 된다.

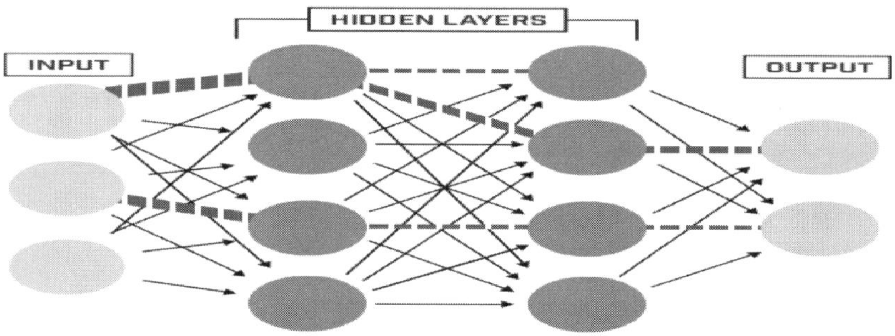

Deep neural network with multiple hidden layers, https://pub.aimind.so/

5. 딥러닝 심층 탐구: 숨겨진 층, 중간세포층이 필요한 이유

딥러닝은 인공지능 분야의 눈부신 발전을 이끌어낸 핵심 기술이다. 딥러닝의 강력한 능력은 인간의 뇌를 모방한 신경망 구조, 특히 중간세포층(hidden layer), 즉 은닉층 덕분에 발현된다.

1) 단순 덧셈 방식의 한계: 단층 케이크의 밋밋함

(1) 초창기 인공 신경망은 마치 단층 케이크와 같았다.

초창기 인공 신경망은 마치 단층 케이크와 같았다. 입력층에서 정보를 받아 곧바로 출력층으로 전달하는 단순한 구조였으며, 정보 처리 과정은 입력값을 단순히 더하는 수준에 머물렀다. 이러한 단층 구조는 간단한 패턴 인식에는 효과적일 수 있지만, 현실 세계의 복잡하고 미묘한 패턴을 학습하고 예측하는 데는 명확한 한계를 드러낸다.

비유: 단층 케이크는 빵 시트 한 겹에 크림만 살짝 얹은 형태로, 맛은 단순하고 밋밋하다.

단층 케이크를 떠올려 보자. 단층 케이크는 빵 시트 한 겹에 크림만 살짝 얹은 형태로, 맛은 단순하고 밋밋하다. 아무리 좋은 재료를 사용해도, 층층이 쌓인 복잡하고 다채로운 맛을 내기는 어렵다. 단층 신경망 역시 마찬가지이다. 입력 정보를 단순하게 합산하는 방식으로는 데이터 속에 숨겨진 복잡하고 다층적인 관계를 파악하기 어렵다. 현실 세계의 데이터는 단층 케이크처럼 단순하지 않으며, 훨씬 더 복잡하고 풍부한 정보들을 담고 있다.

Single layer cake simple and plain, www.theknot.com

(2) 입력값을 더하는 방식으로는 복잡한 패턴을 학습하고 예측하는 데 한계가 있다.

"단순히 입력값을 더하는 방식으로는 복잡한 패턴을 학습하고 예측하는 데 한계가 있다"라는 문장은 단층 신경망의 근본적인 한계를 정확하게 지적한다. 단순한 연산만으로는 복잡한 문제를 해결할 수 없으며, 더욱 정교하고 복잡한 정보 처리 메커니즘이 필요함을 시사한다.

2) 인간 뇌의 복잡한 정보 처리 과정: 다층 구조의 영감

(1) 뇌는 시각, 청각, 촉각 등 다양한 감각 기관으로부터 입력된 정보를 여러 단계에 걸쳐 분석하고 처리한다.

인간의 뇌는 놀라울 정도로 복잡하고 정교한 정보 처리 시스템을 갖추고 있다. 뇌는 시각, 청각, 촉각 등 다양한 감각 기관으로부터 입력된 정보를 여러 단계에 걸쳐 분석하고 처리한다. 시각 정보를 예로 들면, 눈으로 들어온 빛 정보는 망막을 거쳐 시신경을 통해 뇌의 시각 피질로 전달되고, 시각 피질은 다시 여러 계층으로 나뉘어 정보를 단계별로 분석한다.

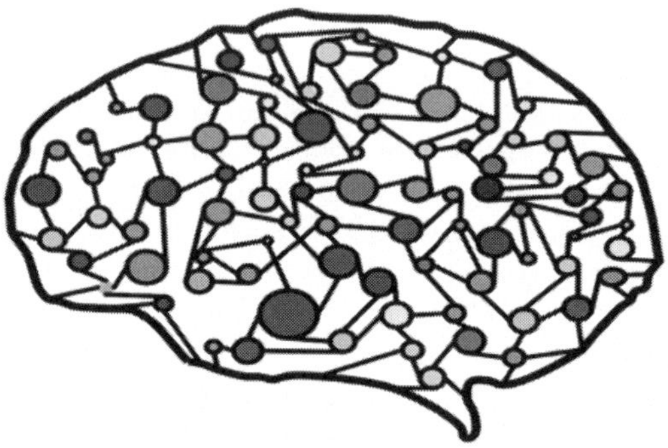

Think Like a Brain Using Artificial Synapses,
https://www.advancedsciencenews.com/

(2) 인간 뇌처럼 복잡한 정보 처리 능력을 구현하기 위해 중간세포층(hidden layer), 즉 은닉층이라는 혁신적인 구조를 도입하게 된 것이다.

딥러닝은 바로 인간 뇌의 이러한 다층적인 정보 처리 방식에서 영감을 받아 개발되었다. 단층 신경망의 한계를 극복하고, 인간 뇌처럼 복잡한 정보 처리 능력을 구현하기 위해 중간세포층(hidden layer), 즉 은닉층이라는 혁신적인 구조를 도입하게 된 것이다.

3) 중간세포층(은닉층) 도입: 다층 케이크의 풍성함

(1) 딥러닝은 단층 신경망에 중간세포층(hidden layer)을 추가함으로써 정보 처리 능력을 획기적으로 향상시켰다.

딥러닝은 단층 신경망에 중간세포층(hidden layer)을 추가함으로써 정보 처리 능력을 획기적으로 향상시켰다. 중간세포층은 입력층과 출력층 사이에 위치하며, 입력 데이터로부터 더욱 복잡하고 추상적인 특징을 추출하는 핵심적인 역할을 수행한다. 마치 케이크에 크림 층, 과일 층, 시럽 층 등 다양한 층을 추가하는 것처럼, 은닉층은 신경망에 다층적인 정보 처리 능력을 부여한다.

비유: 다층 케이크의 각 층은 서로 다른 맛과 질감을 가지고 있으며, 이들이 조화롭게 어우러져 풍부하고 다채로운 맛을 선사한다.

다층 케이크를 다시 떠올려 보자. 단층 케이크와 달리, 다층 케이크는 빵 시트 사이에 크림, 과일, 초콜릿, 시럽 등 다양한 재료를 층층이 쌓아 만든다. 각 층은 서로 다른 맛과 질감을 가지고 있으며, 이들이 조화롭게 어우러져 풍부하고 다채로운 맛을 선사한다. 은닉층은 다층 케이크의 각 층과 유사한 역할을 수행한다. 각 은닉층은 입력 데이터에서 서로 다른 종류의 특징을 추출하고, 이러한 특징들이 계층적으로 결합되어 더욱 복잡하고 풍부한 정보 표현을 가능하게 한다.

Multilayer cake, iSTock

(2) 은닉층은 이전 층에서 추출된 정보를 변형, 조합, 추상화하여 더욱 고차원적인 특징을 만들어낸다.

은닉층은 단순히 입력값을 '다시 더하는' 것이 아니라, 이전 층에서 추출된 정보를 변형, 조합, 추상화하여 더욱 고차원적인 특징을 만들어낸다. 이러한 계층적인 특징 추출 과정을 통해, 딥러닝은 복잡한 데이터 속에 숨겨진 미묘한 패턴까지 효과적으로 학습하고 예측할 수 있게 된다.

6. 귀납적 인공 신경망과 파라미터, 그리고 강화학습

◈ 주요논의 주제

1. 귀납적 인공 신경망은 입력값과 정답 쌍을 학습하여 입력에서 정답으로 이어지는 함수 관계를 스스로 학습하며, 이는 문제 풀이를 학습하는 과정과 유사하다.
2. 인공 신경망의 성능은 파라미터 수에 비례하여 향상되지만, 이는 곧 더 많은 컴퓨팅 파워를 요구하게 된다.
3. 귀납적 추론 기반 AI는 주어진 입력값에 대한 결과값을 필요로 하며, 결과 데이터가 없다면 파라미터 학습이 불가능하다.
4. AI는 귀납적 추론을 통해 과거 데이터를 기반으로 패턴을 학습하고, 새로운 입력값에 대한 결과값을 예측하여 다양한 분야에 활용된다.
5. AI 교통 및 모빌리티 분야에서 귀납적 추론은 교통량 예측, 자율주행, 대중교통 운영, 교통계획, 개인 맞춤형 이동 경로추천 등에 적용되어 효율성과 편의성을 증진시킨다.

1) 비유로 풀어 본 귀납적 인공 신경망과 파라미터의 세계

현재 인공지능 기술의 주류는 귀납적 인공 신경망에 기반하고 있다. 귀납적 방식은 마치 숙련된 장인이 제자의 숙련도를 높이기 위해 수많은 모범 답안과 해설을 제시하는 교육 방식과 유사하다.

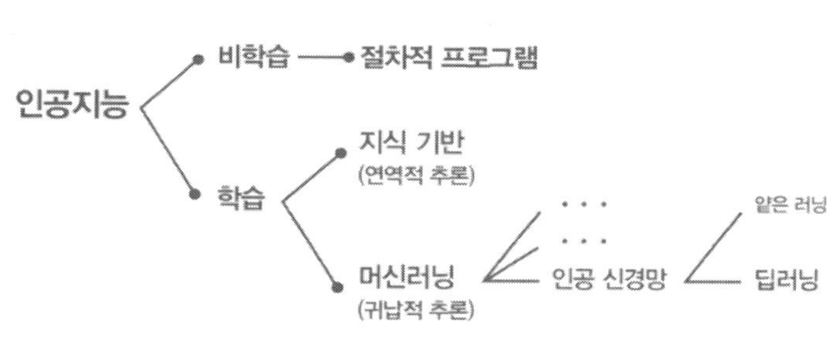

디지털 트랜스포메이션 14편: 마지막은 인공지능으로, Samsung SDS

(1) 귀납적 인공 신경망, 데이터 학습을 통한 함수값 추론

① **개요**: 귀납적 인공 신경망은 입력값과 정답 쌍을 학습 데이터로 활용하여 입력값에서 정답으로 이어지는 함수 관계를 스스로 학습하는 방식을 채택한다. 이는 마치 학생이 다양한 문제와 해설을 통해 문제 해결 패턴을 익히는 과정과 흡사하다.

비유: 강아지는 수많은 훈련을 통해 멍멍이 사진을 보면 "멍멍!" 소리를 내고, 야옹이 사진을 보면 "야옹!" 소리를 내는 함수 관계를 스스로 학습한다.
강아지에게 "멍멍이는 멍멍!", "야옹이는 야옹!" 하고 수없이 반복하여 알려주는 상황을 상상해 보자. 이것이 바로 귀납적 학습 방식이다. 우리는 강아지에게 멍멍이 사진과 함께 "멍멍!", 야옹이 사진과 함께 "야옹!" 소리를 반복적으로 들려준다. 강아지는 수많은 훈련을 통해 멍멍이 사진을 보면 "멍멍!" 소리를 내고, 야옹이 사진을 보면 "야옹!" 소리를 내는 함수 관계를 스스로 학습하게 되는 것이다.

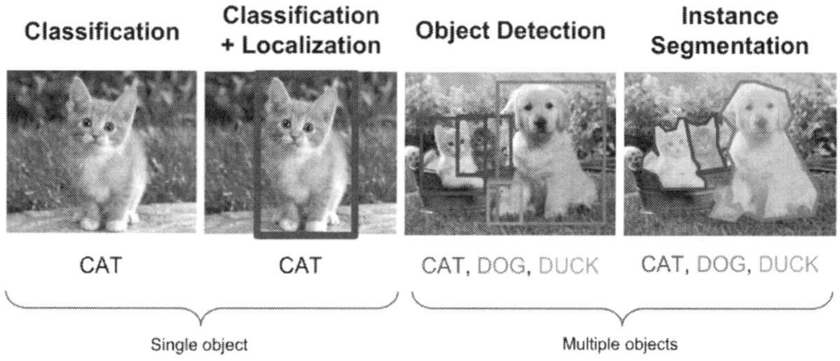

Cats Versus Dogs – Deep Learning Introduction, MoCo Markers

(2) 파라미터 수 증가, 성능향상의 필수조건이자 컴퓨팅 파워 요구량 증가의 원인

① **함수의 파라미터 수가 적으면, 아무리 입력값을 제공하더라도 인공 신경망은 올바른 정답을 도출하기 어렵다.**

함수의 파라미터 수가 적으면, 아무리 입력값을 제공하더라도 인공 신경망은 올바른 정답을 도출하기 어렵다. 이는 마치 손잡이가 몇 개 없는 단순한 오디오 믹서로는 풍부하고 다채로운 음향을 만들어낼 수 없는 것과 같다.

따라서 연구자들은 인공 신경망의 성능을 향상시키기 위해 파라미터 수를 지속적으로 증가시켜 왔다.

② **파라미터 수가 1,000억 개를 넘어서면서 인공 신경망은 비로소 어떤 입력 문장에도 인간과 유사한 답변(다음 문장의 단어들)을 생성할 수 있게 되었다.** 대부분의 사람들에게 인공지능을 각인시킨 챗GPT-3.5는 1,750억 개라는 엄청난 수의 파라미터를 보유하고 있으며, 최근 딥시크 R1 모델을 비롯한 최신 모델들은 6,000억~7,000억 개의 파라미터를 자랑한다. 파라미터 수가 1,000억 개를 넘어서면서 인공 신경망은 비로소 어떤 입력 문장에도 인간과 유사한 답변(다음 문장의 단어들)을 생성할 수 있게 되었다.

③ **귀납적 추론을 완성하려면 주어진 입력값에 대한 결과값을 알고 있어야 한다.** 귀납적 추론을 완성하려면 주어진 입력값에 대한 결과값을 알고 있어야 한다. 예를 들어 라이더와 레이더는 자율주행차의 '눈'을 담당하는 이미지 센서이다. 이 두 가지 센서에 대한 학자와 업계의 논쟁이 뜨겁다. 테슬라는 레이더를 탑재한 자율주행기술을 개발하여 출시하였다. 테슬라는 레이더를 탑재한 자율주행기술을 우수한지의 여부를 판단하려면 명확한 결과 데이터가 필요하다. 결과값이 없으면 파라미터 값을 학습할 수 없다.

2) AI 도시교통 및 모빌리티에서의 귀납적 추론

귀납적 추론이란 특정 사례들을 관찰하여 일반적인 결론을 도출하는 추론 방식이다. AI 분야에서 귀납적 추론을 완성하기 위해서는 주어진 입력값에 대한 결과값을 알고 있어야 한다. AI는 이러한 데이터를 통해 패턴을 학습하고, 새로운 입력값에 대한 결과값을 예측할 수 있게 된다. 아래 사례들은 AI 교통 및 모빌리티 분야에서 귀납적 추론이 어떻게 활용되는지를 보여준다.

AI 교통 및 모빌리티 분야의 귀납적 추론 사례

분야	사례	입력값(관찰/데이터)	결과값(예측/결론)	귀납적 추론 과정	시사점
교통수요 추정	특정 지역 시간대별 교통량 예측	과거 5년간 해당 지역 특정 시간대별 교통량 데이터, 날씨 정보, 요일 정보	다음날 해당 시간대 교통량 예측	1. 과거 데이터를 분석하여 특정 패턴을 발견한다. 2. 날씨, 요일 등 외부 요인을 고려하여 패턴을 조정한다. 3. 조정된 패턴을 기반으로 미래 교통량을 예측한다.	- 데이터 품질 및 다양성 확보 중요 - 외부 요인 변화에 대한 예측모델의 민감도 조정 필요
자율주행	악천후 조건에서의 자율주행 성능 향상	다양한 악천후 조건(폭우, 폭설, 안개)에서의 자율주행 센서 데이터 및 주행 결과	악천후 조건에서의 안전한 자율주행 경로 및 제어 방식	1. 다양한 악천후 조건에서의 센서 데이터와 주행 결과를 학습한다. 2. 악천후 조건에 따른 센서 데이터 변화 패턴과 안전한 주행 경로 간의 관계를 파악한다. 3. 학습된 관계를 기반으로 악천후 조건에서의 자율주행 경로 및 제어 방식을 결정한다.	- 다양한 악천후 조건 데이터 확보 중요 - 악천후 조건 변화에 대한 실시간 대응능력 확보 필요
대중교통 운영	버스 배차 간격 최적화	과거 버스승객 수 데이터, 정류장별 승하차 시간 데이터, 날씨 정보, 특정 이벤트 정보	실시간 승객 수 변화에 따른 최적의 버스 배차 간격	1. 과거 데이터를 분석하여 승객 수 변화 패턴을 파악한다. 2. 날씨, 특정 이벤트 등 외부 요인을 고려하여 패턴을 조정한다. 3. 실시간 승객 수 데이터를 기반으로 최적의 배차 간격을 결정한다.	- 실시간 데이터 처리 및 분석 능력 확보 중요 - 다양한 외부 요인 변화에 대한 민감도 조정 필요
교통계획	도시 개발에 따른 교통 혼잡 예측	도시 개발 계획 정보, 주변 지역 교통량 데이터, 인구 밀도 변화 예측 데이터	도시 개발에 따른 교통혼잡 발생 지역 및 정도 예측	1. 도시 개발 계획에 따른 교통량 변화 패턴을 예측한다. 2. 주변 지역 교통량 및 인구 밀도 변화 데이터를 고려하여 예측을 조정한다. 3. 교통혼잡 발생 지역 및 정도를 예측하고, 이를 기반으로 교통계획을 수립한다.	- 다양한 도시 개발 시나리오 고려 필요 - 도시 개발에 따른 장기적인 교통 변화 예측 능력 확보 필요
개인 맞춤형 모빌리티 서비스	사용자 맞춤형 이동 경로 추천	사용자의 이동 패턴 데이터, 실시간 교통정보, 선호하는 이동수단 정보	사용자의 현재 상황 및 선호도를 고려한 최적의 이동 경로	1. 사용자의 과거 이동 패턴을 분석하여 이동 경로를 예측한다. 2. 실시간 교통정보를 고려하여 예측을 조정한다. 3. 사용자가 선호하는 이동수단을 고려하여 최종 이동 경로를 추천한다.	- 개인정보 보호 및 사용자 동의 중요 - 다양한 이동수단 및 실시간 정보를 고려한 추천 시스템 구축 필요

2부

AI 기반 도시교통계획에서 데이터와 AI 기반 교통수요 예측

06 AI 기반 도시교통계획에서 빅데이터의 역할

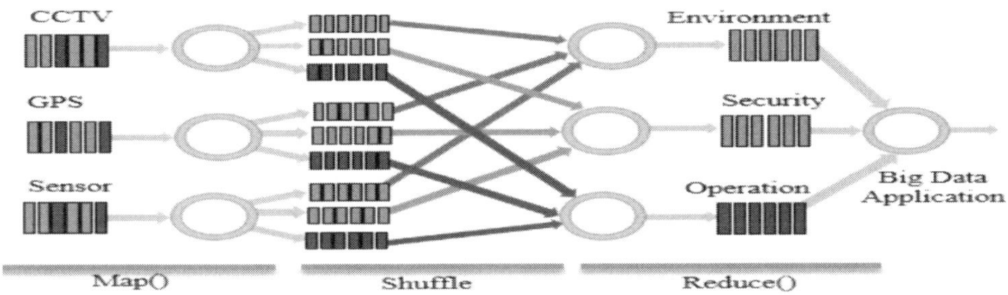

https://www.researchgate.net/figure/Big-data-processing-steps-in-transportation

교통시스템은 끊임없이 변화하고 있다. 그 중심에는 데이터가 있다. 차량 센서, GPS, CCTV, 소셜 미디어 등 다양한 출처에서 생성되는 방대한 양의 데이터는 교통수요 예측을 비롯하여 교통흐름을 개선하고, 안전을 강화하며, 효율성을 높이는 데 활용될 수 있다.

1. 빅데이터의 정의, 특성, 분석, 기술

1) 빅데이터의 정의와 특징

(1) 빅데이터의 정의

빅데이터는 기존의 데이터 처리 도구로는 처리하기 어려울 정도로 방대하고 복잡하며 빠르게 증가하는 대규모 데이터 세트를 의미한다. 빅데이터는 정형 데이터, 비정형 데이터, 반정형 데이터를 모두 포함하며, 그 규모는 테라바이트에서 제타바이트까지 다양하다. 빅데이터는 단순히 데이터의 양이 많다는 것뿐만 아니라, 데이터가 생성되는 속도, 데이터의 다양성, 데이터의 정확성, 데이터의 가치 등 다양한 측면에서 기존 데이터와 차별화된다.

(2) 빅데이터의 특징

빅데이터의 특징은 일반적으로 5V로 설명된다.

① **규모(Volume)**: 빅데이터는 기존 데이터베이스 관리 도구의 용량을 초과하는 엄청난 양의 데이터를 의미한다. 빅데이터의 크기는 테라바이트에서 페타바이트, 엑사바이트까지 다양하며, 이러한 대용량 데이터를 효율적으로 저장하고 처리하기 위한 새로운 기술이 필요하다.

② **속도(Velocity)**: 빅데이터는 매우 빠른 속도로 생성되고 처리되어야 한다. 실시간으로 생성되는 데이터를 분석하고 활용하기 위해서는 실시간 처리 기술이 필수적이며, 이는 교통시스템의 효율성을 높이는 데 중요한 역할을 한다.

③ **다양성(Variety)**: 빅데이터는 다양한 형태와 출처를 가진다. 텍스트, 이미지, 비디오, 오디오, 센서 데이터 등 다양한 형태의 데이터가 빅데이터를 구성하며, 이러한 다양한 데이터를 통합하고 분석하기 위한 기술이 필요하다.

④ **진실성(Veracity)**: 빅데이터는 정확하고 신뢰할 수 있어야 한다. 데이터의 품질이 낮거나 오류가 포함된 경우 분석 결과의 정확성이 떨어지므로, 데이터의 진실성을 확보하는 것이 중요하다.

⑤ **가치(Value)**: 빅데이터는 분석을 통해 가치 있는 정보를 추출할 수 있어야 한다. 빅데이터 분석을 통해 얻은 인사이트는 의사결정을 개선하고, 새로운 비즈니스 모델을 창출하며, 사회 문제를 해결하는 데 활용될 수 있다.

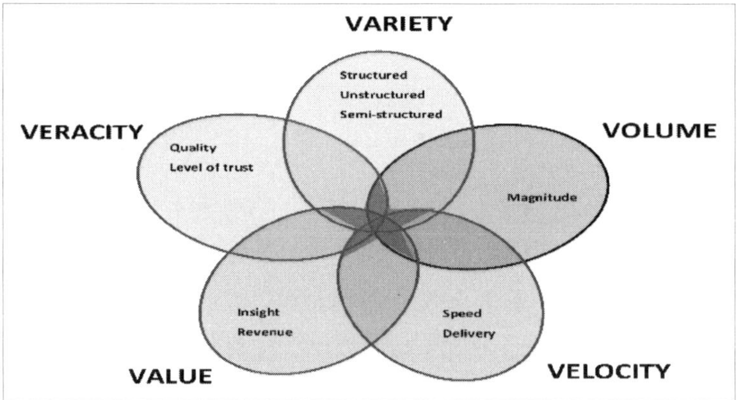

Big Data Analytics Correlation Taxonomy, MDPI

(3) 데이터의 형태와 특징

데이터 분석의 출발점은 내가 가진 데이터의 형태와 특징을 이해하는 것이다. 정보를 가지고 있는 것은 모두 데이터라고 할 수 있다. 하지만 컴퓨터가 데이터를 이해하고 사용할 수 있게 하기 위해서는 데이터를 특정한 형태의 숫자로 변환해야 한다. 이렇게 데이터는 숫자로 저장되는 방식에 따라서 정형, 반정형, 비정형으로 구분된다.

빅데이터 분석에 사용되는 데이터는 전통적인 정형 데이터부터, 사진, 영상, 음성과 같은 비정형 데이터까지 그 종류가 다양하다. 빅데이터 분석은 정형 데이터에만 의존했던 기존의 데이터분석과 다르게 반정형, 비정형 데이터를 분석하거나, 모든 형태의 데이터를 융합(mash-up)해서 분석한다.

비정형 데이터

The university has 5600 students.
John's ID is number 1, he is 18 years old and already holds a B.Sc. degree.
David's ID is number 2, he is 31 years old and holds a Ph.D. degree. Robert's ID is number 3, he is 51 years old and also holds the same degree as David, a Ph.D. degree.

반정형 데이터

```
<University>
 <Student ID="1">
  <Name>John</Name>
  <Age>18</Age>
  <Degree>B.Sc.</Degree>
 </Student>
 <Student ID="2">
  <Name>David</Name>
  <Age>31</Age>
  <Degree>Ph.D. </Degree>
 </Student>
....
</University>
```

정형 데이터

ID	Name	Age	Degree
1	John	18	B.Sc.
2	David	31	Ph.D.
3	Robert	51	Ph.D.
4	Rick	26	M.Sc.
5	Michael	19	B.Sc.

출처: Semantic web technologies and e–business, Idea Group

① 정형 데이터 반정형 데이터비정형 데이터의 특징

빅데이터 종류 및 특징

종류	설명
정형	- 고정된 필드에 저장된 데이터 - 예로서 관계형 데이터베이스, 스프레드시트
반정형	- 고정된 필드에 저장되어 있지는 않지만, 메타데이터나 스키마 등을 포함하는 데이터 - 예로서 XML, HTML 텍스트
비정형	- 고정된 필드에 저장되어 있지 않은 데이터 - 예로서 텍스트 분석이 가능한 텍스트 문서, 이미지·동영상·음성 데이터

② **정형 데이터와 비정형 데이터의 비교**

과거에는 해석의 어려움으로 인해 비정형 데이터가 제대로 활용되지 못했으나 최근에는 비정형 데이터를 읽고, 저장하고, 분석할 수 있는 새로운 도구가 출현하여 비정형 데이터를 더 쉽게 이해할 수 있을 뿐만 아니라 이와 같은 데이터를 토대로 귀중한 인사이트를 얻을 수 있게 되었다.

정형 데이터와 비정형 데이터의 비교

특징	정형 데이터	비정형 데이터
데이터 특성	양적 데이터	질적 데이터
데이터 모델	사전에 정의됨. 모델이 정의되고 일부 데이터가 저장된 후에는 모델을 변경하기 힘듦.	비정형 데이터에는 특정 스키마가 포함되지 않음. 데이터 모델은 매우 유연함.
데이터 포맷	제한된 수의 데이터 포맷을 사용할 수 있음.	비정형 데이터에는 매우 다양한 데이터 포맷을 사용할 수 있음.
데이터베이스	SQL 기반 관계형 데이터베이스가 사용됨.	특정 스키마가 없는 NoSQL 데이터베이스가 사용됨.
검색	데이터베이스 또는 데이터 세트 내에서 데이터를 검색하고 찾기가 매우 쉬움.	비정형 특성으로 인해 특정 데이터 검색이 매우 힘듦.
분석	데이터의 양적 특성으로 인해 분석이 매우 쉬움.	기존 소프트웨어 도구로도 분석이 매우 어려움.
저장방법	정형 데이터에는 데이터 웨어하우스가 사용됨.	비정형 데이터를 저장하는 데에는 데이터 레이크가 사용됨.

자료 출처: 정형 데이터와 비정형 데이터 PURESTORAGE, 초보자를 위한 빅데이터 가이드

(4) 빅데이터 분석

① **빅데이터 분석은 교통흐름 예측, 교통안전 분석, 자율주행시스템 개발, 대중교통시스템 최적화 등에 활용된다.**

빅데이터 분석은 대규모 데이터 세트에서 의미 있는 정보를 추출하고, 이를 기반으로 의사결정을 지원하는 과정이다. 빅데이터 분석은 데이터 마이닝, 예측 분석, 기계 학습, 통계 분석 등 다양한 기술을 활용하며, 교통분야에서는 교통흐름 예측, 교통안전 분석, 자율주행시스템 개발, 대중교통시스템 최적화 등에 활용된다.

② **빅데이터 기술은 빅데이터를 수집, 저장, 처리, 분석하는 데 필요한 기술을 포괄한다.**

빅데이터 기술은 빅데이터를 수집, 저장, 처리, 분석하는 데 필요한 다양한

기술을 포괄한다. 빅데이터 기술은 크게 데이터 수집 기술, 데이터 저장 기술, 데이터 처리 기술, 데이터 분석 기술로 나눌 수 있다.

- 데이터 수집 기술: 다양한 출처에서 데이터를 수집하고 통합하는 기술이다. 센서, GPS, 소셜 미디어, 웹 로그 등 다양한 출처에서 데이터를 수집하고, 이를 데이터 레이크 또는 데이터 웨어하우스에 저장한다.
- 데이터 저장 기술: 대용량 데이터를 효율적으로 저장하고 관리하는 기술이다. Hadoop 분산파일 시스템(HDFS), NoSQL 데이터베이스, 클라우드 스토리지 등 다양한 기술이 사용된다.
- 데이터 처리 기술: 빅데이터를 분석에 적합한 형태로 변환하는 기술이다. 데이터 정제, 데이터 변환, 데이터 통합 등의 작업을 수행한다.
- 데이터 분석 기술: 빅데이터에서 의미 있는 정보를 추출하는 기술이다. 데이터 마이닝, 예측 분석, 기계 학습, 통계 분석 등 다양한 기술이 사용된다.

2. 도시교통분야에 활용되는 주요 빅데이터 분석 알고리즘의 원리, 특성, 활용성

교통분야에서 빅데이터 분석은 교통흐름 개선, 안전 강화, 효율성 증대 등 다양한 목적으로 활용된다. 이를 위해 다양한 데이터 분석 알고리즘이 사용되며, 각 알고리즘은 고유한 원리와 특성을 가지고 있다.

1) 회귀 분석(Regression Analysis)

(1) 회귀 분석은 교통분야에서는 교통량, 속도, 시고 발생률 등 다양힌 변수 간의 관계를 분석하고 예측하는 데 활용된다.

회귀 분석은 변수 간의 관계를 모델링하는 데 사용되는 통계적 방법이다. 교통분야에서는 교통량, 속도, 사고 발생률 등 다양한 변수 간의 관계를 분석하고 예측하는 데 활용된다. 예를 들어, 과거 교통량 데이터와 날씨 정보를 기반으로 미래 교통량을 예측하는 회귀모델을 구축할 수 있다.

① **선형 회귀(Linear Regression)**: 변수 간의 선형 관계를 모델링하는 가장 기본적인 회귀 분석 방법이다. 교통량 예측, 속도 예측 등에 활용된다.

② **다중 회귀(Multiple Regression)**: 여러 개의 독립변수가 종속변수에 미치는 영향을 분석하는 방법이다. 교통사고 발생률 예측, 교통혼잡 예측 등에 활용된다.

(2) 회귀 분석의 교통분야 적용 예시

Ⅰ. 교통량 예측

(1) 목표: 특정 도로 구간의 교통량 예측

(2) 변수:

- 독립변수(원인): 시간대, 요일, 날씨, 주변 지역의 인구밀도 등
- 종속변수(결과): 교통량

(3) 예시:

- 어떤 도로의 평일 오전 8시~9시 시간대의 교통량을 예측하려 한다.
- 과거 데이터를 분석한 결과, 다음의 관계를 알아냈다.
  - 시간대: 오전 8시~9시(1)
  - 요일: 월요일~금요일(1)
  - 날씨: 맑음(0), 비/눈(1)
  - 주변지역 인구밀도: 1평방킬로미터당 5000명
  - 교통량 = 1000 + (시간대 × 500) + (요일 × 300) + (날씨 × (−200)) + (인구밀도 × 0.1)
- 따라서, 맑은날 평일 오전 8시~9시 해당 도로의 교통량은 1000 + 500 + 300 + 500 = 2300대로 예상할 수 있다.
- 만약 비가 온다면 2100대로 예상할 수 있다.

Ⅱ. 교통사고 발생률 예측

(1) 목표: 특정 도로 구간의 교통사고 발생률 예측

(2) 변수:

■ 독립변수: 도로의 곡률, 도로 폭, 교통량, 제한속도, 날씨, 운전자의 평균 연령 등

■ 종속변수: 교통사고 발생률

(3) 예시:

■ 어떤 고속도로 구간의 교통사고 발생률을 예측하려 한다.

■ 과거 데이터를 분석한 결과, 다음의 관계를 발견했다.

- 도로의 곡률: 심함(1), 보통(0)
- 제한속도: 100km/h (1)
- 교통량: 1시간당 2000대
- 교통사고발생률 = 0.01 + (곡률 × 0.005) + (제한속도 × 0.003) + (교통량 × 0.000001)

■ 따라서, 곡률(곡선반경)이 심하고 제한속도가 100km/h인 구간의 교통사고 발생률은 0.01 + 0.005 + 0.003 + 0.002 = 0.02 즉 2%로 예상할 수 있다.

Ⅲ. 차량 속도 예측

(1) 목표: 특정 도로 구간의 차량 평균 속도 예측

(2) 변수:

■ 독립변수: 교통량, 도로의 경사, 날씨, 시간대 등

■ 종속변수: 차량 평균 속도

(3) 예시:

■ 어떤 도심 도로 구간의 차량 평균 속도를 예측하려 한다.

■ 과거 데이터를 분석한 결과, 다음의 관계를 발견했다.

- 교통량: 1시간당 1000대
- 도로의 경사: 오르막(1), 평지(0)
- 시간대: 출퇴근시간(1), 그외(0)
- 평균속도 = 60 + (교통량 × (−0.01)) + (경사 × (−5)) + (시간대 × (−10))

■ 따라서, 평지인 도로에서 평상시 교통량일 때 평균 속도는 60 − 10 = 50km/h로 예측할 수 있다.

■ 만약 출퇴근 시간이라면 40km/h로 예측할 수 있다.

이처럼 회귀 분석은 교통분야에서 다양한 예측모델을 구축하고, 교통흐름을 최적화하며, 안전성을 향상시키는 데 기여할 수 있다.

2) 시계열 분석(Time Series Analysis)

(1) 시계열 분석(ARIMA)과 칼만 필터링(Karlman Filtering)

시계열 분석은 시간에 따라 변화하는 데이터를 분석하는 방법이다. 교통분야에서는 교통량, 속도, 사고 발생률 등 시간에 따라 변화하는 데이터를 분석하고 예측하는 데 활용된다.

예를 들어, 과거 교통량 데이터를 시계열 분석하여 특정 시간대의 교통량 패턴을 파악하고, 이를 기반으로 미래 교통량을 예측할 수 있다.

① **ARIMA(Autoregressive Integrated Moving Average)**: 시계열 데이터의 자기 상관 관계를 이용하여 미래 값을 예측하는 방법이다. 교통량 예측, 속도 예측 등에 활용된다.

② **Kalman 필터링(Kalman Filtering)**: 노이즈가 포함된 데이터에서 시스템의 상태를 추정하는 방법이다. 교통량 예측, 차량 위치 추적 등에 활용된다.

(2) 시계열 분석(ARIMA)과 칼만 필터링(Karlman Filtering) 예시

교통분야에서는 시계열 분석 기법인 ARIMA(Autoregressive Integrated Moving Average) 모델과 칼만 필터링이 시간에 따라 변화하는 교통량, 속도, 사고 발생률 등의 데이터를 분석하고 예측하는 데 광범위하게 활용된다. 이러한 분석은 교통흐름 관리 및 안전성 향상에 기여한다.

Ⅰ. ARIMA 모델을 이용한 교통량 예측

(1) 목표: 특정 도로 구간의 시간별 교통량 예측

(2) 분석: ARIMA 모델은 과거 교통량 데이터를 기반으로 미래 교통량을 예측한다. 이 모델은 자기회귀(AR), 차분(I), 이동평균(MA) 성분을 조합하여 시계열 데이터의 패턴을 분석한다.

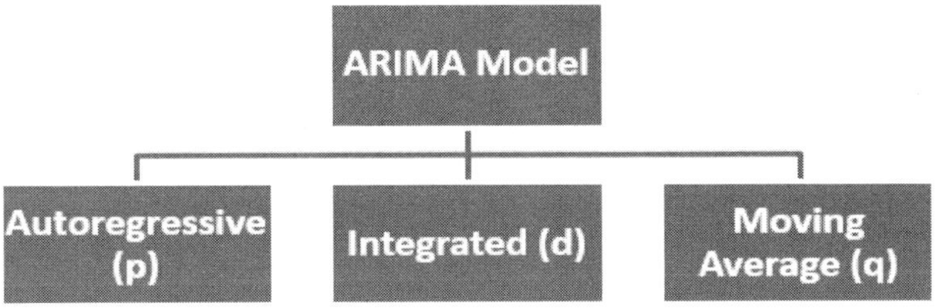

Introduction to the Autoregressive Integrated Moving Average(ARIMA) model, https://www.projectguru.in/

(3) 수치 예시:
- 과거 1주일간의 1시간 단위 교통량 데이터를 분석하여 ARIMA(2,1,1) 모델을 구축한다.
- 모델은 과거 교통량 데이터의 추세와 계절성을 반영하여 다음 시간대의 교통량을 예측한다.
- 예측 결과, 오전 8시 교통량은 1500대, 오전 9시 교통량은 1800대로 예측된다.
- ARIMA(2,1,1)의 2는 과거 2개의 시점의 교통량이 현재 교통량에 영향을 준다는 의미이며, 1은 현재 추세가 과거 1개의 추세와 관계있다는 의미이며, 마지막 1은 과거 1개의 시점의 오차가 현재 교통량에 영향을 준다는 의미이다.

Ⅱ. 칼만 필터(Kalman Filter)를 이용한 실시간 교통 속도 추정

(1) 목표: 실시간으로 변화하는 도로 구간의 차량 평균 속도 추정
(2) 분석: 칼만 필터는 센서 데이터(예: GPS, 차량 검지기)와 수학적 모델을 결합하여 차량 속도를 실시간으로 추정한다. 이 필터는 측정 오차와 시스템 잡음을 최소화하여 정확한 속도 추정치를 제공한다.
(3) 수치 예시:
- GPS 센서 데이터와 차량 운동 모델을 기반으로 칼만 필터를 구축한다.
- GPS 센서의 측정 오차는 ±5km/h, 차량 운동 모델의 오차는 ±2km/h로 설정한다.
- 칼만 필터는 실시간 GPS 데이터를 분석하여 차량 속도를 추정하고,

추정된 속도는 80km/h ± 1km/h로 나타난다.

- 칼만 필터는 오차를 줄여내어 실시간 속도를 정확하게 예측하여 낼 수 있도록 도와준다.

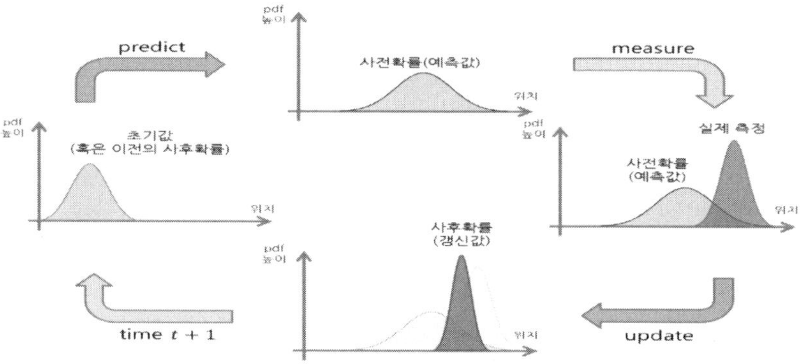

전체적인 Kalman Filter 동작 과정, https://youngseong.tistory.com/

Ⅲ. ARIMA 모델을 이용한 교통사고 발생률 예측

(1) 목표: 특정 도로 구간의 주간 교통사고 발생률 예측

(2) 분석: ARIMA 모델은 과거 교통사고 발생률 데이터를 분석하여 미래 교통사고 발생률을 예측한다. 이 모델은 교통사고 발생률의 추세와 계절성을 파악하여 예측 정확도를 높인다.

(3) 수치 예시:

- 과거 5년간의 주간 교통사고 발생률 데이터를 분석하여 ARIMA(1,1,0) 모델을 구축한다.
- 모델은 과거 교통사고 발생률 데이터의 추세를 반영하여 다음 주 교통사고 발생률을 예측한다.
- 예측 결과, 다음 주 교통사고 발생률은 0.02건/km로 예측된다.
- ARIMA(1,1,0)의 1은 이전 1개 시점의 데이터가 현재 교통사고율에 영향을 준다는 의미이며 두 번째 1은 현재 추세가 과거 1개의 추세와 관련 있음을 나타낸다.

3) 군집 분석(Clustering Analysis)

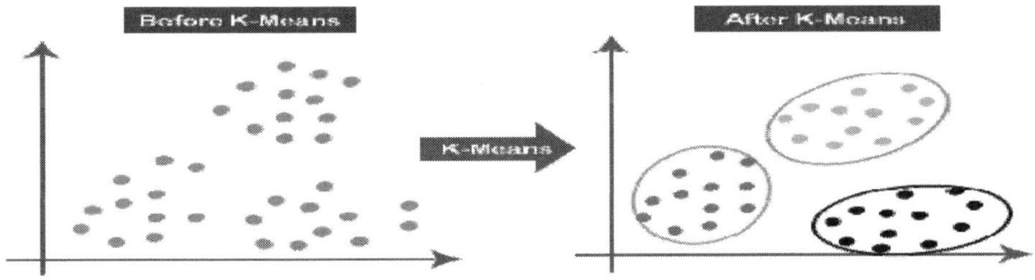

K-Means Clustering, https://www.bombaysoftwares.com/

(1) 군집 분석(Clustering Analysis): 택시 승객들의 이동경로 데이터를 군집 분석하여 유사한 경로로 이동하는 승객들을 그룹화

군집 분석은 유사한 특징을 가진 데이터들을 그룹화하는 방법이다. 교통분야에서는 사용자들의 이동 패턴을 분석하여 유사한 패턴을 가진 사용자들을 그룹화하고, 이를 기반으로 맞춤형 교통서비스를 제공하는 데 활용된다. 예를 들어, 택시 승객들의 이동경로 데이터를 군집 분석하여 유사한 경로로 이동하는 승객들을 그룹화하고, 이를 기반으로 합승 택시 서비스를 제공할 수 있다.

① **K-평균 알고리즘(K-means Algorithm)**: 데이터를 K개의 그룹으로 나누는 알고리즘이다. 사용자 그룹화, 교통혼잡 지역 분류 등에 활용된다.

② **계층적 군집 분석(Hierarchical Clustering Analysis)**: 데이터 간의 유사도를 기반으로 계층적인 구조를 형성하는 알고리즘이다. 교통 네트워크 분석, 교통 흐름 패턴 분석 등에 활용된다.

(2) 군집 분석 예시

교통분야에서 군집 분석은 사용자 이동 패턴을 분석하여 유사한 패턴을 가진 사용자를 그룹화하고, 이를 기반으로 맞춤형 교통서비스를 제공하는 데 효과적으로 활용된다. 이러한 분석은 교통서비스의 효율성을 극대화하고 사용자 만족도를 향상시키는 데 기여한다.

Ⅰ. 대중교통 이용 패턴 분석 및 맞춤형 서비스 제공

(1) 목표: 대중교통 이용자의 이동 패턴을 분석하여 유사한 그룹으로 분류하고, 각 그룹에 맞는 맞춤형 대중교통서비스 제공

(2) 분석: 군집 분석 알고리즘(예: K-means)을 사용하여 사용자의 탑승 시간, 탑승 장소, 이동 거리 등의 데이터를 분석하고 유사한 이용 패턴을 가진 사용자를 그룹화한다.

(3) 수치 예시:

- 10,000명의 대중교통 이용자의 데이터를 분석하여 3개의 그룹으로 분류한다.
  - 그룹 1: 매일 오전 7~9시, 오후 6~8시에 도심으로 이동하는 그룹(출퇴근 그룹, 4000명)
  - 그룹 2: 주말에 주로 쇼핑몰, 영화관 등으로 이동하는 그룹(여가 활동 그룹, 3000명)
  - 그룹 3: 특정 시간 없이 불규칙적으로 이용하고 이동 거리도 짧은 그룹(단거리 그룹, 3000명)
- 각 그룹의 특성에 맞춰 출퇴근 그룹에는 출퇴근 시간대 집중 배차, 여가 활동 그룹에는 주말 쇼핑몰 연계 노선 증설, 단거리 그룹에는 지역 맞춤형 소형 버스 서비스 제공 등을 실시한다.

Ⅱ. 택시 이용 패턴 분석 및 수요 예측

(1) 목표: 택시 이용자의 승하차 패턴을 분석하여 택시 수요를 예측하고, 효율적인 택시 배차 시스템 구축

(2) 분석: 군집 분석을 사용하여 택시 승하차 시간, 승하차 장소, 이동 거리 등의 데이터를 분석하고, 택시 이용 패턴이 유사한 지역을 그룹화한다.

(3) 수치 예시:

- 택시 이용 데이터를 분석하여 도심 지역을 5개의 클러스터로 분류한다.
  - 클러스터 1: 심야 시간 택시 수요가 높은 유흥 지역
  - 클러스터 2: 출퇴근 시간 택시 수요가 높은 업무 지역
  - 클러스터 3: 주말 택시 수요가 높은 쇼핑 지역

- ▪ 각 클러스터의 특성에 맞춰 심야 시간 유흥 지역에는 심야 택시 집중 배차, 출퇴근 시간 업무 지역에는 택시 승차 대기 장소 확대, 주말 쇼핑 지역에는 택시 승차 공유 서비스 도입 등을 실시한다.

Ⅲ. 공유 자전거 이용 패턴 분석 및 거점 최적화

(1) 목표: 공유 자전거 이용 데이터를 분석하여 이용 패턴을 파악하고, 효율적인 거점 배치 및 재배치 전략 수립

(2) 분석: 군집 분석을 사용하여 공유 자전거 대여 및 반납 시간, 대여 및 반납 장소, 이동 거리 등의 데이터를 분석하고, 유사한 이용 패턴을 가진 지역을 그룹화한다.

(3) 수치 예시:

- ▪ 공유 자전거 이용 데이터를 분석하여 도시 지역을 4개의 클러스터로 분류한다.
  - 클러스터 1: 출퇴근 시간대 대여 및 반납이 집중되는 지하철역 인근 지역
  - 클러스터 2: 주말 시간대 대여 및 반납이 집중되는 공원 인근 지역
  - 클러스터 3: 대학교 인근 지역
- ▪ 각 클러스터의 특성에 맞춰 출퇴근 시간대 지하철역 인근 지역에는 자전거 거점 확대 및 자전거 수량 증가, 주말 시간대 공원 인근 지역에는 자전거 거점 이동 배치, 대학교 인근지역에는 학생 맞춤형 자전거 거점 운영등을 실시한다.

4) 분류 분석(Classification Analysis)

(1) 분류 분석(교통분야에서는 교통사고 유형 분류, 차량 종류 분류, 도로 유형 분류 등에 활용)

분류 분석은 데이터를 미리 정의된 범주에 따라 분류하는 방법이다. 교통분야에서는 교통사고 유형 분류, 차량 종류 분류, 도로 유형 분류 등에 활용된다. 예를 들어, 교통사고 데이터를 분석하여 사고 유형을 분류하고, 각 유형별 특징을 파악하여 사고 예방 대책을 마련할 수 있다.

① **의사결정 트리(Decision Tree)**: 트리 구조를 이용하여 데이터를 분류하는 알고리즘이다. 교통사고 유형 분류, 차량 종류 분류 등에 활용된다.

② **서포트 벡터 머신(Support Vector Machine)**: 데이터를 고차원 공간에 매핑하여 최적의 분류 경계를 찾는 알고리즘이다. 교통사고 예측, 차량 종류 분류 등에 활용된다.

(2) 분류분석 예시

교통분야에서 분류 분석은 의사결정 트리, 서포트 벡터 머신(SVM) 등의 기법을 활용하여 교통사고 유형, 차량 종류, 도로 유형 등을 분류하는 데 광범위하게 사용된다. 이러한 분석은 교통안전 증진 및 교통시스템 효율화에 기여한다.

Ⅰ. 의사결정 트리(Decision Tree)를 이용한 교통사고 유형 분류

(1) 목표: 교통사고 발생 시 수집된 데이터를 기반으로 사고 유형을 분류하여 사고 원인 분석 및 예방 전략 수립

(2) 분석: 의사결정 트리는 사고 발생 시의 다양한 요인(예: 날씨, 도로 상태, 운전자 정보)을 기반으로 사고 유형을 분류한다. 각 요인에 대한 조건을 단계별로 적용하여 최종적으로 사고 유형을 예측한다.

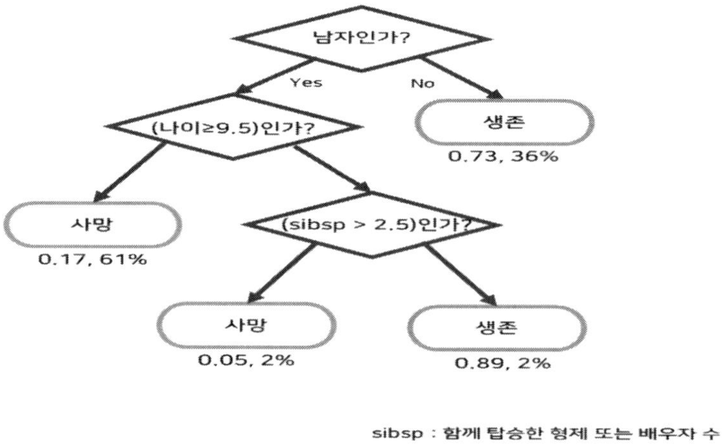

[머신러닝] 결정 트리(Decision tree) - Hyeon's DevLog

(3) 수치 예시:

■ 10,000건의 교통사고 데이터를 분석하여 의사결정 트리 모델을 구축한다.

■ 모델은 다음과 같은 분류 규칙을 학습한다.

- 날씨: 비/눈(Yes) → 도로 상태: 미끄러움(Yes) → 사고 유형: 차량 단독 사고
- 날씨: 맑음(No) → 운전자 정보: 음주(Yes) → 사고 유형: 차량 충돌 사고

■ 위의 규칙을 활용하여 새로운 교통사고 데이터를 입력하면 사고 유형을 높은 정확도로 분류를 할 수 있게 된다.

Ⅱ. 서포트 벡터 머신(Support Vector Machine)을 이용한 차량 종류 분류

(1) 목표: 차량에 설치된 센서 데이터를 기반으로 차량 종류(예: 승용차, 트럭, 버스)를 실시간으로 분류하여 교통흐름 관리 및 교통정보 제공

(2) 분석: SVM은 차량의 크기, 속도, 가속도 등의 센서 데이터를 이용하여 각 차량을 고유한 특징 벡터로 변환하고, 이를 기반으로 차량 종류를 분류한다.

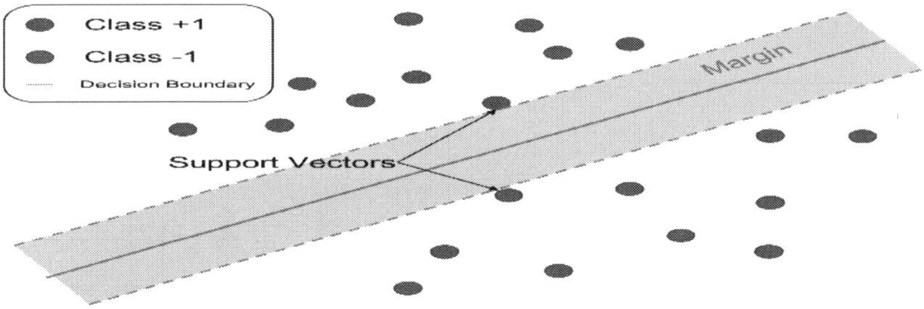

[머신러닝]서포트 벡터 머신(Support Vector Machine), velog

(3) 수치 예시:

■ 10,000대의 차량 데이터를 분석하여 SVM 모델을 구축한다.

■ 모델은 차량의 길이, 너비, 높이 데이터를 입력받아 승용차, 트럭, 버스로 95%의 정확도로 분류한다.

- 실시간 센서 데이터를 분석하여 특정 차량이 트럭으로 분류되면, 해당 차량의 이동경로 및 속도 정보를 교통관제센터에 전송하여 교통흐름을 최적화한다.

Ⅲ. 의사결정 트리를 이용한 도로 유형 분류

(1) 목표: 도로의 특성 데이터를 기반으로 도로 유형(예: 고속도로, 국도, 지방도)을 분류하여 도로 관리 및 유지보수 계획 수립

(2) 분석: 의사결정 트리는 도로의 폭, 경사, 곡률, 교통량 등의 데이터를 이용하여 도로 유형을 분류한다. 각 요인에 대한 조건을 단계별로 적용하여 최종적으로 도로 유형을 예측한다.

(3) 수치 예시:

- 1,000개의 도로 데이터를 분석하여 의사결정 트리 모델을 구축한다. 모델은 다음과 같은 분류 규칙을 학습한다.
  - 도로 폭: 20m 이상(Yes) → 제한 속도: 100km/h 이상(Yes) → 도로 유형: 고속도로
  - 도로 폭: 10m 이상(Yes) → 제한 속도: 80km/h 이상(Yes) → 도로 유형: 국도
  - 도로 폭: 10m 미만(No) → 도로 유형: 지방도
- 위의 규칙을 활용하여 새로운 도로의 데이터를 입력하면 도로 유형을 높은 정확도로 분류할 수 있게 된다.

3. 실시간 AI 기반 데이터 처리: 원리, 활용 사례

실시간 AI 기반 데이터 처리는 실시간으로 생성되는 데이터를 수집, 분석, 처리하여 즉각적인 의사결정을 지원하는 기술이다. 교통분야에서는 교통흐름 제어, 교통안전 관리, 자율주행시스템 운영, 대중교통시스템 최적화 등에 활용된다.

실시간 데이터 처리는 대용량 데이터를 빠르게 처리하고 분석할 수 있는 기술을 필요로 하며, 이를 위해 분산 데이터 처리 프레임워크, 스트림 처리 엔진, 인메모리 데이터베이스 등 다양한 기술이 사용된다.

1) 실시간 데이터 처리의 원리

실시간 데이터 처리는 데이터가 생성되는 즉시 처리하고 분석하는 것을 목표로 한다. 이를 위해 데이터 스트림을 지속적으로 수집하고, 분석 엔진을 통해 실시간으로 처리하며, 결과를 즉시 출력한다. 실시간 데이터 처리는 데이터 처리 지연 시간을 최소화하고, 최신 데이터를 기반으로 의사결정을 지원하는 데 중요한 역할을 한다.

Transforming Urban Dynamics with Real-Time Traffic Insights,
https://deltasoftwaresolutions.net/

(1) 실시간 데이터 처리 활용 사례

① **교통흐름 제어**: 실시간 교통 데이터를 분석하여 교통신호를 제어하고, 교통 혼잡을 완화한다. 예를 들어, 실시간 교통량 데이터를 기반으로 교통신호 주기를 조절하여 교통흐름을 원활하게 하고, 혼잡 구간을 우회하는 경로를 안내한다.

② **교통안전 관리**: 실시간 차량 위치 데이터, 속도 데이터, CCTV 영상 데이터 등을 분석하여 교통사고를 예방하고, 사고 발생 시 신속하게 대응한다. 예를 들어, 차량 간 통신(V2V)을 통해 차량 간 거리, 속도 등을 실시간으로 파악하고, 위험 상황 발생 시 운전자에게 경고 메시지를 전송한다

③ **자율주행시스템 운영**: 자율주행차량에서 생성되는 센서 데이터, GPS 데이터, 지도 데이터 등을 실시간으로 처리하고 분석하여 자율주행시스템을 안전하게 운영한다. 예를 들어, 주변 차량의 위치, 속도, 이동 방향 등을 실시간으로 파악하고, 이를 기반으로 자율주행차량의 주행 경로를 계획하고 제어한다.

④ **대중교통시스템 최적화**: 실시간 승객 이동 데이터, 버스 위치 데이터, 지하철 운행 데이터 등을 분석하여 대중교통시스템의 운영 효율성을 높인다. 예를 들어, 실시간 승객 수요를 예측하여 버스 배차 간격을 조정하고, 지하철 운행 스케줄을 최적화한다.

(2) 실시간 데이터 처리 예시

교통분야에서 실시간 AI 기반 데이터 처리는 각종 센서, 카메라, 통신망 등을 통해 실시간으로 생성되는 방대한 데이터를 수집, 분석, 처리하여 즉각적인 의사결정을 지원하는 기술로 정의된다. 이러한 기술은 교통흐름 최적화, 사고 예방, 대중교통 효율성 증대 등 다양한 영역에서 활용된다.

Ⅰ. 실시간 교통흐름 예측 및 신호 제어

(1) 목표: 실시간 교통 데이터를 분석하여 교통흐름을 예측하고, 예측 결과를 기반으로 신호등을 최적 제어하여 교통체증 완화

(2) 분석: 도로에 설치된 차량 검지기, CCTV 등을 통해 수집되는 차량 속도, 교통량 데이터를 AI 알고리즘(예: 심층 강화 학습)을 이용하여 실시간으로 분석한다. 분석 결과를 기반으로 교통흐름을 예측하고, 예측된 교통흐름에 맞춰 신호등 점멸 시간을 최적화한다.

(3) 수치 예시:

- 도로 구간에 설치된 차량 검지기가 1초마다 차량 속도 데이터를 수집하고, CCTV가 1분마다 차량 통행 영상을 분석하여 교통량을 측정한다.
- AI 알고리즘은 수집된 데이터를 분석하여 5분 후의 교통흐름을 예측하고, 예측 결과 교통량이 30% 증가할 것으로 예상된다면 신호등 녹색 시간을 20초 연장하여 교통체증을 완화한다.
- 실시간 AI 신호제어 도입결과 기존 신호제어 대비 해당구간의 평균 통행속도가 15% 향상되는 결과를 보인다.

Ⅱ. 실시간 사고 감지 및 경고

(1) 목표: 도로에 설치된 카메라, 센서 등을 통해 수집되는 실시간 데이터를

분석하여 교통사고 발생을 감지하고, 주변 차량에 경고 메시지 전달

(2) 분석: 도로에 설치된 카메라를 통해 수집되는 영상 데이터를 AI 알고리즘(예: 객체 감지, 이상 행동 감지)을 이용하여 실시간으로 분석한다. 차량의 급정거, 충돌 등의 이상 행동이 감지되면 사고 발생으로 판단하고, 주변 차량에 경고 메시지를 전송한다.

(3) 수치 예시:

- 도로에 설치된 카메라가 초당 30프레임의 영상 데이터를 수집하고, AI 알고리즘이 실시간으로 영상을 분석한다.
- AI 알고리즘이 차량의 급정거를 감지하고, 0.5초 이내에 주변 500m 이내의 차량에 경고 메시지를 전송한다.
- AI 기반 사고 감지 시스템 도입으로 사고 감지 시간이 평균 5초 단축되어 2차 사고 발생률이 10% 감소하는 결과를 보인다.

Ⅲ. 실시간 대중교통 운영 최적화

(1) 목표: 대중교통 이용 데이터를 실시간으로 분석하여 배차 간격, 노선 등을 최적화하고, 사용자에게 맞춤형 정보 제공

(2) 분석: 대중교통 이용자의 탑승 및 하차 데이터를 실시간으로 수집하고, AI 알고리즘(예: 수요 예측, 경로 최적화)을 이용하여 분석한다. 분석 결과를 기반으로 배차 간격을 조정하고, 실시간 교통상황을 반영하여 노선을 변경한다.

(3) 수치 예시:

- 버스 이용자의 탑승 및 하차 데이터가 실시간으로 수집되고, AI 알고리즘이 1분마다 데이터를 분석한다.
- AI 알고리즘이 특정 시간대에 특정 노선의 이용객이 20% 증가할 것으로 예측되면, 해당 노선의 배차 간격을 5분 단축하고, 이용객에게 실시간으로 정보를 제공한다.
- 실시간 대중교통 최적화 시스템 도입으로 대중교통 이용자의 평균 대기시간이 5% 감소하고, 만족도는 7% 향상되는 결과를 보인다.

4. 빅데이터 기반 예측 분석 및 데이터 레이크(Data Lake: 모든 데이터의 집합소) 기술 개요 및 교통분야 적용 사례

빅데이터 기반 예측 분석은 과거 데이터를 분석하여 미래를 예측하는 기술이다. 교통분야에서는 교통량 예측, 교통혼잡 예측, 사고 발생 가능성 예측 등에 활용된다. 예측 분석은 교통시스템의 효율성을 높이고, 안전성을 강화하며, 사용자에게 더 나은 서비스를 제공하는 데 기여한다.

데이터 레이크는 다양한 형태의 데이터를 저장하고 분석할 수 있는 중앙 집중식 저장소이다. 데이터 레이크는 빅데이터 분석에 필요한 데이터를 저장하고 관리하는 데 효과적이며, 교통분야에서는 교통 데이터, 차량 데이터, 센서 데이터, 소셜 미디어 데이터 등을 저장하고 분석하는 데 활용된다.

1) 빅데이터 기반 예측 분석

빅데이터 기반 예측 분석은 머신러닝, 딥러닝 등 다양한 AI 기술을 활용하여 수행된다. 예측 분석 모델은 과거 데이터를 학습하여 미래를 예측하는 패턴을 파악하고, 이를 기반으로 미래 값을 예측한다. 예측 분석은 교통시스템의 운영 및 관리에 있어 중요한 의사결정을 지원하는 데 활용된다.

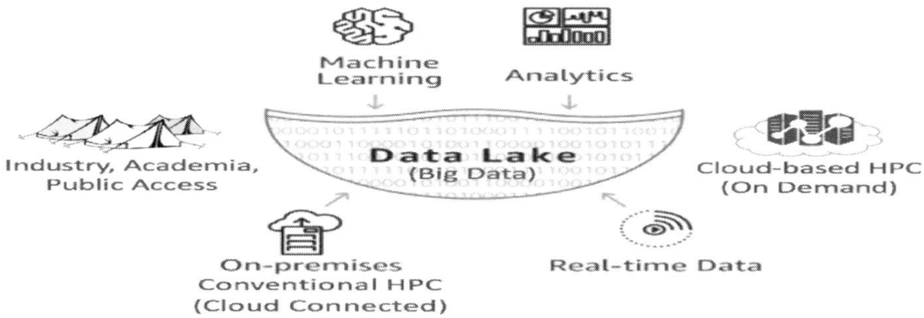

GDR: Data Lakes, Geothemal Data

2) 데이터 레이크 기술

데이터 레이크는 다양한 형태의 데이터를 저장하고 분석할 수 있는 중앙 집중식 저장소이다. 데이터 레이크는 데이터 웨어하우스와 달리 데이터를 정제하지 않고 원시 형태로 저장하며, 정형 데이터, 비정형 데이터, 반정형 데이터를 모두 저장할 수 있다. 데이터 레이크는 데이터 분석가, 데이터 과학자, 비즈니스 사용자 등 다양한 사용자가 데이터에 쉽게 접근하고 분석할 수 있도록 지원한다.

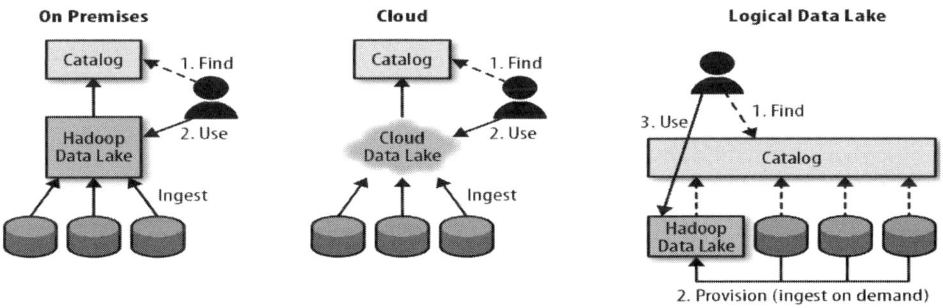

Introduction to Data Lakes – The Enterprise Big Data Lake, O'Reilly

[데이터 레이크의 역할]

- 데이터 레이크는 다양한 데이터 소스로부터 생성되는 모든 형태의 데이터를 원시 형태로 저장할 수 있다.
- 데이터 레이크는 정형 데이터의 분석뿐만 아니라, 비정형 및 반정형 데이터의 심층 분석을 가능하게 한다.
- 데이터 레이크에 저장된 데이터는 데이터 웨어하우스, 데이터 마트 등 다양한 분석 시스템과 연계하여 활용될 수 있다.

데이터 레이크는 교통 및 모빌리티 분야에서 발생하는 다양한 형태의 데이터를 효율적으로 저장, 관리 및 분석할 수 있는 기반을 제공한다. 다음 표는 데이터 레이크가 정형, 비정형, 반정형 데이터를 지원하는 방식을 나타낸다.

3) 도시교통분야에서 데이터 레이크(Data Lake)가 정형, 비정형, 반정형 데이터를 지원하는 방식

교통분야에서 데이터 레이크가 정형, 비정형, 반정형 데이터를 지원하는 방식

데이터 유형	데이터 예시	데이터 레이크 지원 방식	활용 예시
정형 데이터	- 차량 검지기 데이터(속도, 교통량) - 대중교통 이용 기록(승하차 시간, 위치) - 교통사고 데이터(사고 유형, 시간, 위치)	- 관계형 데이터베이스(RDBMS) 형식으로 저장 - Apache Parquet, Apache ORC 등의 컬럼 기반 포맷으로 저장 - 데이터 웨어하우스와 연계하여 분석	- 교통흐름 분석 및 예측 - 대중교통 이용 패턴 분석 - 교통사고 위험 지역 분석
비정형 데이터	- CCTV 영상 데이터 - 드론 촬영 이미지 데이터 - 소셜 미디어 게시글(교통상황, 불편사항)	- 객체 스토리지(Object Storage)에 파일 형태로 저장 - 이미지/영상 분석을 위한 메타데이터(시간, 위치, 객체 정보) 저장 - 자연어 처리(NLP)를 위한 텍스트 데이터 저장 - 딥러닝 모델 학습 데이터로 활용	- 실시간 교통상황 감지 및 분석 - 도로 파손, 교통사고 자동 감지 - 사용자 의견 분석을 통한 교통서비스 개선
반정형 데이터	- GPS 로그 데이터(위치, 시간) - 센서 로그 데이터(온도, 습도, 미세먼지) - 웹 로그 데이터(사용자 이동 경로)	- JSON, XML, Avro 등의 형식으로 저장 - 스키마리스(Schema-less) 데이터 저장 및 처리 - 시계열 데이터베이스와 연계하여 분석	- 개인 이동 패턴 분석 - 실시간 환경 데이터 기반 이동경로 추천 - 차량 운행 데이터 분석을 통한 차량 관리

5. 도시교통분야에서 빅데이터가 활용되는 정책 및 전략

1) 빅데이터의 교통분야에서 활용되는 정책의 유형

빅데이터는 교통분야에서 다양하게 활용되고 있으며, 교통시스템의 효율성, 안전성, 편의성을 향상시키는 데 기여하고 있다. 빅데이터 분석을 통해 교통혼잡을 완화하고, 교통안전을 개선하며, 자율주행기술을 발전시키고, 대중교통시스템을 개선하며, 물류 및 배송 효율성을 향상시키고, 교통수요를 예측하며, 개인화된 교통서비스를 제공할 수 있다.

(1) 교통혼잡 완화

빅데이터 분석을 통해 실시간 교통상황을 파악하고, 교통혼잡을 예측하여 우회경로를 안내하거나 교통신호 체계를 조절함으로써 교통혼잡을 완화할 수 있다.

예를 들어, 서울시는 빅데이터 분석을 통해 교통혼잡을 유발하는 요인을 분석하고, 이를 기반으로 교통흐름 개선 방안을 마련하여 시행하고 있다.

(2) 교통안전 개선

빅데이터 분석을 통해 교통사고 발생 위험이 높은 지역을 예측하고, 사고 발생 시 신속하게 대응함으로써 교통안전을 개선할 수 있다. 예를 들어, 국토교통부는 빅데이터 기반 교통사고 위험 예측 시스템을 개발하여 운영하고 있으며, 이를 통해 교통사고 발생률을 감소시키고 있다.

(3) 자율주행기술 발전

빅데이터는 자율주행시스템 개발에 필수적인 요소이다. 자율주행차량은 다양한 센서를 통해 주변 환경 정보를 수집하고, 이를 실시간으로 처리하고 분석하여 주행 경로를 계획하고 제어한다. 빅데이터는 자율주행시스템의 학습 데이터로 활용되며, 자율주행기술의 발전에 기여한다.

(4) 대중교통시스템 개선

빅데이터 분석을 통해 승객 이동 패턴을 분석하고, 이를 기반으로 대중교통시스템의 운영 효율성을 높일 수 있다. 예를 들어, 버스 배차 간격을 조정하고, 지하철 운행 스케줄을 최적화하여 승객들의 대기시간을 줄이고, 혼잡을 완화할 수 있다.

(5) 물류 및 배송 효율성 향상

빅데이터 분석을 통해 물류 및 배송 경로를 최적화하고, 배송 시간을 단축하며, 배송 비용을 절감할 수 있다. 예를 들어, 쿠팡은 빅데이터 분석을 통해 배송 경로를 최적화하고, 배송 시간을 단축하여 '로켓 배송' 서비스를 성공적으로 운영하고 있다.

(6) 교통수요 예측

빅데이터 분석을 통해 미래 교통수요를 예측하고, 이를 기반으로 교통시스템을 계획하고 구축할 수 있다. 예를 들어, 새로운 도로나 철도를 건설할 때 빅데이터 분석을 통해 예상 교통량을 예측하고, 이를 기반으로 도로 용량이나 철도 노선을 설계할 수 있다.

(7) 개인화된 교통서비스 제공

빅데이터 분석을 통해 사용자의 이동 패턴, 선호도 등을 파악하고, 이를 기반으로 개인에게 최적화된 교통서비스를 제공할 수 있다. 예를 들어, 사용자의 과거 이동 경로, 선호하는 교통수단, 예상 소요 시간 등을 고려하여 최적의 경로를 추천하고, 실시간 교통정보를 제공할 수 있다.

2) 교통분야에서 빅데이터가 활용되는 정책별 목표, 활용기술, 기대효과, 활용 예시

교통분야에서 빅데이터가 활용되는 정책별 목표, 활용기술, 기대효과, 활용 사례

빅데이터 활용 분야	목표	활용 기술	기대 효과	활용 예시
교통혼잡 완화	- 실시간 교통상황 파악 및 혼잡 예측을 통한 우회 경로 안내 및 신호 체계 조절	- 실시간 교통 데이터 분석 - 머신러닝 기반 혼잡 예측 알고리즘 - 경로 탐색 알고리즘	- 교통흐름 개선 - 이동시간 단축 - 에너지 소비 감소	- 서울시 교통혼잡 유발 요인 분석 및 개선 방안 시행
교통안전 개선	- 교통사고 발생 위험 지역 예측 및 신속 대응 체계 구축	- 빅데이터 기반 위험 예측모델 - 사고 발생 위치 추적 시스템 - 긴급 구조 시스템 연계	- 사고 발생률 감소 - 사고 피해 최소화 - 안전한 교통 환경 조성	- 국토교통부 빅데이터 기반 교통사고 위험 예측 시스템 운영
자율주행기술 발전	- 자율주행시스템 개발을 위한 학습 데이터 제공 및 주행 경로 최적화	- 센서 데이터 실시간 처리 및 분석 - 머신러닝 기반 주행 학습 모델 - 경로 계획 및 제어 알고리즘	- 자율주행기술 고도화 - 안전하고 효율적인 자율주행서비스 제공	- 자율주행차량 센서 데이터 기반 주행 학습 및 경로 최적화
대중교통시스템 개선	- 승객 이동 패턴 분석을 통한 배차 간격 조정 및 운행 스케줄 최적화	- 승객 이동 데이터 분석 - 대중교통 운영 최적화 알고리즘 - 실시간 정보 제공 시스템	- 대기시간 감소 - 혼잡 완화 - 대중교통 이용 편의성 향상	- 버스 배차 간격 조정 및 지하철 운행 스케줄 최적화를 통한 승객 편의 증대
물류 및 배송 효율성 향상	- 물류 및 배송 경로 최적화를 통한 시간 단축 및 비용 절감	- 경로 최적화 알고리즘 - 실시간 배송 상황 추적 시스템 - 수요 예측모델	- 배송 시간 단축, 배송 비용 절감 - 물류 효율성 향상	- 쿠팡의 빅데이터 기반 배송 경로 최적화 및 로켓 배송 서비스 제공
교통수요 예측	- 미래 교통수요 예측을 통한 교통시스템 계획 및 구축	- 시계열 데이터 분석, 수요 예측모델 - 교통 시뮬레이션	- 효율적인 교통시스템 구축 - 교통혼잡 예방 - 미래 교통수요 대응	- 신규 도로 및 철도 건설 시 예상 교통량 예측 및 설계 반영
개인화된 교통서비스 제공	- 사용자 이동 패턴 및 선호도 분석을 통한 맞춤형 교통서비스 제공	- 사용자 이동 데이터 분석 - 개인화 추천 알고리즘 - 실시간 교통정보 제공 시스템	- 개인 맞춤형 경로 추천 - 최적 이동수단 안내 - 이동 편의성 향상	- 사용자 과거 이동경로 및 선호도 기반 최적 경로 추천 및 실시간 교통 정보 제공

07 AI 기반 교통수요 예측

(AI Driven Travel Demand Forecasting)

교통수요 예측은 최적의 도시교통정책을 수립 및 효율적인 교통시스템 구축을 위한 필수적인 과정이다. 미래 교통수요를 정확하게 예측함으로써, 도로 건설 및 확장, 도시철도 시스템 설계, 교통혼잡 완화 정책 수립 등 다양한 도시교통계획을 효과적으로 수립할 수 있다.

◈ 주요 질문

1. 정확한 교통수요 예측이 교통시스템 구축, 혼잡 완화, 안전 향상, 대중교통 개선, 환경보호 등 다양한 측면에서 중요한 이유는 무엇인가?
2. 기존 교통수요 예측 방법의 한계는 무엇이며, AI 기반 예측모델은 어떠한 원리로 작동하여 이러한 한계를 극복하는가?
3. 시계열 예측모델은 시계열 데이터의 자기상관성을 분석하여 미래 값을 예측하는 통계적 모델이며, 구체적인 예측 과정은 어떻게 이루어지는가?
4. 회귀 예측모델은 종속변수와 독립변수 간의 관계를 모델링하여 미래 값을 예측하는 통계적 모델이며, 구체적인 예측 과정은 어떻게 이루어지는가?
5. 딥러닝 예측모델은 인공 신경망을 활용하여 복잡한 데이터 패턴을 학습하고 미래 값을 예측하며, RNN과 LSTM 모델의 작동 원리는 무엇이며, 교통분야 예측에서 가지는 강점은 무엇인가?
6. AI 기반 교통수요 예측을 위한 다양한 도구들은 어떠한 목표를 가지고 어떠한 원리로 작동하며, 어떠한 기술을 활용하여 어떠한 효과를 창출하고 어떠한 분야에 활용되는가?

1. 교통수요 예측의 중요성 및 기존 수요예측 방법의 한계

1) 교통수요 예측은 왜 중요한가?

교통수요 예측은 교통시스템 계획 및 운영에 있어 다음과 같은 중요성을 지닌다.

① **효율적인 교통시스템 구축**: 정확한 교통수요 예측은 도로, 철도, 대중교통 등 교통시스템의 용량을 적절하게 설계하고 운영하는 데 필수적인 정보를 제공한다. 예를 들어, 새로운 도로를 건설할 때 예상 교통량을 정확하게 예측하여 도로의 용량을 적절하게 설계할 수 있다.

② **교통혼잡 완화**: 교통수요 예측은 교통혼잡을 예방하고 완화하는 데 도움을 줄 수 있다. 예를 들어, 특정 시간대, 특정 지역의 교통량을 예측하여 혼잡을 유발하는 요인을 분석하고, 이를 해결하기 위한 정책을 수립할 수 있다.

③ **교통안전 향상**: 교통수요 예측은 교통안전을 향상시키는 데 기여할 수 있다. 예를 들어, 사고 다발 지역의 교통량을 예측하여 안전시설을 보강하거나, 교통안전 캠페인을 실시할 수 있다.

④ **대중교통서비스 개선**: 대중교통 수요를 예측하여 버스, 지하철 등 대중교통 운영을 최적화하고, 승객의 편의성을 증대 시킬 수 있다. 예를 들어, 특정 노선의 승객 수요를 예측하여 배차 간격을 조정하거나, 혼잡 시간대에 추가 버스를 투입할 수 있다.

⑤ **환경보호**: 교통수요 예측은 환경보호에도 기여할 수 있다. 예를 들어, 교통량을 예측하여 대기오염을 줄이기 위한 정책을 수립하거나, 친환경 교통수단 이용을 장려할 수 있다.

2) 기존 교통수요 예측 방법의 한계

기존 교통수요 예측 방법은 주로 설문 조사, 통계 분석 등에 의존해 왔다. 그러나 이러한 방법들은 다음과 같은 한계를 가지고 있다.

① **높은 비용 및 시간 소요**: 설문 조사는 많은 비용과 시간을 필요로 하며, 응답

자의 기억이나 주관적인 판단에 의존하기 때문에 정확도가 떨어질 수 있다.

② **데이터 부족**: 통계 분석은 과거 데이터에 의존하기 때문에 예측에 필요한 충분한 데이터가 부족할 수 있으며, 급변하는 교통 환경을 반영하기 어려울 수 있다.

③ **복잡한 요인 반영 어려움**: 기존 방법들은 교통수요에 영향을 미치는 다양한 요인들을 종합적으로 고려하기 어려울 수 있다. 예를 들어, 날씨, 이벤트, 경제 상황, 사회적 변화 등 다양한 요인들이 교통수요에 영향을 미치지만, 기존 방법들은 이러한 요인들을 모두 반영하기 어려울 수 있다.

2. AI 기반 교통수요 예측모델: 시계열 예측모델, 회귀 예측모델, 딥러닝 예측모델

AI 기반 예측모델은 머신러닝, 딥러닝 등 AI 기술을 활용하여 교통수요를 예측하는 모델이다. AI 예측모델은 기존 예측 방법의 한계를 극복하고, 더욱 정확하고 효율적인 교통수요 예측을 가능하게 한다.

1) 시계열 예측모형의 이론적 배경 및 예측과정

(1) 시계열 예측모형의 이론적 배경

시계열 예측모델은 과거의 데이터가 시간의 흐름에 따라 어떻게 변화했는지 분석하여 미래 값을 예측하는 통계적 모델이다. 교통량, 속도, 사고 발생률 등 시간에 따라 변화하는 교통 데이터 분석에 활용된다. 시계열 데이터는 시간 순서대로 발생하는 데이터이므로, 이전 시간의 데이터가 다음 시간의 데이터에 영향을 미치는 자기상관성을 가진다. 시계열 예측모델은 이러한 자기상관성을 분석하여 미래 값을 예측한다.

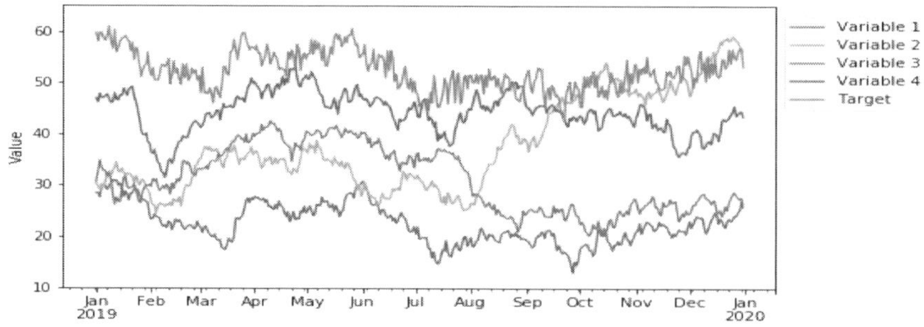

How (not) to use Machine Learning for time series, Linkedin

(2) 시계열 예측모형의 예측 과정

① **데이터 수집**: 예측에 필요한 과거 시계열 데이터를 수집한다. 예를 들어, 특정 도로의 특정 시간대별 교통량 데이터를 수집할 수 있다.

② **데이터 전처리**: 수집된 데이터를 분석에 적합하게 정제하고 변환한다. 결측치 처리, 이상치 제거, 데이터 변환 등을 수행한다.

③ **모델 학습**: ARIMA, SARIMA 등 시계열 예측모델을 사용하여 데이터를 학습시킨다. 모델 학습 과정에서 모델의 파라미터를 추정하고, 예측 성능을 최적화한다.

④ **모델 평가**: 학습된 모델의 예측 성능을 평가한다. RMSE(Root Mean Squared Error), MAE(Mean Absolute Error) 등 다양한 평가 지표를 사용하여 모델의 예측 정확도를 측정한다.

⑤ **예측 수행**: 학습된 모델을 사용하여 미래 값을 예측한다. 예를 들어, 다음 날 특정 시간대의 교통량을 예측할 수 있다.

(3) ARIMA 모델을 사용한 도로의 주말 교통량을 예측 과정

ARIMA 모델을 사용하여 특정 도로의 주말 교통량을 예측하는 예제를 살펴보자.

① **데이터 수집**: 과거 1년간 주말 교통량 데이터를 수집한다.

② **데이터 전처리**: 결측치를 보정하고, 이상치를 제거한다.

③ **모델 학습**: ARIMA(p, d, q) 모델을 사용하여 데이터를 학습시킨다. p, d, q

는 모델의 파라미터로, 데이터의 자기상관성, 추세, 계절성 등을 반영한다.

④ **모델 평가**: RMSE, MAE 등을 사용하여 모델의 예측 성능을 평가한다.

⑤ **예측 수행**: 학습된 모델을 사용하여 다음 주말의 교통량을 예측한다.

(4) ARIMA 모델을 이용한 도로의 주말 교통량을 예측예제 풀이

ARIMA 모델을 사용하여 특정 도로의 주말 교통량을 예측하는 예제를 살펴보자.

① **데이터 수집**: 2024년 1월부터 12월까지 매주 주말(토요일, 일요일) 오후 2시 특정 도로의 교통량 데이터를 수집한다.

날짜	교통량(대)
2024-01-05	1200
2024-01-06	1300
2024-01-12	1100
2024-01-13	1250
⋮	⋮
2024-12-28	1350
2024-12-29	1400

② **데이터 전처리**: 결측치가 있는 경우, 이전 주의 같은 요일, 같은 시간대의 교통량 평균값으로 보간한다. 극단적으로 높거나 낮은 이상치는 제거한다.

③ **모델 학습**: ARIMA(p, d, q) 모델을 사용하여 데이터를 학습시킨다. ARIMA 모델은 자기회귀(AR), 차분(I), 이동평균(MA) 세 가지 요소로 구성된다.

- AR(p): 과거 데이터 값이 현재 데이터 값에 미치는 영향을 나타낸다. p는 AR 모델의 차수를 의미하며, 과거 몇 개의 데이터를 사용할지 결정한다.
- I(d): 데이터의 추세를 제거하기 위해 차분을 수행한다. d는 차분의 차수를 의미하며, 몇 번 차분할지 결정한다.
- MA(q): 과거 데이터의 오차가 현재 데이터 값에 미치는 영향을 나타낸다. q는 MA 모델의 차수를 의미하며, 과거 몇 개의 오차를 사용할지 결정한다.
- p, d, q 값은 ACF(Autocorrelation Function), PACF(Partial Autocorrelation Function) 등을 활용하여 결정한다. ACF는 시계열 데이터의 자기상관성

을 측정하는 함수이며, PACF는 다른 시점의 영향을 제거한 후 특정 시점의 자기상관성을 측정하는 함수이다. ACF와 PACF를 분석하여 p, d, q 값을 결정하고 ARIMA 모델을 학습시킨다.

④ **모델 평가**: RMSE, MAE 등을 사용하여 모델의 예측 성능을 평가한다. RMSE는 예측값과 실제값의 차이의 제곱의 평균의 제곱근이며, MAE는 예측값과 실제값의 차이의 절대값의 평균이다. RMSE와 MAE값이 작을수록 모델의 예측 성능이 우수하다고 판단할 수 있다.

⑤ **예측 수행**: 학습된 ARIMA 모델을 사용하여 다음 주말(2025년 1월 4일, 5일) 오후 2시의 교통량을 예측한다.

2) 회귀 예측모델(Regression Model)

(1) 이론적 배경

회귀 예측모델은 종속변수와 하나 이상의 독립변수 간의 관계를 모델링하여 미래 값을 예측하는 통계적 모델이다. 교통분야에서는 교통량, 속도, 사고 발생률 등 다양한 변수 간의 관계를 분석하고 예측하는 데 활용된다.

회귀 예측모델은 독립변수의 변화에 따라 종속변수가 어떻게 변화하는지 분석하고, 이를 기반으로 미래 값을 예측한다. 회귀 분석은 변수 간의 관계를 파악하고, 이를 통해 미래 값을 예측하거나 현상을 설명하는 데 사용된다. 특히, 교통분야에서는 교통량, 속도, 사고 발생률 등 다양한 변수 간의 관계를 분석하고 예측하는 데 활용된다.

(2) 회귀 예측모델 예측과정

① **데이터 수집**: 예측에 필요한 종속변수와 독립변수 데이터를 수집한다. 예를 들어, 교통량을 종속변수로, 날씨, 요일, 시간대 등을 독립변수로 수집할 수 있다.

② **데이터 전처리**: 수집된 데이터를 분석에 적합하게 정제하고 변환한다. 결측치 처리, 이상치 제거, 데이터 변환 등을 수행한다.

③ **모델 학습**: 선형 회귀, 다중 회귀, 로지스틱 회귀 등 회귀 예측모델을 사용하여 데이터를 학습시킨다. 모델 학습 과정에서 모델의 파라미터를 추정하

고, 예측 성능을 최적화한다.

④ **모델 평가**: 학습된 모델의 예측 성능을 평가한다. R-squared, RMSE, MAE 등 다양한 평가 지표를 사용하여 모델의 예측 정확도를 측정한다.

⑤ **예측 수행**: 학습된 모델을 사용하여 미래 값을 예측한다. 예를 들어, 특정 날씨, 요일, 시간대의 교통량을 예측할 수 있다.

(3) 선형 회귀모델을 사용한 도로의 교통량을 예측예제 풀이

선형 회귀모델을 사용하여 특정 도로의 교통량을 예측하는 예제를 살펴보자.

① **데이터 수집**: 과거 1년간 특정 도로의 교통량 데이터와 날씨 데이터(강수량, 기온)를 수집한다.

날짜	교통량(대)	강수량(mm)	기온(°C)
2024-03-01	1000	0	10
2024-03-02	1200	5	8
2024-03-03	800	10	5
⋮	⋮	⋮	⋮
2025-02-28	1100	0	12

② **데이터 전처리**: 결측치를 평균값으로 보간하고, 이상치를 제거한다.

③ **모델 학습**: 선형 회귀모델을 사용하여 교통량과 날씨 간의 관계를 모델링한다. 선형 회귀모델은 다음과 같은 식으로 표현된다.

$$\text{교통량} = a \times \text{강수량} + b \times \text{기온} + c$$

a, b, c는 모델의 파라미터로, 학습 데이터를 사용하여 추정한다. 예를 들어, 학습 데이터를 사용하여 $a = -10$, $b = 20$, $c = 500$으로 추정되었다고 가정하자. 그러면 선형 회귀모델은 다음과 같이 표현된다.

$$\text{교통량} = -10 \times \text{강수량} + 20 \times \text{기온} + 500$$

④ **모델 평가**: R-squared, RMSE, MAE 등을 사용하여 모델의 예측 성능을 평가한다. R-squared는 모델이 데이터를 얼마나 잘 설명하는지 나타내는 지표이며, RMSE와 MAE는 예측값과 실제값의 차이를 나타내는 지표이다.

⑤ **예측 수행**: 학습된 모델을 사용하여 특정 날씨 조건의 교통량을 예측한다.

예를 들어, 강수량이 5mm이고 기온이 15°C일 때 교통량을 예측해 보자.

$$\text{교통량} = -10 \times 5 + 20 \times 15 + 500 = 750(\text{대})$$

따라서, 강수량이 5mm이고 기온이 15°C일 때 예상되는 교통량은 750대이다.

3) 딥러닝 예측모델: RNN(Recurrent Neural Network), LSTM(Long Short-Term Memory)

(1) 이론적 배경

딥러닝 예측모델은 인공 신경망을 사용하여 복잡한 데이터 패턴을 학습하고, 이를 기반으로 미래 값을 예측하는 모델이다. 딥러닝은 머신러닝의 한 분야로, 인간의 뇌 구조를 모방한 인공 신경망을 사용하여 데이터를 학습한다. 딥러닝 예측모델은 대량의 데이터를 학습하여 복잡한 패턴을 인식하고 예측하는 데 탁월한 성능을 보인다. 딥러닝 예측모델은 특히 시계열 데이터 분석에 효과적이며, 교통량 예측, 속도 예측, 사고 발생률 예측 등에 활용된다.

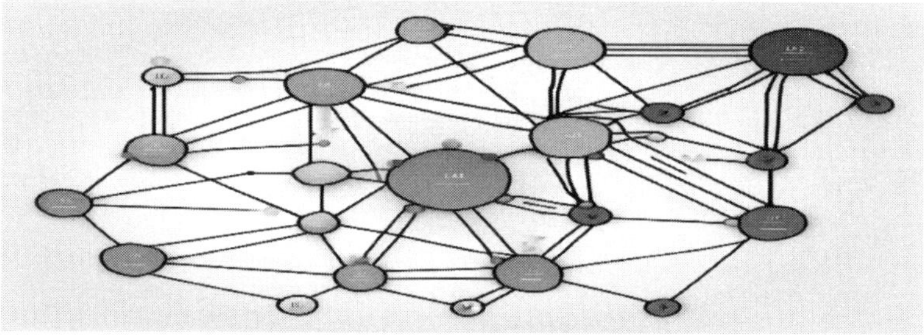

What is Recurrent Neural Network(RNN), chatgptguide

(2) 예측 과정

① **데이터 수집**: 예측에 필요한 과거 데이터를 수집한다. 예를 들어, 교통량, 속도, 사고, 날씨, 요일, 시간대 등 다양한 데이터를 수집할 수 있다.

② **데이터 전처리**: 수집된 데이터를 정제하고, 분석에 적합한 형태로 변환한다. 결측치 처리, 이상치 제거, 데이터 변환 등을 수행한다.

③ **모델 학습**: RNN, LSTM 등 딥러닝 모델을 사용하여 데이터를 학습시킨다. 모델 학습 과정에서 모델의 파라미터를 추정하고, 예측 성능을 최적화한다.

④ **모델 평가**: 학습된 모델의 예측 성능을 평가한다. RMSE, MAE 등 다양한 평가 지표를 사용하여 모델의 예측 정확도를 측정한다.

⑤ **예측 수행**: 학습된 모델을 사용하여 미래 값을 예측한다. 예를 들어, 다음 날 특정 시간대의 교통량을 예측할 수 있다.

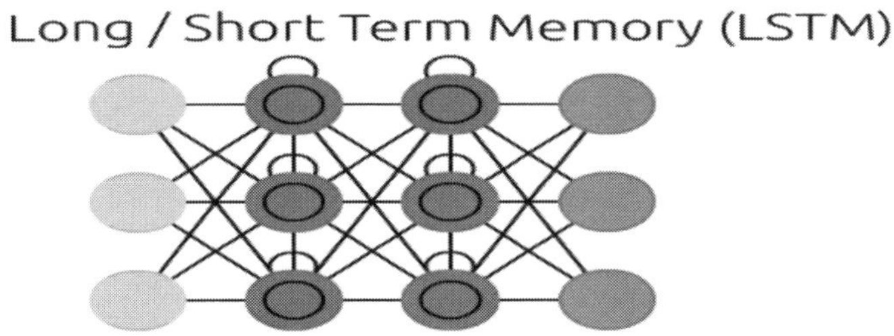

Long Short-Term Memory(LSTM), https://innovationyourself.com/

학습코너 RNN과 LSTM(RNN의 약점 때문에 LSTM이나 GRU라는 계층이 이용된다)

(1) RNN의 약점 때문에 RNN 대신 LSTM이나 GRU라는 계층이 주로 쓰인다.

RNN 계층은 순환 경로를 갖고 있다. RNN 계층의 은닉 상태는 과거 정보를 저장한다. RNN의 특징은 바로 이전 시각의 은닉 상태를 이용한다는 점이다. 이렇게 해서 과거 정보를 계승할 수 있게 된다. RNN은 시계열 데이터의 장기 의존 관계를 학습하기 어렵다. 그 원인은 BPTT에서 기울기 소실 혹은 기울기 폭발이 일어나기 때문이다. 요즘에는 단순한 RNN 대신 LSTM이나 GRU라는 계층이 주로 쓰인다. 실제로 그냥 'RNN'이라고 하면 일반적인 RNN이 아니라 LSTM을 가리키는 경우도 흔하다.

(2) RNN 계층에서는 시간을 거슬러 갈수록 기울기가 작아지거나 혹은 커져서 장기의존관계를 학습할 수 없게 된다.

언어 모델은 주어진 단어들을 기초로 다음에 출현할 단어를 예측하는 일을 한다. RNN 계층이 과거 방향으로 '의미 있는 기울기'를 전달함으로써 시간 방향의 의존관계를 학습할 수 있다. 이때 기울기는(원래대로라면) 학습해야 할 의미가 있는 정보가 들어 있고, 그것을 과거로 전달함으로써 장기 의존 관계를 학습한다. 하지만 만약 이 기울기가 중간에 사그라지면(거의 아무런 정보도 남지 않게 되면) 가중치 매개변수는 전혀 갱신되지 않게 된다. 즉, 장기 의존 관계를 학습할 수 없게 된다. 그래서 단순한 RNN 계층에서는 시간을 거슬러 올라갈수록 기울기가 작아지거나(기울기 소실) 혹은 커질 수 있으며(기울기 폭발), 대부분 둘 중 하나의 운명을 걷게 된다.

(3) 기울기소실 문제를 해결하려고 게이트가 추가된 RNN 모델의 대표 격으로 LSTM과 GRU가 있다.

RNN 학습에서는 기울기 소실도 큰 문제이다. 그리고 이 문제를 해결하려면 RNN 계층의 아키텍처를 근본부터 뜯어고쳐야 한다. 여기서 등장하는 것이, '게이트가 추가된 RNN'이다. 게이트가 추가된 RNN으로는 많은 아키텍처(신경망 구성)가 제안되어 있으며, 그 대표 격으로 LSTM과 GRU가 있다. LSTM이나 GRU에는 '게이트'라는 구조가 더해져 있는데, 이 게이트 덕분에 시계열 데이터의 장기 의존 관계를 학습할 수 있다.

(3) RNN 모델을 이용한 교통수요 예측 과정

딥러닝 예측모델은 대량의 데이터를 학습하여 복잡한 패턴을 인식하고 예측하는 데 탁월한 성능을 보인다. 딥러닝 예측모델은 특히 시계열 데이터 분석에 효과적이며, 교통량 예측, 속도 예측, 사고 발생률 예측 등에 활용된다.

RNN(Recurrent Neural Network)은 딥러닝 모델 중 하나로, 시계열 데이터와 같이 순차적인 데이터를 처리하는 데 특화된 모델이다. RNN은 이전 시간 스텝의 정보를 현재 시간 스텝에 전달하는 순환 연결 구조를 가지고 있어, 시간에 따른 데이터의 변화 패턴을 학습할 수 있다.

① **데이터 수집**: 예측에 필요한 과거 데이터를 수집한다. 예를 들어, 교통량, 속도, 사고, 날씨, 요일, 시간대 등 다양한 데이터를 수집할 수 있다.

② **데이터 전처리**: 수집된 데이터를 정제하고, 분석에 적합한 형태로 변환한다. 결측치 처리, 이상치 제거, 데이터 변환 등을 수행한다.

③ **모델 학습**: RNN, LSTM 등 딥러닝 모델을 사용하여 데이터를 학습시킨다. 모델 학습 과정에서 모델의 파라미터를 추정하고, 예측 성능을 최적화한다.

④ **모델 평가**: 학습된 모델의 예측 성능을 평가한다. RMSE, MAE 등 다양한 평가 지표를 사용하여 모델의 예측 정확도를 측정한다.

⑤ **예측 수행**: 학습된 모델을 사용하여 미래 값을 예측한다. 예를 들어, 다음 날 특정 시간대의 교통량을 예측할 수 있다.

Ⅰ. RNN(Recurrent Neural Network) 모델을 사용한 버스승객 수 예측

RNN 모델을 사용하여 특정 버스 노선의 일별 승객 수를 예측하는 예제를 살펴보자.

(1) 데이터 수집: 과거 3년간의 버스 노선 일별 승객 수 데이터, 날씨 데이터(강수량, 기온), 요일 데이터(월, 화, 수, …, 일), 휴일 데이터(공휴일, 주말

여부) 등을 수집한다.

날짜	승객 수	강수량(mm)	기온(°C)	요일	휴일 여부
2022-01-01	500	0	5	토	휴일
2022-01-02	600	1	7	일	휴일
2022-01-03	400	5	3	월	평일
⋮	⋮	⋮	⋮	⋮	⋮
2024-12-31	550	0	−2	화	평일

(2) 데이터 전처리: 결측치를 보간하고, 이상치를 제거한다. 데이터를 정규화하여 모델 학습 성능을 향상시킨다. 예를 들어, 승객 수 데이터는 0에서 1 사이의 값으로 정규화할 수 있다.

(3) 모델 학습: RNN 모델을 사용하여 데이터를 학습시킨다. RNN 모델은 과거 일별 승객 수, 날씨, 요일, 휴일 정보 등을 종합적으로 학습하여 일별 승객 수 변화 패턴을 파악한다. RNN 모델은 시간 스텝 t에서의 입력 데이터와 이전 시간 스텝 (t−1)의 은닉 상태를 입력으로 받아 현재 시간 스텝 t의 출력값과 은닉 상태를 계산한다. 이러한 과정을 통해 RNN 모델은 시간에 따른 데이터의 변화 패턴을 학습할 수 있다.

(4) 모델 평가: RMSE, MAE 등을 사용하여 모델의 예측 성능을 평가한다. RMSE는 예측값과 실제값의 차이의 제곱의 평균의 제곱근이며, MAE는 예측값과 실제값의 차이의 절대값의 평균이다. RMSE와 MAE 값이 작을수록 모델의 예측 성능이 우수하다고 판단할 수 있다.

(5) 예측 수행: 학습된 모델을 사용하여 다음 날(2025-01-01)의 버스 노선 승객 수를 예측한다. 예를 들어, 2025-01-01의 강수량이 0mm, 기온이 0°C, 요일이 수요일이고 휴일이 아닌 경우, 학습된 RNN 모델은 이러한 정보들을 입력 받아 2025-01-01의 예상 승객 수를 출력한다.

추가해야 할 내용

- AI 예측모델의 한계: AI 예측모델은 데이터 의존성, 예측 불확실성, 설명 가능성 부족 등의 한계를 가지고 있다. 이러한 한계를 극복하기 위한 연구 개발이 필요하다.
- 데이터 편향 문제: AI 예측모델은 학습 데이터에 내재된 편향을 학습할

수 있으며, 이는 예측 결과의 정확성을 떨어뜨릴 수 있다. 데이터 편향 문제를 해결하기 위한 연구가 필요하다.

- 사회적 영향: AI 기반 교통수요 예측 기술은 교통 시스템, 도시 계획, 사회 전반에 걸쳐 다양한 영향을 미칠 수 있다. AI 기술의 사회적 영향을 분석하고, 이에 대한 대비책을 마련해야 한다.

Ⅱ. LSTM 모델을 사용한 대중교통 이용량 예측 과정

LSTM 모델을 사용하여 특정 도시의 대중교통 이용량을 예측하는 예제를 살펴보자.

(1) 데이터 수집: 과거 3년간의 대중교통 이용량 데이터, 날씨 데이터, 요일 데이터, 휴일 데이터 등을 수집한다.

(2) 데이터 전처리: 결측치를 보간하고, 이상치를 제거한다. 데이터를 정규화하여 모델 학습 성능을 향상시킨다.

(3) 모델 학습: LSTM 모델을 사용하여 데이터를 학습시킨다. LSTM 모델은 시계열 데이터의 장기 의존성을 학습하는 데 효과적이다.

(4) 모델 평가: RMSE, MAE 등을 사용하여 모델의 예측 성능을 평가한다.

(5) 예측 수행: 학습된 모델을 사용하여 다음 주 특정 요일의 대중교통 이용량을 예측한다.

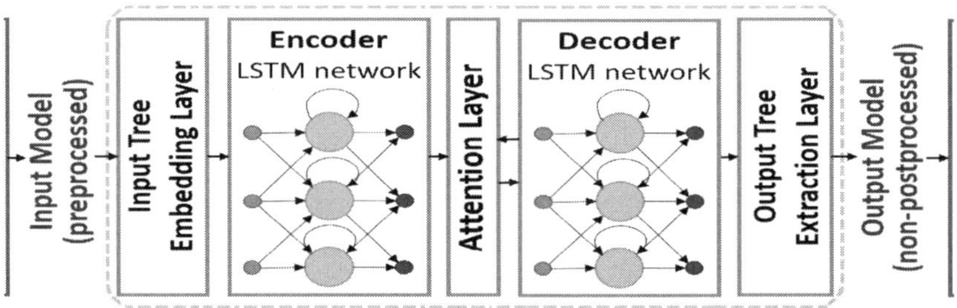

A LSTM-Based Neural Network Architecture, https://modeling-languages.com/

Ⅲ. LSTM 모델을 이용한 지하철역 A의 일별 승객 수 예측예제 풀이

LSTM 모델을 사용하여 특정 도시의 지하철역 A의 일별 승객 수를 예측하는 예제를 살펴보자.

(1) 데이터 수집: 과거 3년간의 지하철역 A의 일별 승객 수 데이터, 날씨 데이터(강수량, 기온), 요일 데이터(월, 화, 수, ..., 일), 휴일 데이터(공휴일, 주말 여부) 등을 수집한다.

날짜	승객 수	강수량(mm)	기온(°C)	요일	휴일 여부
2023-01-01	10000	0	5	토	휴일
2023-01-02	12000	1	7	일	휴일
2023-01-03	8000	5	3	월	평일
⋮	⋮	⋮	⋮	⋮	⋮
2025-12-31	11000	0	−2	화	평일

(2) 데이터 전처리: 결측치를 보간하고, 이상치를 제거한다. 데이터를 정규화하여 모델 학습 성능을 향상시킨다. 예를 들어, 승객 수 데이터는 0에서 1 사이의 값으로 정규화할 수 있다.

(3) 모델 학습: LSTM 모델을 사용하여 데이터를 학습시킨다. LSTM 모델은 시계열 데이터의 장기 의존성을 학습하는 데 효과적이다. LSTM 모델은 과거 일별 승객 수, 날씨, 요일, 휴일 정보 등을 종합적으로 학습하여 일별 승객 수 변화 패턴을 파악한다.

(4) 모델 평가: RMSE, MAE 등을 사용하여 모델의 예측 성능을 평가한다. RMSE는 예측값과 실제값의 차이의 제곱의 평균의 제곱근이며, MAE는 예측값과 실제값의 차이의 절대값의 평균이다. RMSE와 MAE 값이 작을수록 모델의 예측 성능이 우수하다고 판단할 수 있다.

(5) 예측 수행: 학습된 모델을 사용하여 다음 날(2026-01-01)의 지하철역 A의 승객 수를 예측한다. 예를 들어, 2026-01-01의 강수량이 0mm, 기온이 0°C, 요일이 수요일이고 휴일이 아닌 경우, 학습된 LSTM 모델은 이러한 정보들을 입력받아 2026-01-01의 예상 승객 수를 출력한다.

추가해야 할 내용

- AI 예측모델의 한계: AI 예측모델은 데이터 의존성, 예측 불확실성, 설명가능성 부족 등의 한계를 가지고 있다. 이러한 한계를 극복하기 위한 연구개발이 필요하다.
- 데이터 편향 문제: AI 예측모델은 학습 데이터에 내재된 편향을 학습할

수 있으며, 이는 예측 결과의 정확성을 떨어뜨릴 수 있다. 데이터 편향 문제를 해결하기 위한 연구가 필요하다.

- 사회적 영향: AI 기반 교통수요 예측 기술은 교통시스템, 도시 계획, 사회 전반에 걸쳐 다양한 영향을 미칠 수 있다. AI 기술의 사회적 영향을 분석하고, 이에 대한 대비책을 마련해야 한다.

Ⅳ. LSTM 모델을 이용한 보행량 예측

LSTM 모델을 사용하여 특정 횡단보도의 시간대별 보행량을 예측하는 예제를 살펴보자.

(1) 데이터 수집: 과거 1년간의 횡단보도 시간대별 보행량 데이터, 날씨 데이터(강수량, 기온, 풍속), 요일 데이터(월, 화, 수, …, 일), 휴일 데이터(공휴일, 주말 여부), 시간대 데이터(0시, 1시, 2시, …, 23시) 등을 수집한다.

날짜	시간대	보행량(명)	강수량(mm)	기온(°C)	풍속(m/s)	요일	휴일 여부
2025-01-01	10	100	0	5	2	일	휴일
2025-01-01	11	120	1	7	3	일	휴일
2025-01-01	12	150	5	10	4	일	휴일
⋮	⋮	⋮	⋮	⋮	⋮	⋮	⋮
2025-12-31	22	80	0	−2	1	월	평일
2025-12-31	23	50	0	-3	2	월	평일

(2) 데이터 전처리: 결측치를 보간하고, 이상치를 제거한다. 데이터를 정규화하여 모델 학습 성능을 향상시킨다. 예를 들어, 보행량 데이터는 0에서 1 사이의 값으로 정규화할 수 있다.

(3) 모델 학습: LSTM 모델을 사용하여 데이터를 학습시킨다. LSTM 모델은 과거 시간대별 보행량, 날씨, 요일, 휴일, 시간대 정보 등을 종합적으로 학습하여 시간대별 보행량 변화 패턴을 파악한다. LSTM 모델은 시간 스텝 t에서의 입력 데이터와 이전 시간 스텝 $(t-1)$의 은닉 상태 및 셀 상태를 입력으로 받아 현재 시간 스텝 t의 출력값과 은닉 상태, 셀 상태를 계산한다. 이러한 과정을 통해 LSTM 모델은 시간에 따른 데이터의 변화 패턴과 장기 의존성을 학습할 수 있다.

(4) 모델 평가: RMSE, MAE 등을 사용하여 모델의 예측 성능을 평가한다.

RMSE는 예측값과 실제값의 차이의 제곱의 평균의 제곱근이며, MAE는 예측값과 실제값의 차이의 절대값의 평균이다. RMSE와 MAE 값이 작을수록 모델의 예측 성능이 우수하다고 판단할 수 있다.

(5) 예측 수행: 학습된 모델을 사용하여 다음 날(2026-01-01) 특정 시간대(오후 3시)의 횡단보도 보행량을 예측한다. 예를 들어, 2025-01-01 오후 3시의 강수량이 0mm, 기온이 2°C, 풍속이 1m/s, 요일이 화요일이고 휴일이 아닌 경우, 학습된 LSTM 모델은 이러한 정보들을 입력받아 2026-01-01 오후 3시의 예상 보행량을 출력한다.

(4) 딥러닝 RNN, LSTM 모델을 활용한 교통수요 예측 도구

아래 표는 RNN, LSTM 모델을 이용한 교통수요 예측을 수행할 수 있는 대표적인 도구들을 예시적으로 제시한 것이며, 실제 활용 가능한 도구들은 더욱 다양하다.

딥러닝 RNN, LSTM 모델 활용 교통수요 예측 도구의 목표, 작동 원리, 기술, 효과, 활용 예시

도구(플랫폼, 앱)	목표	작동 원리	기술	효과	활용 예시
- Google Maps Platform - Uber Movement	- 도시 및 지역의 교통수요 예측 - 교통계획 및 정책 수립 지원	- 과거 교통 데이터, 실시간 교통 데이터, 날씨, 이벤트 등 다양한 데이터를 수집 및 분석 - RNN 모델을 활용하여 시간에 따른 교통량 변화 패턴 학습 - 예측 결과를 시각화 하여 제공	- 빅데이터 분석 - 머신러닝(RNN) - 데이터 시각화	- 교통수요 예측 정확도 향상 - 교통계획 효율성 증대	- 도시교통계획 - 대중교통 노선 계획 - 교통 시설 투자 계획
- Aimsun Next - AnyLogic	- 교통 시뮬레이션 및 예측 - 교통시스템 성능 평가 - 교통 정책 효과 분석	- 교통 네트워크, 차량 움직임, 신호 체계 등을 모델링 - LSTM 모델을 활용하여 교통 흐름 및 혼잡 패턴 학습 - 시뮬레이션 결과를 분석하여 교통수요 예측	- 교통 시뮬레이션 - 머신러닝(LSTM) - 데이터 분석	- 교통 시뮬레이션 정확도 향상 - 교통시스템 성능 예측 및 평가 - 교통 정책 효과 분석	- 교통시스템 설계 및 평가 - 교통혼잡 완화 전략 개발 - 교통안전 시스템 구축
- TransCAD - PTV Visum	- 교통수요 예측 및 분석 - 교통계획 및 정책 수립 지원	- 4단계 교통수요 추정 모델, 중력 모델 등을 활용 - RNN, LSTM 모델을 활용하여 교통수요 변화 패턴 학습 - 예측 결과를 시각화하여 제공	- 빅데이터 분석 - 머신러닝(RNN, LSTM) - 교통 모델링	- 교통수요 예측 정확도 향상 - 교통계획 및 정책 수립 효율성 증대	- 도시교통계획 - 광역 교통망 계획 - 교통 시설 투자 계획

3. 실시간 교통수요 예측

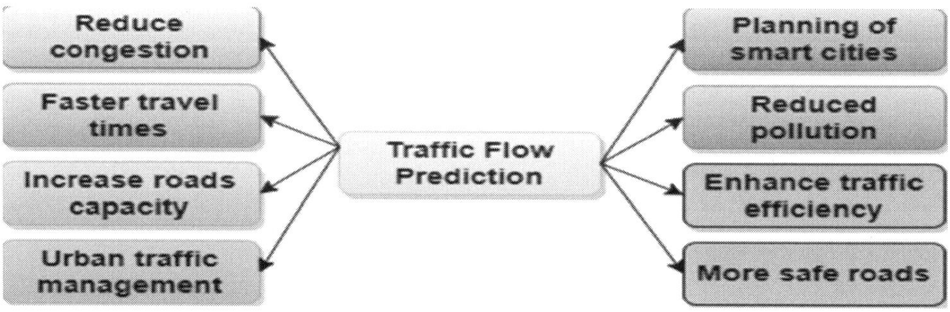

AI-based traffic flow prediction: a comprehensive review, https://jesit.springeropen.com/

1) 실시간 교통수요 예측이란?

실시간 교통수요 예측은 실시간으로 수집되는 교통 데이터를 활용하여 교통수요를 예측하는 기술이다. 실시간 예측은 급변하는 교통상황에 빠르게 대응하고, 더욱 정확한 예측 결과를 제공할 수 있다는 장점이 있다.

① **실시간 데이터 활용**: 실시간 교통 데이터는 차량 센서, GPS, CCTV, 스마트폰 등 다양한 출처에서 수집된다. AI 예측모델은 실시간 데이터를 활용하여 예측 정확도를 높일 수 있다. 예를 들어, 실시간 차량 속도, 교통량, 사고 정보 등을 활용하여 예측모델을 업데이트하고 더욱 정확한 예측 결과를 얻을 수 있다.

② **활용 사례**: 실시간 교통수요 예측은 교통혼잡 완화, 대중교통 운영 최적화, 교통안전 관리 등 다양한 분야에서 활용된다. 예를 들어, 실시간 교통량 예측 정보는 내비게이션 시스템에 활용되어 운전자에게 최적의 경로를 안내하고, 교통혼잡을 줄이는 데 기여할 수 있다.

③ **미래 전망**: 실시간 교통수요 예측 기술은 더욱 발전할 것으로 예상된다. 센서 기술, 통신 기술, AI 기술의 발전과 함께 더욱 정확하고 빠른 실시간 예측이 가능해질 것이며, 이는 자율주행시스템, MaaS 플랫폼 등 미래 모빌리티 시스템의 핵심 기술로 활용될 것이다.

2) 딥러닝 기반 RNN, LSTM 모델을 활용한 실시간 교통수요 예측 도구

딥러닝 RNN, LSTM 모델 활용 실시간 교통수요 예측 도구의 목표, 작동 원리, 활용 예시

도구(플랫폼, 앱)	목표	작동 원리	기술	효과	활용 예시
- Google Maps Platform - Waze	- 실시간 교통상황 예측 - 최적 경로 안내 - 교통혼잡 완화	- 차량 센서, GPS, CCTV, 스마트폰 등에서 실시간 교통 데이터 수집 - RNN 모델을 활용하여 실시간 교통량 및 속도 변화 패턴 학습 - 예측 결과를 지도에 시각화하여 제공	- 빅데이터 분석 - 머신러닝(RNN) - 실시간 데이터 처리 - 데이터 시각화	- 실시간 교통상황 예측 정확도 향상 - 최적 경로 안내 정확도 향상 - 교통혼잡 완화 - 이동시간 단축	- 실시간 내비게이션 - 교통정보 제공 서비스 - 자율주행시스템 - MaaS 플랫폼
- Citymapper - Moovit	- 실시간 대중교통 정보 제공 - 대중교통 이용 편의성 증대	- 버스, 지하철 GPS 데이터, 운행 시간표, 실시간 교통 상황 등을 수집 - LSTM 모델을 활용하여 대중교통 도착 시간 및 혼잡도 예측 - 예측 결과를 앱에 실시간으로 표시	- 빅데이터 분석 - 머신러닝(LSTM) - 실시간 데이터 처리 - 모바일 앱 개발	- 대중교통 도착 시간 예측 정확도 향상 - 대중교통 혼잡도 예측 정확도 향상 - 대중교통 이용 편의성 증대	- 실시간 버스 도착 정보 안내 - 지하철 혼잡도 예측 - 최적 환승 경로 안내
- Uber - Lyft	- 차량 호출 서비스 최적화 - 승객 대기시간 단축 - 운행 효율성 향상	- 승객 위치, 목적지, 시간, 교통상황 등을 실시간으로 수집 - RNN 모델을 활용하여 택시 수요 예측 및 차량 배차 최적화 - 예측 결과를 기반으로 차량 배차 및 경로 안내	- 빅데이터 분석 - 머신러닝(RNN) - 실시간 데이터 처리 - 위치 기반 서비스	- 택시 수요 예측 정확도 향상 - 승객 대기시간 단축 - 운행 효율성 향상 - 서비스 만족도 향상	- 차량 호출 서비스 - 라이드 셰어링(Ride Sharing) 서비스 - 택시 배차 시스템

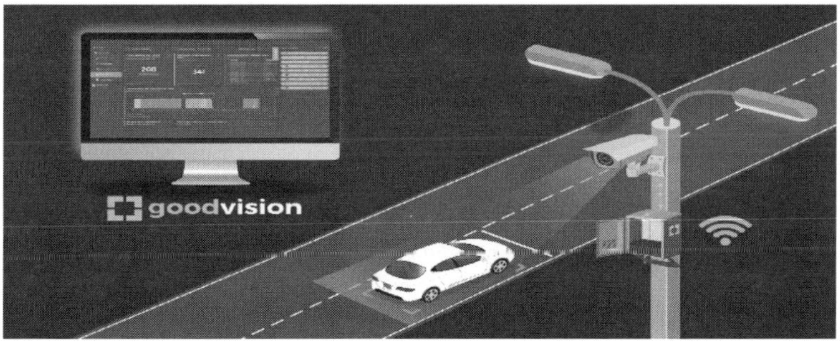

Real-Time Traffic Monitoring: Road to Efficiency, https://blog.goodvisionlive.com/

3) 실시간 교통수요 예측의 예시

I. 실시간 버스승객 수 예측

RNN 모델을 사용하여 특정 버스 노선의 10분 후 승객 수를 예측하는 예제를 살펴보자.

(1) 데이터 수집: 버스에 설치된 센서를 통해 1분 간격으로 승객 수, 버스 위치(GPS), 시간, 날씨(강수량, 기온), 요일, 휴일 여부 등을 수집한다.

시간	승객 수	GPS	강수량(mm)	기온(°C)	요일	휴일 여부
10:00	20	(37.1234, 127.1234)	0	10	월	평일
10:01	22	(37.1235, 127.1235)	0	10	월	평일
10:02	25	(37.1236, 127.1236)	0	10	월	평일
⋮	⋮	⋮	⋮	⋮	⋮	⋮
10:09	30	(37.1243, 127.1243)	0	10	월	평일

(2) 데이터 전처리: 결측치를 보간하고, 이상치를 제거한다. 데이터를 정규화하여 모델 학습 성능을 향상시킨다. 예를 들어, 승객 수 데이터는 0에서 1 사이의 값으로 정규화할 수 있다.

(3) 모델 학습: RNN 모델을 사용하여 데이터를 학습시킨다. RNN 모델은 과거 10분간의 승객 수, 버스 위치, 시간, 날씨, 요일, 휴일 정보 등을 종합적으로 학습하여 10분 후 승객 수 변화 패턴을 파악한다. RNN 모델은 시간 스텝 t에서의 입력 데이터와 이전 시간 스텝 (t−1)의 은닉 상태를 입력으로 받아 현재 시간 스텝 t의 출력값과 은닉 상태를 계산한다. 이러한 과정을 통해 RNN 모델은 시간에 따른 데이터의 변화 패턴을 학습할 수 있다.

(4) 모델 평가: RMSE, MAE 등을 사용하여 모델의 예측 성능을 평가한다. RMSE는 예측값과 실제값의 차이의 제곱의 평균의 제곱근이며, MAE는 예측값과 실제값의 차이의 절대값의 평균이다. RMSE와 MAE 값이 작을수록 모델의 예측 성능이 우수하다고 판단할 수 있다.

(5) 예측 수행: 학습된 모델을 사용하여 10:10의 버스 노선 승객 수를 예측한다. 10:00부터 10:09까지 수집된 데이터를 모델에 입력하면, 모델은 10:10의 예상 승객 수를 출력한다.

활용 사례: 실시간 교통수요 예측은 교통혼잡 완화, 대중교통 운영 최적화, 교통안전 관리 등 다양한 분야에서 활용된다. 예를 들어, 실시간 교통량 예측 정보는 내비게이션 시스템에 활용되어 운전자에게 최적의 경로를 안내하고, 교통혼잡을 줄이는 데 기여할 수 있다. 또한, 실시간 대중교통 수요예측은 버스 배차 간격 조정, 혼잡 노선 우회 안내 등에 활용되어 대중교통 이용 편의성을 높일 수 있다.

미래 전망: 실시간 교통수요 예측 기술은 더욱 발전할 것으로 예상된다. 센서 기술, 통신 기술, AI 기술의 발전과 함께 더욱 정확하고 빠른 실시간 예측이 가능해질 것이며, 이는 자율주행시스템, MaaS 플랫폼 등 미래 모빌리티 시스템의 핵심 기술로 활용될 것이다.

Ⅱ. 실시간 서울시 강남대로 교통량 예측

CNN 모델을 사용하여 서울시 강남대로의 5분 후 교통량을 예측하는 예제를 살펴보자.

(1) 데이터 수집: 강남대로에 설치된 CCTV, 루프 검지기 등을 통해 1분 간격으로 차량 수, 차량 속도, 차량 종류, 시간, 날씨(강수량, 기온), 요일, 휴일 여부 등을 수집한다.

시간	차량 수	차량 속도(km/h)	차량 종류	강수량(mm)	기온(°C)	요일	휴일 여부
10:00	100	40	승용차	0	10	월	평일
10:01	110	35	버스	0	10	월	평일
10:02	120	30	트럭	0	10	월	평일
⋮	⋮	⋮	⋮	⋮	⋮	⋮	⋮
10:04	130	25	오토바이	0	10	월	평일

(2) 데이터 전처리: 결측치를 보간하고, 이상치를 제거한다. 데이터를 정규화하여 모델 학습 성능을 향상시킨다. 예를 들어, 차량 수 데이터는 0에서 1 사이의 값으로 정규화할 수 있다.

(3) 모델 학습: CNN 모델을 사용하여 데이터를 학습시킨다. CNN 모델은 과거 5분간의 차량 수, 차량 속도, 차량 종류, 시간, 날씨, 요일, 휴일 정보 등을 종합적으로 학습하여 5분 후 교통량 변화 패턴을 파악한다. CNN 모델은 이미지 인식에 주로 사용되는 딥러닝 모델이지만, 시계열 데이터

분석에도 활용될 수 있다. CNN 모델은 입력 데이터에서 특징을 추출하고, 이를 기반으로 예측을 수행한다.

(4) 모델 평가: RMSE, MAE 등을 사용하여 모델의 예측 성능을 평가한다. RMSE는 예측값과 실제값의 차이의 제곱의 평균의 제곱근이며, MAE는 예측값과 실제값의 차이의 절대값의 평균이다. RMSE와 MAE 값이 작을수록 모델의 예측 성능이 우수하다고 판단할 수 있다.

(5) 예측 수행: 학습된 모델을 사용하여 10:05의 강남대로 교통량을 예측한다. 10:00부터 10:04까지 수집된 데이터를 모델에 입력하면, 모델은 10:05의 예상 교통량을 출력한다.

4) 실시간 교통수요 예측 결과 활용

AI 기반 교통수요 예측 결과는 교통시스템 계획, 운영, 관리 등 다양한 분야에서 활용될 수 있다. 실시간 교통수요 예측은 교통혼잡 완화, 대중교통 운영 최적화, 교통안전 관리 등 다양한 분야에서 활용된다.

예를 들어, 실시간 교통량 예측 정보는 내비게이션 시스템에 활용되어 운전자에게 최적의 경로를 안내하고, 교통혼잡을 줄이는 데 기여할 수 있다. 또한, 실시간 대중교통 수요예측은 버스 배차 간격 조정, 혼잡 노선 우회 안내 등에 활용되어 대중교통 이용 편의성을 높일 수 있다.

① **교통시스템 계획**: 새로운 도로, 철도, 대중교통시스템 건설 및 확장 계획 수립에 활용된다. 예측된 교통수요를 기반으로 교통시스템의 용량을 적절하게 설계하고, 투자 우선순위를 결정할 수 있다.

② **교통 운영**: 교통신호 제어, 경로 안내, 혼잡 관리, 대중교통 운영 최적화 등에 활용된다. 예측된 교통수요를 기반으로 교통흐름을 효율적으로 관리하고, 혼잡을 완화하며, 교통안전을 향상시킬 수 있다.

③ **교통 관리**: 교통시스템의 성능 평가, 문제점 진단, 개선 방안 마련 등에 활용된다. 예측된 교통수요와 실제 교통상황을 비교 분석하여 교통시스템의 효율성을 평가하고, 문제점을 개선할 수 있다.

08 AI 딥러닝 기반 4단계 교통수요 추정

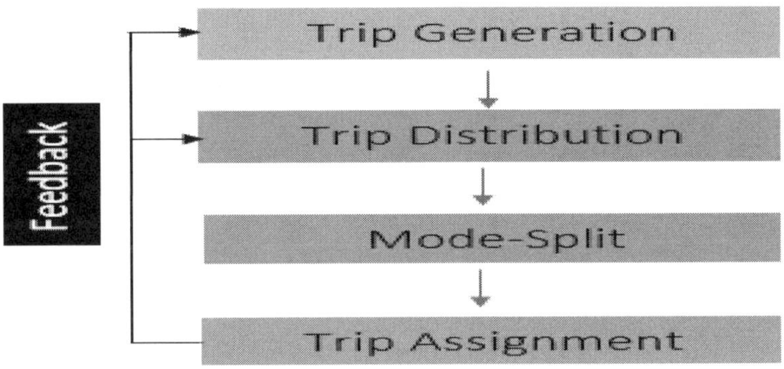

https://www.ph2000.co.th/post/200925-4-step-modelling

◈ 주요 질문

1. 4단계 교통수요추정 모형은 통행자의 순차적 의사결정을 가정하여 통행발생, 통행분포, 수단선택, 노선 배정의 순서로 교통수요를 예측하는가?
2. 교통수요추정 모형의 각 단계는 어떤 기법과 모형을 사용하여 분석되며, AI 기반 4단계 교통수요 추정 모델은 어떠한 원리로 작동하는가?
3. RNN 모델과 LSTM 모델은 AI 기반 교통수요 추정 모델에서 각각 어떠한 역할을 수행하는가?
4. RNN 모델을 활용한 고속도로 교통량 예측은 과거 교통량, 날씨, 요일, 휴일 데이터 등을 기반으로 미래 교통량을 예측하고, 예측 성능은 RMSE와 MAE로 평가하는가?
5. LSTM 모델을 활용한 교통배분, 교통수단분담은 각각 OD 통행량 및 교통수단 이용 비율 변화 패턴을 예측하며, 데이터 전처리, 모델 학습, 평가, 예측 수행 과정을 거치는가?
6. AI 기반 4단계 교통수요 추정 모델의 활용 예시는 Uber Movement, Google Maps Platform, Visum 등 다양한 도구를 통해 제공되며, 각각의 도구는 어떠한 목표, 작동 원리, 기술, 효과, 활용 예시를 가지는가?

1. 4단계 교통수요 추정모형의 개요

교통수요 추정 4단계 모델은 1. 교통수요 추정(Travel Demand Forecasting), 2. 교통 배분(Trip Distribution), 3. 교통수단 분담 4. 노선 배정(Assignment)의 4단계로 구성된다. 전통적인 4단계 교통수요모형이 대표적 순차적 모형으로 통행자의 의사결정이 순차적 선택과정을 거쳐 일어난다고 가정하여 교통수요를 예측한다. 현재 교통수요 예측의 가장 일반적인 방법으로 각 단계별 결과에 대한 검증으로 현실 묘사가 가능하다.

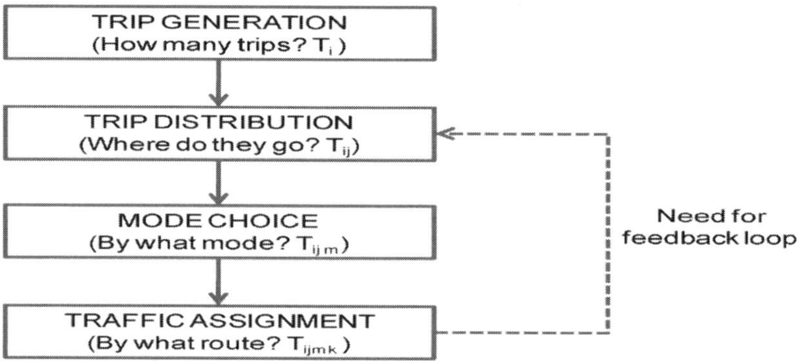

Conventional four-step travel demand modeling process, ReaearchGate

1) 통행발생 → 통행배분 → 수단선택 → 통행배정의 4단계 과정

- 교통수요 예측에 있어 일반적으로 널리 사용되는 4단계 수요 추정방법이다.
- 모형은 통행발생, 통행분포, 수단선택, 노선 배정의 4단계로 나누어 순서적으로 교통수요를 추정하는 기법이다.
- 통행발생 → 통행배분 → 수단선택 → 통행배정의 4단계 과정으로 이루어진다.

① **통행발생**(trip generation): 사회경제지표를 이용하여 교통존의 발생량(trip production)과 도착량(trip attraction)을 추정

② **통행배분**(trip distribution): 통행 발생량과 도착량을 공간상의 분포에 배분시켜 교통존간 교차 통행량을 구축

③ **수단선택**(mode choice): 교통존간 교차 통행량을 이용자가 선택 가능한 교통수단별로 세분화

④ **통행배정**(trip assignment): 교통존간 합리적인 경로(path)를 생성하여 통행수단별 통행량을 경로에 배정

[4단계교통수요예측과정]

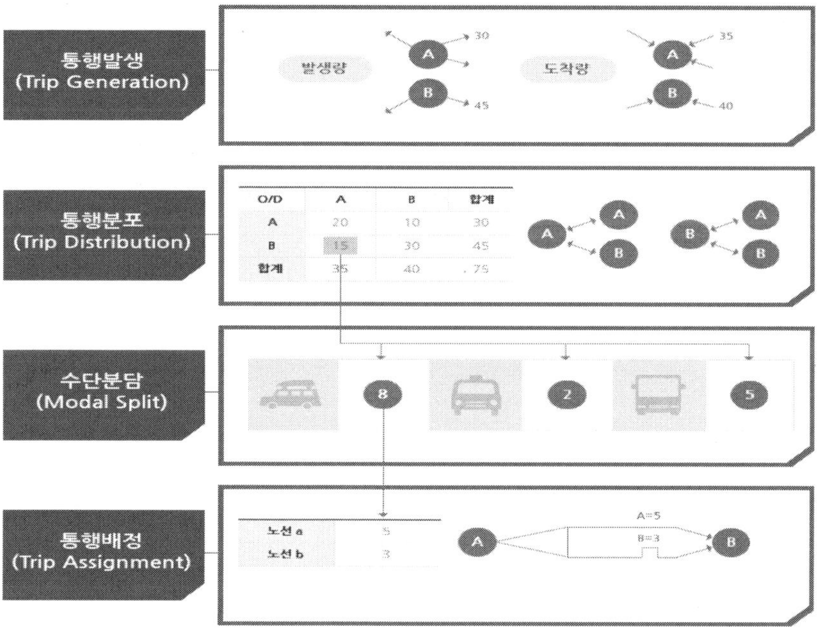

Ktdb.go.kr/www/contents

(1) 통행발생

- 통행발생은 교통수요 예측의 첫단계로서 장래토지이용에 관한 정량적 예측을 기반으로 하여 장래교통수요를 추정하는 방법이다.
- 통행발생 모형의 종류는 증감율법, 원단위법, 회귀 분석법, 카테고리 분석법이 있다.

(2) 통행분포

- 통행분포는 통행발생단계에서 구해진 각존의 통행유출량과 통행유입량간의

일정한 관계를 찾고, 이를 토대로 존 쌍(Zone-pair) 간의 통행량을 추정하여 O-D 표를 완성시키는 작업이다.

- 통행분포 모형으로는 성장인자 모형, 중력 모형, 간섭기회 모형, 엔트로피 극대화 모형 등이 있다.

(3) 수단분담

- 수단분담은 통행자가 어떠한 교통수단을 선택하여 통행을 할 것인지를 예측하고, 통행량을 선택가능한 교통수단 즉, 승용차, 버스, 택시, 도보 등에 분담시키는 과정이다.
- 수단분담 모형으로는 통행단 모형과 통행교차 모형으로 나눌 수 있다.

(4) 노선배정

- 노선배정은 4단계 교통수요 추정모형의 마지막 단계로 통행발생, 통행분포, 수단선택과정을 통해서 도출된 시간대별, 교통수단별, 통행목적별 기·종점간 교통수요를 구체적 교통망에 부하하는 과정이다.
- 노선배정 종류로는 전량배분법, 반복배분법, 분할배분법, 평형배분법 등이 있다.

2. 4단계 교통수요 분석기법의 유형

1) 통행발생(Trip Generation)

(1) 원단위법

(2) 교차분류분석

(3) 회귀 분석

2) 통행분포/통행배분(Trip Distribution)

(1) 성장인자모형

- 균일성장인자
- 평균성장인자
- Frata 모형
- Detroit 모형

(2) 중력모형

$$t_{ij} = k_{ij} \frac{T_i \times T_j}{(D_{ij})\alpha}$$

3) 수단분담/수단선택(Trip Assignment)

(1) 통행단

(2) 전환곡선

- 회귀 분석

(3) 통행교차

- 전환곡선
- 회귀 분석

(4) 확률선택모형

4) 통행 배정(Trip Assignment)

(1) 전량통행배정(All－or－Nothing)

(2) 용량제약통행배정

(3) 확률선택모형

(4) 이용자균형 통행배정

3. 딥러닝의 RNN(Recurrent Neural Network) 모델과 LSTM(Long Short term Memory)을 이용한 4단계 교통수요 예측 도구(플랫폼, 앱)

아래 표는 RNN, LSTM 모델을 이용한 교통수요 예측 과정을 수행할 수 있는 대표적인 도구들을 예시적으로 제시한 것이며, 실제 활용 가능한 도구들은 더욱 다양하다.

딥러닝 RNN, LSTM을 이용하여 교통수요 예측 도구의 목표, 작동 원리, 기술, 효과, 활용 예시

단계	도구(플랫폼, 앱)	목표	작동 원리	기술	효과	활용 예시
교통수요추정	- Uber Movement - Google Maps Platform	- 도시 및 지역의 교통수요 예측 - 교통계획 및 정책 수립 지원	- 과거 교통 데이터, 실시간 교통 데이터, 날씨, 이벤트 등 다양한 데이터를 수집 및 분석 - RNN 모델을 활용하여 시간에 따른 교통량 변화 패턴 학습 - 예측 결과를 시각화하여 제공	- 빅데이터 분석 - 머신러닝(RNN) - 데이터 시각화	- 교통수요 예측 정확도 향상 - 교통계획 효율성 증대	- 도시교통계획 - 대중교통 노선 계획 - 교통시설 투자 계획
통행배분	- Origin-Destination Matrix (OD Matrix) - TransCAD	- 기종점(OD) 간 통행량 예측 - 교통흐름 분석 및 예측	- 기존 중력 모델, 엔트로피 모델 등을 활용 - RNN 모델을 활용하여 시간에 따른 OD 통행량 변화 패턴 학습 - OD 통행량 예측 결과를 시각화하여 제공	- 빅데이터 분석 - 머신러닝(RNN) - 공간 분석	- OD 통행량 예측 정확도 향상 - 교통혼잡 예측 및 관리	- 도시교통계획 - 대중교통 노선 계획 - 교통시설 용량 설계
교통수단분담	- Visum - PTV Vissim	- 교통수단별 이용 비율 예측 - 교통 정책 및 서비스 평가	- 로짓 모델, 프로빗 모델 등을 활용 - RNN 모델을 활용하여 시간, 요일, 날씨 등 다양한 요인이 교통수단 선택에 미치는 영향 학습 - 교통수단별 이용 비율 예측 결과를 시각화하여 제공	- 빅데이터 분석 - 머신러닝(RNN) - 선택 모델	- 교통수단 분담 예측 정확도 향상 - 교통 정책 효과 분석	- 대중교통 정책 수립 - 교통수요 관리 정책 평가 - 새로운 교통서비스 도입
노선배정	- 네이버 지도, 카카오맵 - Google Maps	- 최적 경로 탐색 - 교통혼잡 완화 - 이동시간 단축	- 다익스트라 알고리즘등을 활용 - LSTM 모델을 활용하여 혼잡 회피, 이동시간 단축 등을 고려한 최적 경로 탐색 - 실시간 교통정보를 반영하여 동적인 노선 배정	- 빅데이터 분석 - 머신러닝(LSTM) - 경로탐색 알고리즘	- 최적 경로 탐색 정확도 향상 - 교통혼잡 완화 - 이동시간 단축	- 차량 내비게이션 - 물류 배송 경로 최적화 - 대중교통 운영 최적화

4. AI 기반 4단계 교통수요추정(AI-Driven Travel Demand Forecasting Model) 모델 예제

1) AI 기반 교통수요추정(Trip Generation) 모델: RNN, LSTM

① **RNN**: 시간에 따른 교통량 변화 패턴을 학습하여 미래 교통수요를 예측하는 데 활용 가능하다.

② **LSTM**: RNN의 장기 의존성 문제를 해결하여 더욱 장기적인 교통수요 예측에 활용 가능하다. 특히, 다양한 외부 요인(날씨, 이벤트, 경제 상황 등)을 고려한 교통수요 예측에 효과적이다.

(1) 교통수요추정 예제

Ⅰ. RNN 모델을 사용한 고속도로 교통량 예측

RNN 모델을 사용하여 특정 고속도로 구간의 1시간 후 교통량을 예측하는 예제를 살펴보자.

(1) 데이터 수집: 과거 1년간의 고속도로 구간 1시간 간격 교통량 데이터, 날씨 데이터(강수량, 기온, 풍속), 요일 데이터(월, 화, 수, …, 일), 휴일 데이터(공휴일, 주말 여부) 등을 수집한다.

날짜	시간	교통량(대)	강수량(mm)	기온(°C)	풍속(m/s)	요일	휴일 여부
2025-01-01	10	1000	0	5	2	일	휴일
2025-01-01	11	1200	1	7	3	일	휴일
2025-01-01	12	1500	5	10	4	일	휴일
⋮	⋮	⋮	⋮	⋮	⋮	⋮	⋮
2025-12-31	22	800	0	−2	1	월	평일
2025-12-31	23	500	0	−3	2	월	평일

(2) 데이터 전처리: 결측치를 보간하고, 이상치를 제거한다. 데이터를 정규화하여 모델 학습 성능을 향상시킨다. 예를 들어, 교통량 데이터는 0에서 1 사이의 값으로 정규화할 수 있다.

(3) 모델 학습: RNN 모델을 사용하여 데이터를 학습시킨다. RNN 모델은 과

거 24시간의 교통량, 날씨, 요일, 휴일 정보 등을 종합적으로 학습하여 1시간 후 교통량 변화 패턴을 파악한다. RNN 모델은 시간 스텝 t에서의 입력 데이터와 이전 시간 스텝 (t−1)의 은닉 상태를 입력으로 받아 현재 시간 스텝 t의 출력값과 은닉 상태를 계산한다. 이러한 과정을 통해 RNN 모델은 시간에 따른 데이터의 변화 패턴을 학습할 수 있다.

(4) 모델 평가: RMSE, MAE 등을 사용하여 모델의 예측 성능을 평가한다. RMSE는 예측값과 실제값의 차이의 제곱의 평균의 제곱근이며, MAE는 예측값과 실제값의 차이의 절대값의 평균이다. RMSE와 MAE 값이 작을수록 모델의 예측 성능이 우수하다고 판단할 수 있다.

(5) 예측 수행: 학습된 모델을 사용하여 특정 시점(2026-01-01 오후 3시)의 1시간 후 고속도로 구간 교통량을 예측한다. 예를 들어, 2026-01-01 오후 3시의 강수량이 0mm, 기온이 2°C, 풍속이 1m/s, 요일이 화요일이고 휴일이 아닌 경우, 학습된 RNN 모델은 이러한 정보들과 과거 24시간의 데이터를 입력받아 2026-01-01 오후 4시의 예상 교통량을 출력한다.

Ⅱ. LSTM 모델을 사용한 보행량 예측

LSTM 모델을 사용하여 특정 횡단보도의 시간대별 보행량을 예측하는 예제를 살펴보자.

(1) 데이터 수집: 과거 1년간의 횡단보도 시간대별 보행량 데이터, 날씨 데이터(강수량, 기온, 풍속), 요일 데이터(월, 화, 수, …, 일), 휴일 데이터(공휴일, 주말 여부), 시간대 데이터(0시, 1시, 2시, …, 23시) 등을 수집한다.

날짜	시간대	보행량(명)	강수량(mm)	기온(°C)	풍속(m/s)	요일	휴일 여부
2025-01-01	10	100	0	5	2	일	휴일
2025-01-01	11	120	1	7	3	일	휴일
2025-01-01	12	150	5	10	4	일	휴일
⋮	⋮	⋮	⋮	⋮	⋮	⋮	⋮
2025-12-31	22	80	0	−2	1	월	평일
2025-12-31	23	50	0	−3	2	월	평일

(2) 데이터 전처리: 결측치를 보간하고, 이상치를 제거한다. 데이터를 정규화하여 모델 학습 성능을 향상시킨다. 예를 들어, 보행량 데이터는 0에서 1

사이의 값으로 정규화할 수 있다.

(3) 모델 학습: LSTM 모델을 사용하여 데이터를 학습시킨다. LSTM 모델은 과거 시간대별 보행량, 날씨, 요일, 휴일, 시간대 정보 등을 종합적으로 학습하여 시간대별 보행량 변화 패턴을 파악한다. LSTM 모델은 시간 스텝 t에서의 입력 데이터와 이전 시간 스텝 (t−1)의 은닉 상태 및 셀 상태를 입력으로 받아 현재 시간 스텝 t의 출력값과 은닉 상태, 셀 상태를 계산한다. 이러한 과정을 통해 LSTM 모델은 시간에 따른 데이터의 변화 패턴과 장기 의존성을 학습할 수 있다.

(4) 모델 평가: RMSE, MAE 등을 사용하여 모델의 예측 성능을 평가한다. RMSE는 예측값과 실제값의 차이의 제곱의 평균의 제곱근이며, MAE는 예측값과 실제값의 차이의 절대값의 평균이다. RMSE와 MAE 값이 작을수록 모델의 예측 성능이 우수하다고 판단할 수 있다.

(5) 예측 수행: 학습된 모델을 사용하여 다음 날(2025-01-01) 특정 시간대(오후 3시)의 횡단보도 보행량을 예측한다. 예를 들어, 2026-01-01 오후 3시의 강수량이 0mm, 기온이 2°C, 풍속이 1m/s, 요일이 화요일이고 휴일이 아닌 경우, 학습된 LSTM 모델은 이러한 정보들을 입력 받아 2026-01-01 오후 3시의 예상 보행량을 출력한다.

2) AI 기반 교통배분(AI Driven Trip Distribution) 모델

(1) AI교통배분 모델(Trip Distribution): RNN, LSTM

교통 배분에 사용되는 중력 모델 공식은 다음과 같습니다.

$$T_{ij} = K_{ij} \frac{T_i \times T_j}{D_{ij}\alpha}$$

T_{ij}: 지역 i에서 지역 j로 이동하는 교통량

T_i: 지역 i의 교통량

T_j: 지역 j의 교통량

D_{ij}: 지역 i와 지역 j 사이의 거리 또는 교통비용

k: 비례 상수

n: 거리 감쇠 계수

이 공식은 뉴턴의 만유인력 법칙에서 유래되었으며, 두 지역 간의 교통량은 두 지역의 인구 또는 활동량의 곱에 비례하고, 두 지역 간의 거리 또는 이동 비용의 n제곱에 반비례한다는 것을 나타낸다.

중력 모델은 교통계획 분야에서 널리 사용되는 모델 중 하나이며, 특히 기종점(OD) 통행량 예측, 교통혼잡 분석, 교통 시설 계획 등에 활용된다.

① RNN: 기존 중력 모델의 한계를 극복하고, 시간에 따른 기종점(OD) 통행량 변화 패턴을 학습하여 더욱 정확한 교통 배분을 수행할 수 있다.

② LSTM: 장거리 통행, 복잡한 통행패턴 등을 고려한 교통 배분에 활용 가능하다.

(2) AI교통배분(AI Driven Trip Distribution) 예제

I. RNN 모델을 사용한 교통배분 예제

RNN 모델을 사용하여 A 도시에서 B 도시로 향하는 시간대별 차량 이동량을 예측하는 예제를 살펴보자.

(1) 데이터 수집: 과거 1년간의 A 도시에서 B 도시로 향하는 시간대별 차량 이동량 데이터, A 도시 인구 데이터, B 도시 인구 데이터, A 도시와 B 도시 간 거리 데이터, 날씨 데이터(강수량, 기온), 요일 데이터(월, 화, 수, …, 일), 휴일 데이터(공휴일, 주말 여부), 시간대 데이터(0시, 1시, 2시, …, 23시) 등을 수집한다.

날짜	시간대	차량 이동량 (대)	A 도시 인구 (명)	B 도시 인구 (명)	A–B 도시 간 거리(km)	강수량 (mm)	기온 (°C)	요일	휴일 여부
2025-01-01	10	1000	1000000	500000	100	0	5	일	휴일
2025-01-01	11	1200	1000000	500000	100	1	7	일	휴일
2025-01-01	12	1500	1000000	500000	100	5	10	일	휴일
⋮	⋮	⋮	⋮	⋮	⋮	⋮	⋮	⋮	⋮
2025-12-31	22	800	1000000	500000	100	0	−2	월	평일
2025-12-31	23	500	1000000	500000	100	0	−3	월	평일

(2) 데이터 전처리: 결측치를 보간하고, 이상치를 제거한다. 데이터를 정규화하여 모델 학습 성능을 향상시킨다. 예를 들어, 차량 이동량 데이터는 0에서 1 사이의 값으로 정규화할 수 있다.

(3) 모델 학습: RNN 모델을 사용하여 데이터를 학습시킨다. RNN 모델은 과거 시간대별 차량 이동량, A 도시 인구, B 도시 인구, A－B 도시 간 거리, 날씨, 요일, 휴일, 시간대 정보 등을 종합적으로 학습하여 시간대별 차량 이동량 변화 패턴을 파악한다. RNN 모델은 시간 스텝 t에서의 입력 데이터와 이전 시간 스텝 (t－1)의 은닉 상태를 입력으로 받아 현재 시간 스텝 t의 출력값과 은닉 상태를 계산한다. 이러한 과정을 통해 RNN 모델은 시간에 따른 데이터의 변화 패턴을 학습할 수 있다.

(4) 모델 평가: RMSE, MAE 등을 사용하여 모델의 예측 성능을 평가한다. RMSE는 예측값과 실제값의 차이의 제곱의 평균의 제곱근이며, MAE는 예측값과 실제값의 차이의 절대값의 평균이다. RMSE와 MAE 값이 작을수록 모델의 예측 성능이 우수하다고 판단할 수 있다.

(5) 예측 수행: 학습된 모델을 사용하여 다음 날(2026-01-01) 특정 시간대(오후 3시)의 A 도시에서 B 도시로 향하는 차량 이동량을 예측한다. 예를 들어, 2026-01-01 오후 3시의 강수량이 0mm, 기온이 2°C, 요일이 화요일이고 휴일이 아닌 경우, 학습된 RNN 모델은 이러한 정보들과 과거 데이터를 입력 받아 2026-01-01 오후 3시의 A 도시에서 B 도시로 향하는 예상 차량 이동량을 출력한다.

Ⅱ. LSTM 모델을 이용한 교통배분 예제

LSTM 모델을 사용하여 서울 강남역에서 홍대입구역으로 향하는 시간대별 지하철 이용객 수를 예측하는 예제를 살펴보자.

(1) 데이터 수집: 과거 3년간의 강남역－홍대입구역 시간대별 지하철 이용객 수 데이터, 날씨 데이터(강수량, 기온), 요일 데이터(월, 화, 수, …, 일), 휴일 데이터(공휴일, 주말 여부), 시간대 데이터(6시, 7시, 8시, …, 23시), 강남역 주변 인구 데이터, 홍대입구역 주변 인구 데이터, 강남역－홍대입구역 지하철 운행 횟수 데이터 등을 수집한다.

날짜	시간대	이용객 수 (명)	강남역 주변 인구(명)	홍대입구역 주변 인구(명)	지하철 운행 횟수(회)	강수량 (mm)	기온 (°C)	요일	휴일 여부
2023-01-01	10	5000	100000	80000	20	0	5	토	휴일
2023-01-01	11	6000	100000	80000	25	1	7	토	휴일
2023-01-01	12	7000	100000	80000	30	5	10	토	휴일
⋮	⋮	⋮	⋮	⋮	⋮	⋮	⋮	⋮	⋮
2025-12-31	22	4000	100000	80000	20	0	-2	수	평일
2025-12-31	23	3000	100000	80000	15	0	-3	수	평일

(2) 데이터 전처리: 결측치를 보간하고, 이상치를 제거한다. 데이터를 정규화하여 모델 학습 성능을 향상시킨다. 예를 들어, 이용객 수 데이터는 0에서 1 사이의 값으로 정규화할 수 있다.

(3) 모델 학습: LSTM 모델을 사용하여 데이터를 학습시킨다. LSTM 모델은 과거 시간대별 이용객 수, 강남역 주변 인구, 홍대입구역 주변 인구, 지하철 운행 횟수, 날씨, 요일, 휴일, 시간대 정보 등을 종합적으로 학습하여 시간대별 이용객 수 변화 패턴을 파악한다. LSTM 모델은 시간 스텝 t에서의 입력 데이터와 이전 시간 스텝 (t−1)의 은닉 상태 및 셀 상태를 입력으로 받아 현재 시간 스텝 t의 출력값과 은닉 상태, 셀 상태를 계산한다. 이러한 과정을 통해 LSTM 모델은 시간에 따른 데이터의 변화 패턴과 장기 의존성을 학습할 수 있다.

(4) 모델 평가: RMSE, MAE 등을 사용하여 모델의 예측 성능을 평가한다. RMSE는 예측값과 실제값의 차이의 제곱의 평균의 제곱근이며, MAE는 예측값과 실제값의 차이의 절대값의 평균이다. RMSE와 MAE 값이 작을수록 모델의 예측 성능이 우수하다고 판단할 수 있다.

(5) 예측 수행: 학습된 모델을 사용하여 다음 날(2026-01-01) 특정 시간대(오후 3시)의 강남역에서 홍대입구역으로 향하는 지하철 이용객 수를 예측한다. 예를 들어, 2026-01-01 오후 3시의 강수량이 0mm, 기온이 2°C, 요일이 목요일이고 휴일이 아닌 경우, 학습된 LSTM 모델은 이러한 정보들과 과거 데이터를 입력받아 2026-01-01 오후 3시의 강남역에서 홍대입구역으로 향하는 예상 지하철 이용객 수를 출력한다.

3) AI 기반 교통수단 분담(AI Driven Modal Split)

(1) AI 교통수단 분담(Modal Split)모델: RNN, LSTM

① **RNN**: 시간, 요일, 날씨 등 다양한 요인이 교통수단 선택에 미치는 영향을 학습하여 미래 교통수단 분담을 예측할 수 있다.

② **LSTM**: 개인의 이동 경로, 선호도, 교통상황 등을 종합적으로 고려한 교통수단 분담 예측에 활용 가능하다.

(2) AI교통수단분담 예제

I. RNN 모델을 사용한 교통수단분담: 서울 시내 출퇴근 시간대의 지하철, 버스, 택시 이용 비율을 예측하는 예제

RNN 모델을 사용하여 서울 시내 출퇴근 시간대의 지하철, 버스, 택시 이용 비율을 예측하는 예제를 살펴보자.

(1) 데이터 수집: 과거 3년간의 출퇴근 시간대(오전 7시 ~ 9시, 오후 6시 ~ 8시) 지하철, 버스, 택시 이용 비율 데이터, 날씨 데이터(강수량, 기온, 풍속), 요일 데이터(월, 화, 수, …, 일), 휴일 데이터(공휴일, 주말 여부), 시간대 데이터(6시, 7시, 8시, …, 23시), 지하철 운행 횟수 데이터, 버스 운행 횟수 데이터, 택시 운행 대수 데이터 등을 수집한다.

날짜	시간대	지하철 이용 비율 (%)	버스 이용 비율 (%)	택시 이용 비율 (%)	지하철 운행 횟수 (회)	버스 운행 횟수 (회)	택시 운행 대수 (대)	강수량 (mm)	기온 (°C)	풍속 (m/s)	요일	휴일 여부
2023-01-03	7	60	30	10	100	200	5000	0	5	2	월	평일
2023-01-03	8	70	20	10	120	250	6000	1	7	3	월	평일
2023-01-03	9	50	40	10	100	200	5000	5	10	4	월	평일
⋮	⋮	⋮	⋮	⋮	⋮	⋮	⋮	⋮	⋮	⋮	⋮	⋮
2025-12-30	18	40	40	20	80	150	4000	0	−2	1	월	평일
2025-12-30	19	30	50	20	70	120	3000	0	−3	2	월	평일
2025-12-30	20	50	30	20	80	150	4000	0	−2	1	월	평일

(2) 데이터 전처리: 결측치를 보간하고, 이상치를 제거한다. 데이터를 정규화하여 모델 학습 성능을 향상시킨다. 예를 들어, 이용 비율 데이터는 0에서 1 사이의 값으로 정규화할 수 있다.

(3) 모델 학습: RNN 모델을 사용하여 데이터를 학습시킨다. RNN 모델은 과거 시간대별 교통수단 이용 비율, 날씨, 요일, 휴일, 시간대, 지하철 운행 횟수, 버스 운행 횟수, 택시 운행 대수 정보 등을 종합적으로 학습하여 시간대별 교통수단 분담 변화 패턴을 파악한다. RNN 모델은 시간 스텝 t에서의 입력 데이터와 이전 시간 스텝 (t−1)의 은닉 상태를 입력으로 받아 현재 시간 스텝 t의 출력값과 은닉 상태를 계산한다. 이러한 과정을 통해 RNN 모델은 시간에 따른 데이터의 변화 패턴을 학습할 수 있다.

(4) 모델 평가: RMSE, MAE 등을 사용하여 모델의 예측 성능을 평가한다. RMSE는 예측값과 실제값의 차이의 제곱의 평균의 제곱근이며, MAE는 예측값과 실제값의 차이의 절대값의 평균이다. RMSE와 MAE 값이 작을수록 모델의 예측 성능이 우수하다고 판단할 수 있다.

(5) 예측 수행: 학습된 모델을 사용하여 다음 날(2026-01-02) 특정 시간대(오전 8시)의 서울 시내 지하철, 버스, 택시 이용 비율을 예측한다. 예를 들어, 2026-01-02 오전 8시의 강수량이 0mm, 기온이 2°C, 풍속이 1m/s, 요일이 목요일이고 휴일이 아닌 경우, 학습된 RNN 모델은 이러한 정보들과 과거 데이터를 입력받아 2026-01-02 오전 8시의 예상 지하철, 버스, 택시 이용 비율을 출력한다. 예를 들어, 지하철 65%, 버스 25%, 택시 10% 와 같이 예측할 수 있다.

Ⅱ. LSTM 모델을 사용한 교통수단 분담:특정 도시의 A 지역에서 B 지역으로 이동하는 사람들의 교통수단별 이용 비율(자가용, 버스, 지하철)을 예측

LSTM 모델을 사용하여 **특정 도시의 A 지역에서 B 지역으로 이동하는 사람들의 교통수단별 이용 비율(자가용, 버스, 지하철)**을 예측하는 예제를 살펴보자.

(1) 데이터 수집: 과거 3년간의 A 지역에서 B 지역으로 이동하는 사람들의 교통수단별 이용 비율 데이터, 날씨 데이터(강수량, 기온, 풍속), 요일 데이터(월, 화, 수, …, 일), 휴일 데이터(공휴일, 주말 여부), 시간대 데이터(0시, 1시, 2시, …, 23시), A 지역 인구 데이터, B 지역 인구 데이터, A−B 지역 간 거리 데이터, A−B 지역 간 대중교통 운행 횟수 데이터, A−B 지역 간 택시 평균 요금 데이터 등을 수집한다.

날짜	시간대	자가용 이용 비율 (%)	버스 이용 비율 (%)	지하철 이용 비율 (%)	A 지역 인구 (명)	B 지역 인구 (명)	A-B 지역 간 거리 (km)	대중교통 운행 횟수 (회)	택시 평균 요금 (원)	강수량 (mm)	기온 (°C)	풍속 (m/s)	요일	휴일 여부
2023-01-01	10	50	30	20	100000	80000	10	100	10000	0	5	2	토	휴일
2023-01-01	11	60	20	20	100000	80000	10	120	12000	1	7	3	토	휴일
2023-01-01	12	70	10	20	100000	80000	10	150	15000	5	10	4	토	휴일
⋮	⋮	⋮	⋮	⋮	⋮	⋮	⋮	⋮	⋮	⋮	⋮	⋮	⋮	⋮
2025-12-31	22	40	30	30	100000	80000	10	80	8000	0	−2	1	수	평일
2025-12-31	23	30	40	30	100000	80000	10	70	7000	0	−3	2	수	평일

(2) 데이터 전처리: 결측치를 보간하고, 이상치를 제거한다. 데이터를 정규화하여 모델 학습 성능을 향상시킨다. 예를 들어, 교통수단별 이용 비율 데이터는 0에서 1 사이의 값으로 정규화할 수 있다.

(3) 모델 학습: LSTM 모델을 사용하여 데이터를 학습시킨다. LSTM 모델은 과거 시간대별 교통수단 이용 비율, 날씨, 요일, 휴일, 시간대, A 지역 인구, B 지역 인구, A−B 지역 간 거리, A−B 지역 간 대중교통 운행 횟수, A−B 지역 간 택시 평균 요금 정보 등을 종합적으로 학습하여 시간대별 교통수단 분담 변화 패턴을 파악한다. LSTM 모델은 시간 스텝 t에서의 입력 데이터와 이전 시간 스텝 (t−1)의 은닉 상태 및 셀 상태를 입력으로 받아 현재 시간 스텝 t의 출력값과 은닉 상태, 셀 상태를 계산한다. 이러한 과정을 통해 LSTM 모델은 시간에 따른 데이터의 변화 패턴과 장기 의존성을 학습할 수 있다.

(4) 모델 평가: RMSE, MAE 등을 사용하여 모델의 예측 성능을 평가한다. RMSE는 예측값과 실제값의 차이의 제곱의 평균의 제곱근이며, MAE는 예측값과 실제값의 차이의 절대값의 평균이다. RMSE와 MAE 값이 작을수록 모델의 예측 성능이 우수하다고 판단할 수 있다.

(5) 예측 수행: 학습된 모델을 사용하여 다음 날(2026-01-01) 특정 시간대(오후 3시)의 A 지역에서 B 지역으로 이동하는 사람들의 교통수단별 이용 비율을 예측한다. 예를 들어, 2026-01-01 오후 3시의 강수량이 0mm, 기온이 2°C, 풍속이 1m/s, 요일이 목요일이고 휴일이 아닌 경우, 학습된 LSTM 모델은 이러한 정보들과 과거 데이터를 입력받아 2026-01-01 오후 3시의

A 지역에서 B 지역으로 이동하는 사람들의 예상 교통수단별 이용 비율을 출력한다. 예를 들어, 자가용 40%, 버스 35%, 지하철 25%와 같이 예측할 수 있다.

4) AI 기반 노선 배정(AI Driven Route Assignment)

(1) AI 노선 배정(Route Assignment) 모델: RNN, LSTM

① **RNN**: 시간에 따른 교통흐름 변화를 학습하여 동적인 노선 배정을 수행할 수 있다.

② **LSTM**: 혼잡 회피, 이동시간 단축 등을 고려한 최적 경로 탐색에 활용 가능하다.

(2) AI 노선 배정 예제

Ⅰ. RNN 모델을 사용한 노선 배정

RNN 모델을 사용하여 서울에서 부산까지 가는 경로를 시간대별 교통상황을 고려하여 예측하는 예제를 살펴보자.

(1) 데이터 수집: 과거 1년간의 서울-부산 간 도로별 1시간 간격 교통량 데이터, 속도 데이터, 사고 데이터, 날씨 데이터(강수량, 기온, 풍속), 요일 데이터(월, 화, 수, …, 일), 휴일 데이터(공휴일, 주말 여부), 시간대 데이터(0시, 1시, 2시, …, 23시) 등을 수집한다.

날짜	시간	경로	교통량 (대)	속도 (km/h)	사고 발생 여부	강수량 (mm)	기온 (°C)	풍속 (m/s)	요일	휴일 여부
2024-01-01	10	경부고속도로	1000	100	False	0	5	2	일	휴일
2023-01-01	11	경부고속도로	1200	90	True	1	7	3	일	휴일
2024-01-01	12	중부내륙고속도로	800	110	False	5	10	4	일	휴일
⋮	⋮	⋮	⋮	⋮	⋮	⋮	⋮	⋮	⋮	⋮
2024-12-31	22	경부고속도로	700	80	False	0	−2	1	월	평일
2024-12-31	23	중부내륙고속도로	400	100	False	0	−3	2	월	평일

(2) 데이터 전처리: 결측치를 보간하고, 이상치를 제거한다. 데이터를 정규화하여 모델 학습 성능을 향상시킨다. 예를 들어, 교통량 데이터는 0에서 1 사

이의 값으로 정규화할 수 있다.

(3) 모델 학습: RNN 모델을 사용하여 데이터를 학습시킨다. RNN 모델은 과거 시간대별 서울-부산 간 도로별 교통량, 속도, 사고 발생 여부, 날씨, 요일, 휴일, 시간대 정보 등을 종합적으로 학습하여 시간대별 교통흐름 변화 패턴을 파악한다. RNN 모델은 시간 스텝 t에서의 입력 데이터와 이전 시간 스텝 (t−1)의 은닉 상태를 입력으로 받아 현재 시간 스텝 t의 출력값과 은닉 상태를 계산한다. 이러한 과정을 통해 RNN 모델은 시간에 따른 데이터의 변화 패턴을 학습할 수 있다.

(4) 모델 평가: RMSE, MAE 등을 사용하여 모델의 예측 성능을 평가한다. RMSE는 예측값과 실제값의 차이의 제곱의 평균의 제곱근이며, MAE는 예측값과 실제값의 차이의 절대값의 평균이다. RMSE와 MAE 값이 작을수록 모델의 예측 성능이 우수하다고 판단할 수 있다.

(5) 예측 수행: 학습된 모델을 사용하여 특정 시점(2026-01-01 오후 3시)에 서울에서 부산까지 가는 최적 경로를 예측한다. 예를 들어, 2026-01-01 오후 3시의 강수량이 0mm, 기온이 2°C, 풍속이 1m/s, 요일이 화요일이고 휴일이 아닌 경우, 학습된 RNN 모델은 이러한 정보들과 과거 데이터를 입력받아 2026-01-01 오후 3시에 서울에서 부산까지 가는 최적 경로를 예측한다. 예를 들어, 경부고속도로, 중부내륙고속도로, 영동고속도로 중 어떤 경로가 가장 빠른지 예측할 수 있다.

Ⅱ. LSTM 모델을 사용한 특정 택배 회사의 배송 트럭 최적 경로 예측(노선 배정)

LSTM 모델을 사용하여 특정 택배 회사의 배송 트럭 최적 경로 예측을 하는 예제를 살펴보자.

(1) 데이터 수집: 과거 1년간의 배송 트럭별 이동경로 데이터, 도로별 30분 간격 교통량 데이터, 속도 데이터, 사고 데이터, 날씨 데이터(강수량, 기온, 풍속), 요일 데이터(월, 화, 수, …, 일), 휴일 데이터(공휴일, 주말 여부), 시간대 데이터(0시, 1시, 2시, …, 23시), 배송 물량 데이터, 배송 지역별 특징 데이터(인구 밀도, 도로 혼잡도 등) 등을 수집한다.

날짜	시간	트럭 ID	출발지	목적지	경로	이동 시간 (분)	교통량 (대)	속도 (km/h)	사고 발생 여부	강수량 (mm)	기온 (°C)	풍속 (m/s)	요일	휴일 여부	배송 물량 (개)	인구 밀도 (명/km²)	도로 혼잡도
2024-01-01	10:00	1	A	B	A-C-D-B	60	1000	60	False	0	5	2	일	휴일	100	1000	낮음
2024-01-01	10:30	1	B	E	B-D-F-E	45	800	70	False	1	7	3	일	휴일	50	500	낮음
2024-01-01	11:00	2	A	D	A-C-D	30	1200	50	True	5	10	4	일	휴일	200	2000	높음
⋮	⋮	⋮	⋮	⋮	⋮	⋮	⋮	⋮	⋮	⋮	⋮	⋮	⋮	⋮	⋮	⋮	⋮
2024-12-31	22:00	3	E	A	E-F-D-C-A	75	700	40	False	0	-2	1	월	평일	80	800	중간
2024-12-31	22:30	3	A	B	A-G-H-B	50	400	60	False	0	-3	2	월	평일	60	600	낮음

(2) 데이터 전처리: 결측치를 보간하고, 이상치를 제거한다. 데이터를 정규화하여 모델 학습 성능을 향상시킨다. 예를 들어, 교통량 데이터는 0에서 1 사이의 값으로 정규화할 수 있다.

(3) 모델 학습: LSTM 모델을 사용하여 데이터를 학습시킨다. LSTM 모델은 과거 시간대별 배송 트럭의 이동 경로, 도로별 교통량, 속도, 사고 발생 여부, 날씨, 요일, 휴일, 시간대, 배송 물량, 배송 지역별 특징 정보 등을 종합적으로 학습하여 최적 경로 예측 패턴을 파악한다. LSTM 모델은 시간 스텝 t에서의 입력 데이터와 이전 시간 스텝 (t−1)의 은닉 상태 및 셀 상태를 입력으로 받아 현재 시간 스텝 t의 출력값과 은닉 상태, 셀 상태를 계산한다. 이러한 과정을 통해 LSTM 모델은 시간에 따른 데이터의 변화 패턴과 장기 의존성을 학습할 수 있다.

(4) 모델 평가: RMSE, MAE 등을 사용하여 모델의 예측 성능을 평가한다. RMSE는 예측값과 실제값의 차이의 제곱의 평균의 제곱근이며, MAE는 예측값과 실제값의 차이의 절대값의 평균이다. RMSE와 MAE 값이 작을수록 모델의 예측 성능이 우수하다고 판단할 수 있다.

(5) 예측 수행: 학습된 모델을 사용하여 특정 시점(2026-10-01 오후 3시)에 트럭 ID 4가 A 지역에서 출발하여 B 지역으로 배송해야 할 때, 최적 경로를 예측한다. 예를 들어, 2025-10-01 오후 3시의 강수량이 0mm, 기온이 2°C, 풍속이 1m/s, 요일이 화요일이고 휴일이 아니며, 배송 물량이 150개이고 B 지역의 인구 밀도가 1200명/km², 도로 혼잡도가 중간인 경우, 학습된 LSTM 모델은 이러한 정보들과 과거 데이터를 입력 받아 2026-10-01 오후 3시에 A 지역에서 B 지역으로 가는 최적 경로를 예측한다. 예를 들어, A-C-D-B, A-G-H-B, A-I-J-B 경로 중 어떤 경로가 가장 빠르고 효율적인지 예측할 수 있다.

3부

ITS, 교통혼잡 관리, 안전, 대중교통 최적화

09 AI와 지능형 교통시스템(ITS)

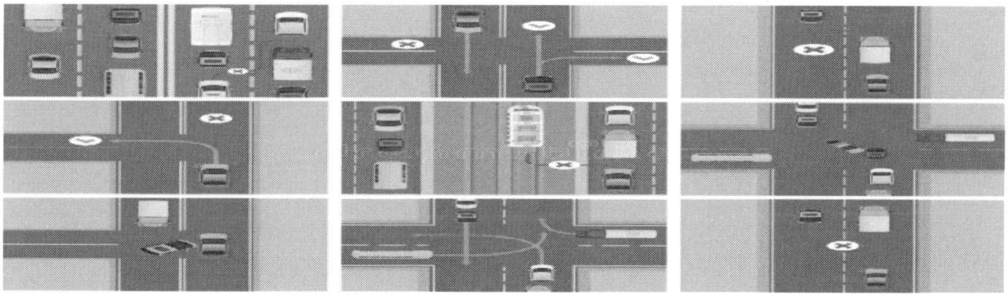

Dense Traffic Flow Vector Diagram, https://www.dreamstime.com/

1. AI 기반 지능형교통시스템(ITS: Intelligent Transport Systems) 서비스 분야별 역할, 특징, 활용성

◈ 주요 질문

1. ITS는 첨단 기술을 활용하여 교통정보 및 서비스를 제공함으로써 교통 체계를 과학화·자동화하고 효율성과 안정성을 향상시키는 교통 체계를 의미하는가?
2. ITS의 주요 목표는 교통혼잡 완화, 교통안전 증진, 교통 편의성 증대, 환경오염 감소 및 에너지 절약인가?
3. AI 기술은 교통흐름 예측, 신호 제어 최적화, 사고 감지 및 대응, 자율주행시스템, 교통안전 시스템 등 ITS의 다양한 분야에 적용되어 시스템 효율성을 높이고 있는가?
4. ITS 서비스는 크게 교통류 최적화, 모빌리티 지원, 교통정보 연계 관리, 도로 위험 구간 관리로 분류되며, 각 분야는 다양한 세부 서비스를 포함하는가?
5. AI 기술 기반 ITS 서비스는 교통류 최적화, 모빌리티 지원, 교통정보 연계 관리, 도로 위험 구간 관리 등 다양한 영역에서 활용되며, 각 분야의 목표, AI 기술 특징, 작동 원리, 효과, 장단점, 활용 사례 및 시사점은 어떻게 정리될 수 있는가?

6. 머신러닝, 딥러닝 기반 실시간 데이터 활용 교통 관리 시스템은 교통량 예측, 신호시간 조정, 혼잡 감소 등 다양한 측면에서 교통 문제를 해결하며, 시스템의 목표, 기술, 원리, 효과, 활용 사례 및 시사점은 어떻게 정리될 수 있는가?

C-ITS, 교통사고 제로화 이끄는 차세대 지능형 교통시스템, KT Enterprise

1) ITS(Intelligent Transportation System) 정의 및 목표

(1) ITS 정의

- ITS는 교통수단 및 교통시설에 전자·제어 및 통신 등 첨단 기술을 접목하여 교통정보 및 서비스를 제공하고 이를 활용함으로써 교통 체계의 운영 및 관리를 과학화·자동화하고, 교통의 효율성과 안정성을 향상시키는 교통체계를 말한다.
- 우리 생활에서 접할 수 있는 ITS에는 버스정류장의 버스 도착 안내 시스템, 교차로에서 교통량에 따라 자동으로 차량 신호가 바뀌는 시스템, 내비게이션의 실시간 교통정보, 하이패스가 있다.(국가교통정보센터)

(2) ITS 목표

ITS는 교통시스템에 ICT를 적용하여 교통정보를 수집, 처리, 전달함으로써 교통흐름을 효율적으로 관리하고 교통안전을 증진하는 시스템이다. ITS의 주요 목표는 다음과 같다.

- 교통혼잡 완화 및 교통흐름 개선
- 교통안전 증진 및 사고 예방
- 교통 편의성 증대 및 정보 제공
- 환경오염 감소 및 에너지 절약

(3) AI 기술이 ITS에 적용되는 방식 및 이점

AI 기술은 ITS의 다양한 분야에 적용되어 시스템의 효율성을 높이고 있다. 주요 적용 방식 및 이점은 다음과 같다.

① **교통흐름 예측**: AI는 과거 교통 데이터를 분석하여 미래 교통량을 예측하고, 이를 기반으로 교통흐름을 효율적으로 관리한다. KT는 '로드아이즈(RoadEyes)'라는 AI 기반 영상 분석 솔루션을 개발하여 눈, 비, 야간 등 악조건 속에서도 높은 정확도로 교통흐름을 분석하고 예측할 수 있도록 지원한다.

② **신호 제어 최적화**: AI는 실시간 교통상황을 분석하여 교통신호를 최적화하고, 교통혼잡을 완화한다. KT의 'Twin/AI 신호 최적화 기술'은 디지털 트윈을 활용하여 실제 교차로와 유사한 환경을 구축하고, 다양한 교통상황에 대한 시뮬레이션을 통해 최적의 신호 체계를 도출한다. 서울 여의도와 개포동에 적용된 결과, 전체 교통흐름이 약 10~13% 개선되는 효과를 보였다.

③ **사고 감지 및 대응**: AI는 CCTV 영상 분석 등을 통해 사고를 감지하고, 신속한 대응을 지원하여 피해를 최소화한다.

④ **자율주행시스템**: AI는 자율주행차량의 주행 경로 계획, 장애물 인식, 의사결정 등을 지원하여 안전하고 효율적인 자율주행을 가능하게 한다.

⑤ **교통안전 시스템**: AI는 운전자의 졸음운전, 음주 운전, 과속 등 위험 행동을 감지하고 경고하여 사고를 예방한다.

2) 지능형 교통시스템(ITS) 서비스 분야별 세부 서비스 및 표 구성

- 지능형 교통시스템(ITS)은 첨단 기술을 활용하여 교통의 효율성과 안전성을 향상시키는 것을 목표로 한다.
- ITS 서비스는 크게 교통류 최적화, 모빌리티 지원, 교통정보 연계 관리, 도로 위험 구간 관리로 분류되며, 각 분야는 다양한 세부 서비스를 포함한다.

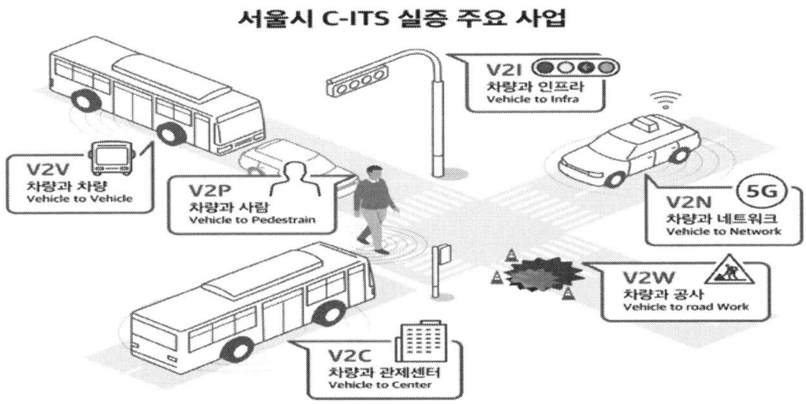

SKT, 서울시 C-ITS 실증사업 완수, 네이트 뉴스

(1) 교통류 최적화

① **실시간 신호 제어**: 실시간 교통량 데이터를 기반으로 신호등 점멸 시간을 최적화하여 교통흐름을 원활하게 한다.

② **가변형 차로 제어**: 교통량에 따라 차로 운영 방식을 유동적으로 변경하여 도로 효율성을 극대화한다.

③ **차량 흐름 관리**: 차량의 속도, 간격 등을 제어하여 교통흐름을 안정적으로 유지한다.

(2) 모빌리티(Mobility) 지원

① **대중교통정보 제공**: 실시간 버스 도착 정보, 지하철 운행 정보 등을 제공하여 대중교통 이용 편의성을 향상시킨다.

② **통합 환승 시스템**: 다양한 교통수단을 연계하여 최적의 이동 경로를 제공하고, 환승 시간을 최소화한다.

③ **수요응답형 교통시스템**: 이용자의 수요에 맞춰 탄력적으로 운행하는 교통 서비스를 제공한다.

(3) 교통정보 연계 관리

① **교통정보 통합 플랫폼**: 다양한 교통정보를 통합 관리하고, 이용자에게 필요한 정보를 제공한다.

② **사고 정보 공유 시스템**: 교통사고 발생 시 관련 정보를 실시간으로 공유하여 신속한 대응을 가능하게 한다.

③ **도로 관리 시스템**: 도로 상태, 공사 정보 등을 실시간으로 관리하여 도로 이용 안전성을 향상시킨다.

(4) 도로 위험 구간 관리

① **위험 구간 경고 시스템**: 위험 구간에 대한 정보를 실시간으로 제공하여 운전자의 안전 운전을 유도한다.

② **자동 사고 감지 시스템**: 센서, 카메라 등을 이용하여 사고 발생 시 자동으로 감지하고, 관련 기관에 통보한다.

③ **기상 정보 기반 도로 관리 시스템**: 기상 변화에 따른 도로 위험 상황을 예측하고, 선제적으로 대응한다.

(5) ITS 서비스 분야별 세부 서비스와 역할 및 효과

ITS 서비스 분야별 세부 서비스와 역할 및 효과

서비스 분야	세부 서비스	효과
교통류 최적화	실시간신호 제어	실시간 교통량 데이터를 기반으로 신호등 점멸 시간을 최적화하여 교통흐름을 원활하게 함
	가변형 차로 제어	교통량에 따라 차로 운영 방식을 유동적으로 변경하여 도로 효율성을 극대화함
	차량흐름 관리	차량의 속도, 간격 등을 제어하여 교통흐름을 안정적으로 유지함
모빌리티 지원	대중교통정보 제공	실시간 버스 도착 정보, 지하철 운행 정보 등을 제공하여 대중교통 이용 편의성을 향상시킴
	통합 환승 시스템	다양한 교통수단을 연계하여 최적의 이동 경로를 제공하고, 환승 시간을 최소화함
	수요응답형 교통시스템	이용자의 수요에 맞춰 탄력적으로 운행하는 교통서비스를 제공함
교통정보 연계 관리	교통정보 통합 플랫폼	다양한 교통정보를 통합 관리하고, 이용자에게 필요한 정보를 제공함
	사고정보 공유 시스템	교통사고 발생 시 관련 정보를 실시간으로 공유하여 신속한 대응을 가능하게 함
	도로관리 시스템	도로 상태, 공사 정보 등을 실시간으로 관리하여 도로 이용 안전성을 향상시킴
도로 위험 구간 관리	위험구간 경고시스템	위험 구간에 대한 정보를 실시간으로 제공하여 운전자의 안전 운전을 유도함
	자동사고 감지 시스템	센서, 카메라 등을 이용하여 사고 발생 시 자동으로 감지하고, 관련 기관에 통보함
	기상정보 기반 도로 관리 시스템	기상 변화에 따른 도로 위험 상황을 예측하고, 선제적으로 대응함

차세대 지능형 교통시스템 C-ITS이란?, https://blog.hyundAI-transys.com/

3) AI 기술 기반 지능형 교통시스템(ITS) 서비스 분야별 적용

(1) AI 기술 기반 지능형 교통시스템(ITS) 서비스가 활용되는 분야

AI 기술은 지능형 교통시스템(ITS) 서비스 분야 전반에 혁신적인 변화를 가져오며, 교통류 최적화, 모빌리티 지원, 교통정보 연계 관리, 도로 위험 구간 관리 등 다양한 영역에서 활용된다. 여기서는 세부 서비스 분야별 AI 기술 적용 시 목표, 특징, 작동 원리, 효과, 장단점, 활용 사례 및 시사점을 상세히 설명하고자 한다.

(2) AI 기술 기반 ITS 서비스 분야별 적용 시 목표, 기술 특징, 작용원리, 효과, 장단점, 활용 사례, 시사점

AI 기술 기반 ITS 서비스 분야별 적용 시 목표, 기술 특징, 작용원리, 효과, 장단점, 활용 사례, 시사점

ITS 서비스 분야	세부 ITS 분야	목표	기술 특징	작동 원리	효과	장단점	활용 사례	시사점
교통류 최적화	실시간 신호 제어	실시간 교통 데이터 분석을 통해 신호등 점멸 시간을 최적화하여 교통 흐름을 개선	심층 강화 학습, 시계열 예측모델 등을 활용하여 실시간 교통량 변화에 능동적으로 대응	- 차량 검지기, CCTV 등으로부터 수집된 데이터를 기반으로 AI 모델이 교통흐름을 예측 - 예측 결과를 바탕으로 신호등 점멸 시간을 조절	- 교통체증 감소 - 차량 통행 시간 단축 - 연료 소비 감소	- 데이터 의존성 - 델 학습 시간 소요 - 초기 구축비용	- 서울시의 'AI 기반 실시간 신호 제어시스템' - 싱가포르의 'Green Link Determining (GLIDE)' 프로젝트	- 실시간 데이터 처리 및 분석 기술의 중요성이 증대 - 도시교통 관리 효율성을 향상
	가변형 차로 제어	교통량 변화에 따라 차로 운영 방식을 유동적으로 변경하여 도로 효율성을 극대화	컴퓨터 비전, 패턴 인식 기술을 활용하여 교통량 변화를 실시간으로 감지	- CCTV 영상 분석을 통해 교통량 밀도를 파악 - AI 모델이 차로 변경 시점을 결정하여 표지판 또는 전광판에 표시	- 병목 현상 완화 - 교통흐름 개선 - 도로 용량 증대	- 시스템 복잡성, 실시간 영상 처리 기술의 제약 - 돌발상황 대응의 어려움 등이 존재	- 유럽의 'Adaptive Traffic Management Systems', - 미국의 일부 도시의 'Reversible Lane Systems'	- 교통량 예측 및 분석 정확도 향상이 중요 - 다양한 센서 및 시스템 연계 필요

ITS 서비스 분야	세부 ITS 분야	목표	기술 특징	작동 원리	효과	장단점	활용 사례	시사점
	차량 흐름 관리	차량 간 안전거리 유지 및 속도 조절을 통해 교통흐름을 안정적으로 유지	자율주행기술, V2X 통신 기술을 활용하여 차량 간 정보 공유 및 협력 주행을 지원	- 차량에 탑재된 센서와 통신 장치를 통해 주변 차량 정보를 수집 - AI 모델이 차량의 속도 및 간격을 제어	- 교통사고 감소 - 차량 정체 완화 - 연료 효율 증대	- 높은 기술 의존성 - 통신 환경의 제약 - 개인정보 보호 문제 등이 존재	- 자율주행 트럭 군집 주행, - 협력형 어댑티브 크루즈 컨트롤 시스템	- 자율주행기술 개발 및 인프라 구축이 필수 - 차량 간 통신 표준화가 필요
모빌리티 지원	대중교통 정보 제공	실시간 대중교통 운행 정보를 제공하여 이용자의 편의성을 증진	자연어 처리, 음성 인식 기술을 활용하여 맞춤형 정보 제공 및 서비스 자동화를 지원	- GPS, 통신망 등을 통해 수집된 데이터를 AI 모델이 분석하여 실시간 운행 정보를 제공하고, 사용자의 질문에 답변	- 대중교통 이용률 증가, 이용자 만족도 향상 - 정보 접근성 개선	- 데이터 정확성, 실시간 정보 제공의 어려움 - 언어 처리 기술의 제약 등이 존재	- 네이버 지도 - 카카오버스 - 구글맵 - 챗봇 기반 - 대중교통 문의 서비스	- 사용자 맞춤형 정보 제공 및 서비스 자동화 기술 개발의 필요 - 다양한 플랫폼과의 연동이 중요
	통합 환승 시스템	다양한 교통수단을 연계하여 최적의 이동 경로를 제공하고, 환승 시간을 최소화	경로 탐색 알고리즘, 최적화 모델을 활용하여 실시간 교통상황을 반영한 최적 경로를 제시	- 사용자의 출발지, 목적지, 시간 등의 정보를 입력받아 AI 모델이 다양한 교통수단을 조합하여 최적의 경로를 계산	- 환승 시간 단축 - 이동 편의성 증대 - 교통혼잡 완화	- 데이터 통합의 어려움 - 실시간 교통 정보 변동성 - 개인 맞춤형 서비스 제공의 제약 등이 존재	- 유럽의 'Mobility as a Service (MaaS)' 플랫폼 - 국내의 '통합 모빌리티 서비스' 시범 사업	- 다양한 교통수단 데이터 통합 및 연계가 중요 - 사용자 중심의 인터페이스 개발의 필요
	수요응답형 교통시스템	이용자의 수요에 맞춰 탄력적으로 운행하는 교통서비스를 제공하여 대중교통 접근성을 향상시킨다.	수요 예측모델, 최적 배차 알고리즘을 활용하여 실시간 수요 변화에 대응	- 이용자의 예약 정보, 위치 정보 등을 기반으로 AI 모델이 수요를 예측 - 최적의 배차 및 운행 경로를 결정	- 대중교통 접근성 향상 - 운행 효율성 증대 - 교통 소외지역 해소	- 수요 예측의 어려움 - 운영 비용 증가 - 개인정보 보호 문제 등이 존재	- 미국의 'Micro-transit' 서비스 - 국내의 '수요응답형 택시' 시범 사업	- 수요 예측 정확도 향상 및 운영 효율성 확보가 중요 - 지역 특성을 고려한 서비스 설계가 필요
교통정보 연계 관리	교통정보 통합 플랫폼	다양한 교통정보를 통합 관리하고, 이용자에게 필요한 정보를 제공	빅데이터 분석, 정보 시각화 기술을 활용하여 방대한 교통정보를 효과적으로 처리하고 제공	- 다양한 교통정보 데이터를 수집, 정제, 통합하여 AI 모델이 분석 - 분석 결과를 다양한 형태로 시각화하여 제공	- 정보 접근성 향상 - 의사결정 지원 - 교통 관리 효율성 증대	- 데이터 표준화의 어려움 - 정보 보안 문제 - 실시간 데이터 처리의 제약 등이 존재	- 국토교통부의 '교통 데이터 개방 플랫폼', - 각 도시의 '교통정보 센터'	- 데이터 개방 및 공유 확대가 중요 - 다양한 데이터 활용 모델 개발이 필요
	사고 정보 공유 시스템	교통사고 발생 시 관련 정보를 실시간으로 공유하여 신속한 대응을 가능하게 한다.	컴퓨터 비전, 자연어 처리 기술을 활용하여 사고 상황을 신속하게 파악하고 정보를 추출	- CCTV 영상 - 차량 센서 데이터 - 신고 정보 등을 AI 모델이 분석하여 사고 위치, 규모, 관련 정보 등을 추출하고, 관련 기관에 자동으로 공유	- 사고 대응 시간 단축 - 2차사고예방, 인명피해 감소	- 영상 분석 정확도 - 오탐지 가능성 - 개인정보 유출 위험 등이 존재	- eCall 시스템, - 차량 블랙박스 영상 자동 분석 시스템	- 사고 감지 및 정보 공유 시스템의 신뢰성 확보가 중요 - 관련 기관 간 협력 체계 구축이 필요하다

Smart Traffic Management, https://www.digi.com/blog/post

4) 머신러닝, 딥러닝 기반 실시간 데이터에 의한 교통량 예측, 신호시간 조정, 혼잡 감소

- 교통혼잡은 도시의 고질적인 문제이며, 이는 경제적 손실, 환경오염, 시민들의 스트레스 증가 등 다양한 문제를 야기한다.
- AI 기반 ITS는 머신러닝, 딥러닝과 같은 AI 기술과 실시간 데이터를 활용하여 교통량을 예측하고 신호시간을 조정함으로써 교통혼잡을 효과적으로 감소시킬 수 있다.

(1) 교통량 예측(과거 교통량 데이터, 날씨 정보, 이벤트 정보, 도로 상황 등을 머신러닝, 딥러닝 모델에 학습시켜 미래 교통량을 예측)

- 과거 교통량 데이터, 날씨 정보, 이벤트 정보, 도로 상황 등을 머신러닝, 딥러닝 모델에 학습시켜 미래 교통량을 예측할 수 있다.
- 예를 들어, 특정 시간대, 특정 도로의 교통량을 예측하여 운전자에게 혼잡 정보를 제공하고 우회 경로를 안내할 수 있다. 또한, 예측된 교통량 정보는 교통신호 제어시스템에 활용되어 신호시간을 조정하고 교통흐름을 원활하게 하는 데 기여한다.

① **딥러닝 기반 예측**: 딥러닝 모델은 복잡한 교통패턴을 학습하고 예측하는 데 탁월한 성능을 보인다. 순환 신경망(RNN)은 시계열 데이터 분석에 적합하며, 교통량 예측과 같은 시간에 따라 변화하는 데이터를 분석하는 데 효과적이다.

② **실시간 데이터 활용**: 실시간 교통 데이터를 예측모델에 입력하여 예측 정확도를 높일 수 있다. 예를 들어, 실시간 차량 속도, 교통량, 사고 정보 등을 활용하여 예측모델을 업데이트하고 더욱 정확한 예측 결과를 얻을 수 있다.

(2) 실시간 교통량, 차량 속도, 대기시간 등을 고려하여 신호시간 조정

- AI 기반 ITS는 실시간 교통량, 차량 속도, 대기시간 등을 고려하여 최적의 신호시간을 결정할 수 있다. 이를 통해 교통흐름을 원활하게 하고 혼잡을 줄일 수 있다.

① **강화학습 활용**: 강화학습은 에이전트가 환경과 상호 작용하면서 시행착오를 통해 학습하는 AI 기술이다. 교통신호 제어시스템에 강화학습을 적용하여, 실시간 교통상황에 따라 신호시간을 조절하고 보상을 최대화하는 방향으로 학습시킬 수 있다.

② **혼잡 감소 효과**: AI 기반 신호 제어시스템은 교통혼잡을 효과적으로 감소시킨다. 인천시는 AI 기반 신호 최적화 기술을 적용하여 10개 주요 간선도로의 통행 속도를 평균 4.4% 향상시키고 지체 시간을 평균 8.0% 단축했다.

(3) AI 기반 ITS는 교통량 예측, 신호시간 조정, 경로 안내 등을 통해 교통혼잡의 감소

① **AI 기반 ITS는 교통량 예측, 신호시간 조정, 경로 안내 등을 통해 교통혼잡의 감소**

AI 기반 ITS는 교통량 예측, 신호시간 조정, 경로 안내 등 다양한 기능을 통해 교통혼잡을 감소시킨다.

- **예측 기반 혼잡 완화**: AI는 미래 교통량을 예측하여 혼잡이 예상되는 구간을 파악하고, 운전자에게 우회 경로를 안내하거나 교통량을 분산시키는 등의 조치를 취할 수 있다.
- **실시간 대응**: 실시간 교통 데이터를 분석하여 혼잡 상황에 즉각적으로 대응할 수 있다. 예를 들어, 사고 발생 시 AI는 즉시 주변 차량에 정보를 제공하고 우회 경로를 안내하여 혼잡 확산을 방지할 수 있다.

- **사회적 비용 절감**: AI 기반 ITS는 교통혼잡으로 인한 사회적 비용을 절감하는 데 기여한다. 교통혼잡은 연료소비 증가, 시간낭비, 대기오염 등 다양한 사회적 비용을 발생시키는데, AI 기반 ITS는 이러한 비용을 줄이는 데 효과적이다.

② 머신러닝(ML: Machine Learning) 기반 실시간 데이터 활용 교통관리 시스템의 목표. 기술, 원리, 효과, 활용 사례

AI 기반 도시교통분야 머신러닝(ML) 분야별 목표, 역할, 기술, 작동 원리, 효과, 활용 예시

ML 실시간 도시교통관리 활용 분야	ML기반 실시간 데이터 목표	ML기반 실시간 데이터 역할	ML기반 실시간 데이터 주요 기술	ML기반 실시간 데이터 작동 원리	ML기반 실시간 데이터 기대 효과	ML기반 실시간 데이터 활용 예시
교통량 예측	미래 교통량 정확도 향상 및 교통 정책 수립 지원	실시간 데이터 분석 통한 교통량 예측 및 교통 흐름 최적화	- 계열 분석 - 회귀 분석	과거 교통량 데이터 학습 통한 미래 교통량 예측	- 교통혼잡 완화 - 교통 인프라 효율성 향상	실시간 교통량 예측 기반 신호등 제어시스템 구축
신호시간 조정	교통흐름 효율적 관리 및 지체 시간 최소화	실시간 교통량 데이터 기반 신호 시간 동적 조정	규칙 기반 시스템	교통량 변화 감지 및 최적 신호시간 계산	- 교통흐름 개선 - 에너지 소비 감소 - 대기 질 개선	실시간 교통량 기반 신호등 시간 자동 조정 시스템 구축
혼잡 감소	교통체증 완화 및 통행 시간 단축	교통혼잡 발생 지점 예측 및 우회 경로 안내	- 군집화 - 분류 - 경로 최적화 알고리즘	교통패턴 분석 및 혼잡 예측 후 최적 경로 안내	- 통행 시간 단축 - 연료 소비 감소 - 교통 안정성 향상	교통혼잡 예측 기반 내비게이션 경로 안내 서비스 제공
대중교통 시스템 최적화	대중교통 효율성 증대 및 이용 만족도 향상	수요 예측, 배차 간격 조정, 노선 최적화	- 시계열 분석 - 군집화 - 최적화 알고리즘	승객 데이터 분석 통한 수요 예측 및 최적 배차/노선 계획 수립	- 대중교통 이용률 증대 - 운행 비용 절감 - 서비스 질 향상	실시간 승객 수요 기반 배차 간격 자동 조정 시스템 구축
자율주행	안전하고 효율적 자율주행시스템 구현	객체 인식, 경로 계획, 상황 판단 및 제어	- 센서 융합	센서 데이터 기반 객체 인식 및 상황 판단 후 자율주행 경로 생성 및 제어	- 교통사고 감소 - 이동 편의성 향상 - 교통 효율성 증대	자율주행차량의 실시간 경로 계획 및 장애물 회피 시스템 개발
교통안전	교통사고 감소 및 안전한 교통 환경 조성	위험 상황 예측, 사고 감지, 위험 경고	- 분류 - 객체 탐지 - 이상 감지 알고리즘	사고 데이터 및 실시간 데이터 분석 통한 위험 상황 예측 및 경고	- 교통사고 감소 - 인명 피해 감소 - 교통안전성 향상	사고 발생 위험 지점 예측 및 운전자 경고시스템 개발
MaaS (Mobility as a Service)	통합 모빌리티 서비스 제공 및 이용 편의성 증대	수요 기반 최적 모빌리티 서비스 연계 및 제공	- 추천 시스템 - 경로 최적화 - 실시간 매칭 알고리즘	사용자 이동 패턴 및 선호도 분석 후 최적 모빌리티 서비스 추천 및 연계	- 이동 편의성 향상 - 이동 비용 절감 - 지속 가능한 이동 환경 조성	개인 맞춤형 이동경로 및 모빌리티 서비스 통합 제공 플랫폼 개발
보행 통행	보행자 안전 확보 및 통행 편의성 증대	보행자 이동 패턴 분석 및 안전 확보	- 컴퓨터 비전 - 군집화 - 경로 계획 알고리즘	보행자 이동 데이터 분석 통한 안전 위협 예측 및 보행 환경 개선	- 보행자 안전 증진 - 보행 환경 개선 - 도시 보행률 증대	- 보행자 밀집 지역 안전 관리 및 보행 경로 최적화 시스템 구축

③ 딥러닝(Deep Learning) 기반 실시간 데이터 활용 분야별 목표, 역할, 기술, 작동 원리, 효과, 활용 예시

딥러닝 기반 실시간 데이터 활용 분야별 목표, 역할, 기술, 작동 원리, 효과, 활용 예시

딥러닝 실시간 데이터 활용 분야	딥러닝 시간데이터 목표	딥러닝 시간데이터 역할	딥러닝 시간데이터 주요 기술	딥러닝 시간데이터작동 원리	딥러닝 시간데이터기대 효과	딥러닝 시간데이터활용 예시
교통량 예측	초 단위 교통량 예측 정확도 향상 및 사전 교통 관리	실시간 센서 데이터 기반 교통량 급변 예측 및 교통흐름 제어	LSTM, GRU, Transformer, 시공간 그래프 신경망(STGCN)	실시간 센서 데이터 학습 통한 교통량 급증/급감 예측 및 대응	교통혼잡 완화, 사고 예방, 실시간 교통 관리 효율성 증대	돌발상황 발생 예측 및 실시간 신호등 제어시스템 개발
신호시간 조정	초 단위 교통량 변화 기반 실시간 신호 최적화	실시간 영상 데이터 분석 통한 신호시간 동적 조정 및 차량 흐름 최적화	CNN, 강화 학습, 실시간 객체 탐지	실시간 영상 기반 차량 밀도 및 흐름 변화 분석 후 신호 시간 최적화	실시간 교통흐름 개선, 돌발상황 대응능력 향상, 신호 최적화 효율성 증대	실시간 차량 흐름 기반 신호등 시간 자동 조정 시스템 개발
혼잡 감소	초 단위 교통혼잡 예측 및 실시간 우회 경로 안내	실시간 내비게이션 데이터 기반 혼잡 예측 및 최적 경로 추천	CNN-LSTM, 강화학습, 실시간 경로 최적화	실시간 내비게이션 데이터 분석 통한 혼잡 급증/급감 예측 후 최적 경로 안내	실시간 교통혼잡 완화, 돌발상황 대응능력 향상, 경로 안내 신뢰성 증대	실시간 교통혼잡 예측 기반 최적 경로 안내 내비게이션 서비스 개발
대중교통 시스템 최적화	실시간 승객 수요 기반 배차/노선 동적 조정	실시간 승객 데이터 분석 통한 탄력적 배차 및 노선 운영	RNN, Transformer, 실시간 수요 예측	실시간 승객 데이터 학습 통한 수요 급변 예측 및 최적 배차/노선 조정	실시간 대중교통 이용 편의성 향상, 탄력적 운행, 실시간 수요 대응능력 증대	실시간 승객 수요 기반 배차 간격 및 노선 자동 조정 시스템 개발
자율주행	초 단위 실시간 상황 판단 및 제어 통한 자율주행 안전성 극대화	실시간 센서 데이터 및 영상 데이터 기반 주변 환경 인지 및 자율주행 제어	CNN, RNN, 강화 학습, 센서 융합	실시간 센서 및 영상 데이터 기반 객체 인식 및 상황 판단 후 자율주행 제어	실시간 돌발상황 대응능력 향상, 자율주행 안전성 극대화, 실시간 제어 성능 향상	실시간 돌발상황 대응 자율주행 안전 시스템 개발
교통안전	초 단위 위험 상황 감지 및 실시간 경고 시스템 개발	실시간 영상 및 센서 데이터 분석 통한 사고 위험 예측 및 경고	CNN-LSTM, 객체 탐지, 이상 감지 알고리즘	실시간 영상 및 센서 데이터 기반 위험 상황 예측 및 경고	실시간 교통사고 예방, 즉각적 대응, 안전 경고 신뢰성 증대	실시간 위험 상황 예측 및 운전자 경고시스템 개발
MaaS (Mobility as a Service)	초 단위 이동 수요 변화 기반 실시간 서비스 연계	실시간 이동 데이터 분석 통한 최적 모빌리티 서비스 연계 및 제공	강화 학습, 실시간 매칭, 수요 예측	실시간 이동 데이터 학습 통한 수요 급변 예측 및 최적 모빌리티 서비스 연계	실시간 이동 편의성 향상, 탄력적 서비스 제공, 실시간 수요 대응능력 증대	실시간 이동 수요 기반 최적 모빌리티 서비스 연계 플랫폼 개발
보행 통행	초 단위 보행자 안전 위협 감지 및 실시간 대응	실시간 영상 데이터 분석 통한 보행자 안전 위협 감지 및 경고	CNN, 객체 탐지, 실시간 추적 알고리즘	실시간 영상 데이터 기반 보행자 안전 위협 감지 및 경고	실시간 보행자 안전 확보, 즉각적 대응, 보행 안전 경고 신뢰성 증대	실시간 보행자 안전 위협 감지 및 경고시스템 개발

2. AI 기반 ITS는 빅데이터, IoT, 클라우드 컴퓨팅과 융합을 통해 구축

- AI 기반 ITS는 빅데이터, IoT, 클라우드 컴퓨팅 등 다양한 첨단 기술의 융합을 통해 구축된다.
- 각 기술은 ITS 서비스 분야별로 특화된 목표, 작동 원리, 효과 등을 가지며, 상호 보완적으로 작용하여 지능형 교통시스템의 발전을 도모한다.

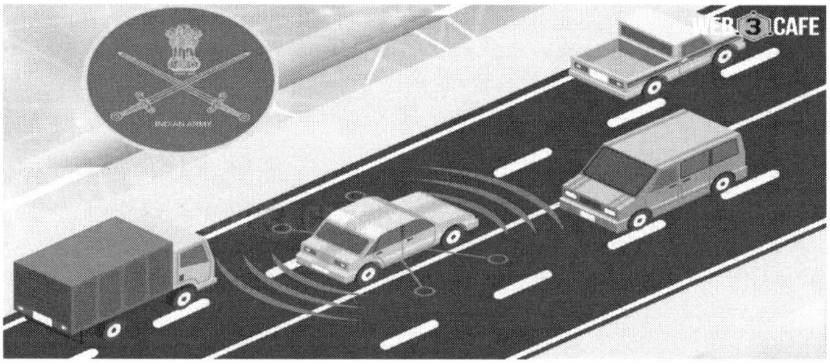

https://www.web3cafe.in/artificial-intelligence/s

1) 빅데이터 기반 도시교통 관리 전략

(1) 빅데이터 기반 교통흐름 최적화 기법

① **목표**: 대규모 교통 데이터를 분석하여 교통흐름 패턴을 파악하고 최적의 신호 제어 전략을 수립한다.

② **특징**: 방대한 양의 데이터를 효율적으로 처리하고 분석하여 의미 있는 정보를 추출한다.

③ **작동 원리**: 교통 센서, CCTV, 내비게이션 등에서 수집된 데이터를 통합 분석하여 실시간 교통량, 속도, 지체 등을 파악하고, 이를 기반으로 신호 제어 시스템을 최적화한다.

④ **효과**: 교통체증 감소, 통행 시간 단축, 연료 소비 절감.

⑤ **장단점**: 데이터 보안 및 개인정보 보호 문제, 데이터 처리 및 분석 비용 증가

⑥ **활용 사례:** 서울시 심야 버스 노선 최적화, 런던 혼잡 통행료 징수 시스템

⑦ **시사점**: 데이터 중심의 의사결정 시스템 구축 및 데이터 관리 정책 강화가 요구된다.

(2) AI 기반 도시교통분야에서 빅데이터(Big Data) 활용 분야별 목표, 역할, 기술, 작동 원리, 효과, 활용 사례

AI 기반 도시교통분야 빅데이터 활용 분야별 목표, 역할, 기술, 작동 원리, 효과, 활용 사례

빅데이터 도시교통 활용 분야	빅데이터 목표	빅데이터 역할	빅데이터 주요 기술	빅데이터 작동 원리	빅데이터 기대 효과	빅데이터 활용 사례
교통량 예측 및 관리	실시간 교통량 예측 정확도 향상 및 교통혼잡 완화	다양한 교통 데이터 통합 분석 통한 교통량 변화 예측 및 최적 교통흐름 관리	시계열 분석, 회귀분석, 데이터 마이닝, GIS	실시간 교통 데이터 및 과거 교통패턴 분석 통한 미래 교통량 예측 및 최적 신호 제어	교통혼잡 완화, 통행 시간 단축, 교통 효율성 증대	실시간 교통 데이터 기반 스마트 신호 시스템 구축 및 교통량 예측 서비스 제공
대중교통시스템 최적화	대중교통 이용률 증대 및 운행 효율성 향상	대중교통 이용 데이터 분석 통한 노선 최적화 및 배차 간격 조정	군집 분석, 경로 최적화, 수요 예측 알고리즘	대중교통 이용 데이터 분석 통한 승객 수요 예측 및 노선 최적화	대중교통 이용률 증대, 운행 비용 절감, 서비스 만족도 향상	실시간 승객 수요 기반 탄력적 배차 시스템 및 최적 노선 추천 서비스 개발
교통안전 증진	교통사고 감소 및 안전한 교통 환경 조성	교통사고 데이터 분석 통한 위험 요인 파악 및 사고 예측	이상 감지, 패턴 분석, 예측모델링	교통사고 데이터 분석 통한 위험 구간 파악 및 사고 예측 모델링	교통사고 감소, 인명 피해 최소화, 교통안전성 향상	교통사고 위험 구간 예측 및 사전 경고시스템 개발, 교통안전 교육 자료 제작
MaaS(Mobility as a Service) 서비스 제공	개인 맞춤형 이동 서비스 제공 및 이동 편의성 향상	다양한 이동 데이터 통합 분석 통한 맞춤형 이동 서비스 제공	추천 시스템, 경로 최적화, 실시간 매칭 알고리즘	사용자 이동 패턴 및 선호도 분석 후 최적 이동 서비스 추천 및 연계	이동 편의성 증대, 이동시간 단축, 개인 맞춤형 이동 경험 제공	실시간 이동 데이터 기반 개인 맞춤형 이동 서비스 통합 제공 플랫폼 개발
보행 환경 개선	보행자 안전 확보 및 보행 편의성 증대	보행자 이동 데이터 분석 통한 안전 위협 파악 및 보행 환경 개선	군집 분석, 공간 분석, 경로 계획 알고리즘	보행자 이동 데이터 분석 통한 안전 위협 예측 및 보행 환경 취약 지점 파악	보행자 안전 증진, 보행 환경 개선, 도시 보행률 증대	보행자 밀집 지역 안전 관리 시스템 및 보행 경로 최적화 서비스 개발
교통 인프라 관리	교통 인프라 유지보수 효율성 향상 및 안전성 확보	교통 인프라 데이터 분석 통한 노후화 예측 및 유지보수 시점 결정	시계열 분석, 이상 감지, 예측모델링	센서 데이터 및 과거 유지보수 데이터 분석 통한 인프라 노후화 예측 및 유지보수 계획 수립	인프라 유지보수 비용 절감, 안전 사고 예방, 인프라 수명 연장	센서 데이터 기반 교량 및 도로 안전 관리 시스템 구축 및 유지보수 시점 예측 서비스 제공

2) AI 도시교통에서 IoT(Internet of Things) 기반 도시교통시스템 운영 전략

(1) IoT 기반 도시교통시스템의 목표, 특징, 작동 원리, 효과, 활용 사례

① **목표**: 도로 인프라와 차량 간의 실시간 통신을 통해 교통흐름을 능동적으로 관리한다.

② **특징**: 도로 센서, 차량 센서, 통신 장치 등을 연결하여 실시간 교통정보를 수집하고 공유한다.

③ **작동 원리**: 도로 센서는 차량의 속도, 교통량 등을 감지하고, 차량 센서는 차량 간 거리, 속도 등을 측정하여 중앙 관제 시스템으로 데이터를 전송한다. 시스템은 데이터를 분석하여 신호 제어, 차량 흐름 제어 등에 활용한다.

④ **효과**: 교통흐름 예측 정확도 향상, 실시간 신호 제어, 사고 예방

⑤ **장단점**: 통신 인프라 구축비용, 통신 보안 문제, 센서 오작동 가능성

⑥ **활용 사례**: 스마트 교차로, 스마트 주차 시스템, 차량 간 통신 기반 교통안전 시스템

⑦ **시사점**: 통신 인프라 구축 및 유지 보수 전략 수립, 통신 보안 기술 개발이 필요하다.

What Is The Future Of Artificial Intelligence AI In Transportation?, https://www.modeshift.com/

(2) AI 도시교통에서 IoT 기반 도시교통시스템 운영 전략별 목표, 역할, 기술, 작동 원리, 효과, 활용 사례

IoT 기반 도시교통시스템 운영 전략별 목표, 역할, 기술, 작동 원리, 효과, 활용 사례

IoT 기반 교통시스템 운영 전략	IoT 목표	IoT 역할	IoT 주요 기술	IoT 작동 원리	IoT 기대 효과	IoT 활용 사례
실시간 교통정보 수집 및 제공	실시간 교통 상황 파악 및 교통흐름 최적화	IoT 센서 활용 실시간 교통정보 수집 및 분석 후 사용자에게 제공	- IoT 센서(차량 감지, 카메라, 속도 감지 등) - 통신 네트워크 - 데이터 처리 및 분석 시스템	- IoT 센서 통해 실시간 교통정보 수집 - 통신망 기반 데이터 전송 후 분석 통해 사용자에게 정보 제공	- 교통혼잡 완화 - 통행 시간 단축 - 교통정보 접근성 향상	- 실시간 교통정보 제공 내비게이션 서비스 - 스마트 교통신호 시스템 구축
스마트 교통신호 시스템 운영	교통흐름 효율적 관리 및 신호 최적화	실시간 교통량 데이터 기반 신호시간 자동 조정 및 교통흐름 최적화	- IoT 센서(차량 감지, 교통량 측정 등) - 통신 네트워크 - AI 알고리즘(강화 학습, 딥러닝)	- IoT 센서 통해 실시간 교통량 데이터 수집 - AI 알고리즘 통해 최적 신호시간 계산 후 신호등 제어	- 교통체증 감소 - 통행 시간 단축 - 신호 최적화 효율성 증대	- 실시간 교통량 기반 스마트 신호 시스템 - 긴급차량 우선 신호 시스템 구축
스마트 주차 시스템 운영	주차 공간 효율적 관리 및 사용자 편의성 증대	IoT 센서 활용 주차 공간 정보 실시간 제공 및 주차 예약/안내 서비스 제공	- IoT 센서(주차 공간 감지, 차량 인식 등), 통신 네트워크 - 앱/웹 서비스	- IoT 센서 통해 주차 공간 정보 실시간 수집 - 앱/웹 통해 사용자에게 정보 제공 및 예약/안내 서비스 제공	- 주차 공간 탐색 시간 단축 - 주차 효율성 향상 - 사용자 편의성 증대	- 실시간 주차 공간 정보 제공 앱 - 주차 예약/안내 서비스 플랫폼 개발
대중교통 시스템 운영 최적화	대중교통 이용 편의성 증대 및 운행 효율성 향상	IoT 센서 활용 승객 데이터 수집 및 분석 후 최적 노선 및 배차 간격 조정	- IoT 센서(승객 수 측정, 차량 위치 추적 등) - 통신 네트워크 - AI 알고리즘(수요 예측, 경로 최적화)	- IoT 센서 통해 승객 데이터 실시간 수집 - AI 알고리즘 통해 최적 노선 및 배차 간격 계산 후 조정	- 대중교통 이용률 증대 - 운행 비용 절감 - 서비스 만족도 향상	- 실시간 승객 수요 기반 탄력적 배차 시스템 - 최적 노선 추천 서비스 개발
교통 인프라 안전 관리	교통 인프라 안전성 확보 및 유지보수 효율성 향상	IoT 센서 활용 인프라 상태 실시간 모니터링 및 위험 감지 시스템 구축	- IoT 센서(진동 감지, 균열 감지, 기울기 감지 등) - 통신 네트워크 - 이상 감지 알고리즘	- IoT 센서 통해 인프라 상태 실시간 모니터링 - 인프라 이상 감지 알고리즘 통해 위험 감지 및 경고	- 교통사고 예방 - 유지보수 비용 절감 - 인프라 수명 연장	- 교량 및 도로 안전 관리 시스템 구축 - 실시간 이상 감지 경고 서비스 제공

3) AI 도시교통에서 교통정보 연계 관리

(1) AI 도시교통에서 클라우드 컴퓨팅(Cloud Computing)

① **목표**: 대규모 사용자에게 실시간 교통정보를 제공하고 맞춤형 모빌리티 서비스를 지원한다.

② **특징**: 대용량 데이터를 저장하고 처리할 수 있는 확장성과 유연성을 제공한다.

③ **작동 원리**: 클라우드 서버는 다양한 교통정보를 통합 관리하고, 사용자의 요청에 따라 실시간 교통정보, 최적 경로, 대중교통 이용 정보 등을 제공한다.

④ **효과**: 실시간 정보 제공, 맞춤형 모빌리티 서비스, 시스템 유지 보수 비용 절감

⑤ **장단점**: 데이터 보안 및 프라이버시 문제, 서비스 중단 가능성, 클라우드 서비스 비용

⑥ **활용 사례**: 실시간 버스 도착 정보 앱, 통합 모빌리티 서비스 플랫폼, 온디맨드 교통서비스

⑦ **시사점**: 클라우드 서비스 안정성 및 보안 강화, 데이터 프라이버시 보호 정책 마련이 필요하다.

(2) AI 도시교통에서 클라우드 컴퓨팅(Cloud Computing) 기반 도시교통시스템 운영 전략별 목표, 역할, 기술, 작동 원리, 효과, 활용 사례

AI 기반 도시교통분야 클라우드 컴퓨팅 기반 도시교통시스템 운영 전략별 목표, 역할, 기술, 작동 원리, 효과, 활용 사례

클라우드 컴퓨팅 기반 교통시스템 운영 전략	클라우드 컴퓨팅 목표	클라우드 컴퓨팅 역할	클라우드 컴퓨팅 주요 기술	클라우드 컴퓨팅 작동 원리	클라우드 컴퓨팅 기대 효과	클라우드 컴퓨팅 활용 사례
실시간 교통정보 제공	사용자 맞춤형 교통정보 제공 및 교통흐름 최적화	실시간 교통 데이터 클라우드 저장 및 분석 후 사용자에게 제공	클라우드 스토리지, 데이터 처리 및 분석 플랫폼, API	IoT 센서, 내비게이션, 교통 관리 시스템 등으로부터 실시간 데이터 수집 후 클라우드 저장 및 분석, API 통해 사용자에게 정보 제공	- 실시간 교통정보 접근성 향상 - 맞춤형 경로 안내 - 교통흐름 개선	- 실시간 교통정보 제공 앱 - 실시간 내비게이션 서비스 - 실시간돌발 상황 알림 서비스
맞춤형 모빌리티 서비스 지원	개인 맞춤형 이동 서비스 제공 및 이동 편의성 향상	사용자 이동 데이터 클라우드 저장 및 분석 후 맞춤형 모빌리티 서비스 제공	클라우드 기반 추천 시스템, 데이터 분석 플랫폼, 모빌리티 서비스 API	사용자 이동 패턴, 선호도, 실시간 데이터 분석 후 최적 모빌리티 서비스 추천 및 연계, API 통해 서비스 제공	- 개인 맞춤형 이동 경험 제공 - 이동시간 단축 - 다양한 모빌리티 서비스 통합 관리	- 개인 맞춤형 이동경로 추천 및 모빌리티 서비스 통합 제공 플랫폼 - 실시간 이동 수요 기반 차량 공유 서비스
스마트 교통신호 시스템 운영	실시간 교통량 기반 신호 최적화 및 교통 효율성 증대	실시간 교통량 데이터 클라우드 저장 및 AI 기반 분석 후 신호 제어시스템에 적용	클라우드 기반 AI 플랫폼, 데이터 분석 플랫폼, 신호 제어 API	실시간 교통량 데이터 클라우드 저장, AI 모델 통해 최적 신호시간 계산 후 신호 제어시스템에 적용, API 통해 제어	- 실시간 교통흐름 개선 - 신호 최적화 효율성 증대 - 돌발상황 대응 능력 향상	- 실시간 교통량 기반 스마트 신호 시스템 - 긴급차량 우선 신호 시스템

클라우드 컴퓨팅 기반 교통시스템 운영 전략	클라우드 컴퓨팅 목표	클라우드 컴퓨팅 역할	클라우드 컴퓨팅 주요 기술	클라우드 컴퓨팅 작동 원리	클라우드 컴퓨팅 기대 효과	클라우드 컴퓨팅 활용 사례
대중교통시스템 운영 최적화	실시간 승객 수요 기반 탄력적 배차 및 노선 운영	실시간 승객 데이터 클라우드 저장 및 분석 후 배차 및 노선 최적화	클라우드 기반 수요 예측모델, 경로 최적화 플랫폼, 대중교통 운영 시스템 API	실시간 승객 데이터 클라우드 저장, 수요 예측 및 경로 최적화 모델 통해 최적 배차 및 노선 계산 후 운영 시스템에 적용, API 통해 제어	- 실시간 대중교통 이용 편의성 향상 - 탄력적 운행 - 운행 효율성 증대	- 실시간 승객 수요 기반 배차 간격 및 노선 자동 조정 시스템 - 실시간 승객 정보 제공 서비스
교통 인프라 안전 관리	실시간 인프라 상태 모니터링 및 안전 확보	IoT 센서 데이터 클라우드 저장 및 이상 감지 후 유지보수 시스템에 알림	클라우드 기반 이상 감지 모델, 실시간 모니터링 플랫폼, 유지보수 시스템 API	IoT 센서 통해 인프라 상태 데이터 실시간 수집 후 클라우드 저장, 이상 감지 모델 통해 위험 감지 후 유지보수 시스템에 알림, API 통해 알림 전송	- 교통사고 예방 - 인프라 유지보수 효율성 향상 - 인프라 수명 연장	- 교량 및 도로 안전 관리 시스템 - 실시간 인프라 이상 감지 경고 서비스
보행자 안전 관리	실시간 보행 환경 모니터링 및 안전 위협 감지	실시간 영상 데이터 클라우드 저장 및 AI 기반 분석 후 위험 경고	클라우드 기반 객체 탐지 모델, 실시간 추적 플랫폼, 경고시스템 API	실시간 영상 데이터 클라우드 저장, 객체 탐지 모델 통해 위험 상황 감지 후 경고시스템에 전달, API 통해 경고 전송	- 실시간 보행자 안전 확보 - 보행자 사고 예방 - 보행 환경 개선	- 보행자 밀집 지역 안전 관리 시스템 - 실시간 위험 경고 서비스

How AI is Revolutionizing Urban Traffic Management and Safety, https://medium.com/@aitechdaily/

4) 도로 위험 구간 관리

(1) IoT 기반 도로 위험 구간 관리

① **목표**: 도로 위험 구간의 실시간 정보를 감지하고 경고하여 교통사고를 예방한다.

② **특징**: 도로 센서, 기상 센서 등을 통해 실시간 위험 정보를 수집하고 사용자

에게 전달한다.

③ **작동 원리**: 도로 센서는 도로 상태(결빙, 파손 등), 기상 센서는 기상 정보(강우, 강설 등)를 감지하여 위험 상황을 판단하고, 이를 사용자에게 경고 메시지, 도로 전광판 등을 통해 전달한다.

④ **효과**: 교통사고 감소, 도로 유지 보수 효율성 향상, 사용자 안전 증진

⑤ **장단점**: 센서 설치 및 유지 보수 비용, 센서 오작동 가능성, 경고시스템의 신뢰성 문제.

⑥ **활용 사례**: 도로 결빙 감지 시스템, 낙석 감지 시스템, 기상 정보 기반 도로 통제 시스템

⑦ **시사점**: 센서 네트워크 구축 및 관리, 위험 예측 알고리즘 개발, 경고시스템 신뢰성 확보가 필요하다.

3. AI와 ITS 기반 교통흐름(Traffic Flow) 관리

교통흐름 관리는 ITS의 핵심 기능 중 하나이며, AI는 교통흐름 관리의 효율성을 높이는 데 중요한 역할을 한다.

1) AI와 ITS 기반 교통흐름(Traffic Flow) 관리 전략

(1) 실시간 교통상황 모니터링

AI는 CCTV 영상, 센서 데이터, GPS 데이터 등을 실시간으로 분석하여 교통흐름을 모니터링 한다. 이를 통해 교통량, 차량 속도, 혼잡 구간 등을 파악하고, 교통흐름에 영향을 미치는 요인을 분석한다.

(2) 혼잡 예측 및 관리

AI는 과거 교통 데이터, 실시간 교통 데이터, 날씨 정보 등을 분석하여 혼잡을 예측하고, 혼잡 발생 시 교통흐름을 분산시키거나 우회 경로를 안내하는 등의 조치를 취한다.

(3) 사고 예방 및 대응

AI는 차량 간 통신(V2V), 차량과 인프라 간 통신(V2I) 등을 통해 차량의 위치, 속도, 주변 환경 정보 등을 실시간으로 파악하고, 위험 상황 발생 시 운전자에게 경고 메시지를 전송하거나 자동으로 차량을 제어하여 사고를 예방한다. 또한, 사고 발생 시 AI는 즉시 구급차, 경찰 등에 연락하고, 주변 차량에 사고 정보를 제공하여 2차 사고를 예방한다.

(4) 도로 용량 관리

AI는 교통량, 차량 속도, 도로 환경 등을 분석하여 도로 용량을 관리하고, 혼잡을 최소화한다. 예를 들어, AI는 혼잡 구간의 차량 속도를 제한하거나, 차선 이용 방식을 변경하여 도로 용량을 효율적으로 관리할 수 있다.

(5) 스마트 교통신호등 시스템

스마트 교통신호등 시스템은 AI 기반 ITS의 핵심 요소 중 하나이며, 실시간 교통상황에 따라 신호시간을 조절하여 교통흐름을 최적화한다.

(6) 실시간 교통량 기반 신호 제어

스마트 교통신호등 시스템은 CCTV 영상, 센서 데이터 등을 통해 실시간 교통량을 파악하고, 이를 기반으로 신호시간을 조절한다. 예를 들어, 교통량이 많은 방향의 신호시간을 늘리고, 교통량이 적은 방향의 신호시간을 줄여 교통흐름을 원활하게 한다.

(7) 긴급차량 우선 신호 시스템

스마트 교통신호등 시스템은 긴급차량(소방차, 구급차 등)이 교차로에 접근하면, 긴급차량의 이동 경로를 파악하고, 긴급차량에 우선 신호를 부여하여 신속하게 이동할 수 있도록 한다.

(8) 보행자 안전 향상

스마트 교통신호등 시스템은 보행자의 안전을 위해 횡단보도 신호시간을 조절하고, 보행자 감지 센서를 통해 보행자를 인식하여 운전자에게 경고 메시지를 전송한다.

(9) 에너지 절약

스마트 교통신호등 시스템은 교통량에 따라 신호시간을 조절하여 불필요한 신호 대기시간을 줄이고, 이를 통해 에너지를 절약할 수 있다.

2) AI 기반 ITS 교통흐름 관리전략 적용 시 목표, 기술, 작동 원리, 효과, 활용 사례

AI 기반 ITS 교통흐름 관리 전략 적용 시 목표, 기술, 작동 원리, 효과, 활용 사례

IT 교통흐름 관리전략 분야	목표	AI 기술 특징	작동 원리	효과	활용 사례	시사점
실시간 교통상황 모니터링	CCTV 영상, 센서 데이터, GPS 데이터 실시간 분석을 통한 교통흐름 파악	- 영상 분석 - 데이터 융합	다양한 데이터 실시간 분석 후 교통량, 속도, 혼잡 구간 등 파악	- 교통상황 실시간 파악 - 문제 발생 시 즉각 대응	- 스마트 시티 교통관제 시스템 - 내비게이션 앱 실시간 교통정보 제공	- 데이터 수집 및 분석 기술 고도화 - 다양한 데이터 융합 필요
혼잡 예측 및 관리	과거 및 실시간 데이터 분석을 통한 혼잡 예측 및 관리	- 시계열 예측 - 패턴 분석	과거 교통 데이터, 실시간 교통 데이터, 날씨 정보 등 분석 후 혼잡 예측 및 우회 경로 안내	- 혼잡 발생 전 사전 조치 - 교통흐름 분산	- 내비게이션 앱 실시간 우회 경로 안내 - 스마트 교통 관제 시스템 혼잡 예측	- 예측모델 정확도 향상 - 다양한 외부 요인 반영 필요
사고 예방 및 대응	차량 간 통신 및 센서 데이터 분석을 통한 사고 예방 및 대응	- V2V/V2I 통신 - 이상 감지	차량 위치, 속도, 주변 환경 정보 실시간 파악 후 위험 상황 시 경고 메시지 전송 또는 자동 제어	- 사고 예방 - 2차 사고 방지	- 자율주행차량 충돌 방지 시스템 - 차량 블랙박스 영상 분석 시스템	- 차량 간 통신 표준화 - 개인정보 보호 문제 해결 필요
도로 용량 관리	교통량, 속도, 도로 환경 분석을 통한 도로 용량 관리 및 혼잡 최소화	- 최적화 알고리즘 - 패턴 분석	교통량, 속도, 도로 환경 분석 후 차량 속도 제한, 차선 이용 방식 변경 등 도로 용량 관리	- 혼잡 감소 - 교통 효율성 향상	- 스마트 도로교통 관리 시스템 - 가변 차로 시스템	- 실시간 도로 환경 변화 반영 - 다양한 교통 시나리오 대응 필요
스마트 교통신호등 시스템	실시간 교통상황에 따른 신호시간 조절 및 교통흐름 최적화	- 강화 학습 - 시뮬레이션	CCTV 영상, 센서 데이터 분석 후 강화 학습 통해 최적 신호시간 결정	- 교통흐름 최적화 - 대기시간 감소	- 서울시 AI 기반 신호 제어시스템 - 해외 스마트 신호등 시스템	- 강화 학습 모델 안정성 확보 - 다양한 교통 환경 적용 필요
실시간 교통량 기반 신호 제어	실시간 교통량 파악 및 신호시간 조절을 통한 교통흐름 원활화	- 실시간 데이터 분석 - 최적화 알고리즘	CCTV 영상, 센서 데이터 통해 교통량 파악 후 교통량 기반 신호시간 조절	- 교통흐름 원활화 - 대기시간 감소	- 스마트 교차로 시스템 - 실시간 신호 제어 시스템	- 데이터 정확도 향상 - 실시간 데이터 처리 능력 강화 필요

IT 교통흐름 관리전략 분야	목표	AI 기술 특징	작동 원리	효과	활용 사례	시사점
긴급차량 우선 신호 시스템	긴급차량 접근 시 우선 신호 부여를 통한 신속한 이동 지원	- 위치 기반 서비스 - 우선 신호 제어	긴급차량 이동경로 파악 후 긴급차량 우선 신호 부여	- 긴급차량 신속 이동 - 응급 상황 대응력 향상	- 긴급차량 우선 신호 시스템 - 스마트 긴급차량 관리 시스템	- 시스템 안정성 및 신뢰성 확보 - 긴급차량 통행 방해 요소 제거 필요
보행자 안전 향상	보행자 안전을 위한 횡단보도 신호시간 조절 및 경고 메시지 전송	- 보행자 감지 센서 - 영상 분석	보행자 감지 센서 통해 보행자 인식 후 횡단보도 신호시간 조절 및 운전자 경고 메시지 전송	- 보행자 안전 확보 - 교통사고 감소	- 스마트 횡단보도 시스템 - 보행자 안전 감지 시스템	- 센서 및 영상 분석 정확도 향상 - 보행자 안전 관련 법규 준수 필요
에너지 절약	교통량에 따른 신호시간 조절을 통한 불필요한 신호 대기시간 감소 및 에너지 절약	- 최적화 알고리즘 - 에너지 소비 예측	교통량 분석 후 신호시간 조절 통해 불필요한 신호 대기시간 감소 및 에너지 소비 최소화	- 에너지 절약, 환경보호	- 스마트 교통신호등 시스템 에너지 절약 모드 - 친환경 교통시스템	- 에너지 효율성 향상 - 환경 관련 법규 준수 필요

4. AI 기반 대중교통시스템 최적화

1) 대중교통시스템의 현황 및 문제점

AI and Sustainable Transportation: Improving Public Transit, https://www.linkedin.com/uas/login

(1) 현황

- 대중교통은 도시의 핵심 인프라로서, 이동성과 접근성을 향상시키는 역할을 한다.
- 최근에는 스마트 시티의 발전과 함께 대중교통시스템도 지능화되고 있다.

(2) 문제점

■ 수요 예측의 부정확성으로 인한 차량 운행의 비효율성
■ 실시간 교통정보의 부족으로 인한 지연과 혼잡
■ 복잡한 노선과 환승 체계로 인한 이용자의 불편

2) AI 기반 대중교통 수요예측 및 배차 최적화

(1) 특징

■ AI 기술을 활용하여 대중교통 수요를 정확하게 예측하고, 이를 기반으로 차량 배차를 최적화한다.

(2) 기술

■ 머신러닝, 딥러닝, 빅데이터 분석 등

(3) 작동 방식

① **수요 예측**: 과거의 수요 데이터, 실시간 교통정보, 날씨 정보 등을 분석하여 미래의 수요를 예측한다.

② **배차 최적화**: 예측된 수요에 따라 차량의 배차를 최적화하여 운행 효율성을 향상시킨다.

③ **효과**

■ 운행 효율성 향상
■ 에너지 절감
■ 대기오염 감소

④ **활용 분야**

■ 버스, 지하철, 택시 등 다양한 대중교통수단에 적용 가능

⑤ **장단점**

■ 장점: 높은 정확도, 효율성 향상
■ 단점: 초기 구축비용이 높음, 데이터 수집 및 처리의 어려움

https://redresscompliance.com/AI-in-autonomous-public-transport/

3) AI 기반 대중교통 경로안내 및 환승 지원

(1) 특징

- 기술을 활용하여 이용자에게 최적의 경로를 안내하고, 환승을 지원한다.

(2) 기술

- 머신러닝, 딥러닝, 그래프 이론 등

(3) 작동 방식

① **실시간 교통정보 수집**: 실시간 교통정보를 수집하여 교통흐름을 파악한다.
② **최적 경로 계산**: 이용자의 출발지와 목적지를 입력받아 최적의 경로를 계산한다.
③ **환승 정보 제공**: 환승 정보를 제공하여 이용자의 편의를 향상시킨다.

(4) 효과

- 이용자의 이동시간 단축
- 이용자의 편의성 향상

(5) 활용 분야

- 스마트폰 앱, 스마트폰 단말기 등 다양한 플랫폼에 적용 가능

(6) 장단점

- **장점**: 이용자 편의성 향상, 교통혼잡 완화
- **단점**: 실시간 교통정보의 정확성에 의존적

4) MaaS 플랫폼: 대중교통수단을 통합하여 이용자에게 이동 서비스를 제공하는 플랫폼

(1) 특징

- 다양한 대중교통수단을 통합하여 이용자에게 편리한 이동 서비스를 제공하는 플랫폼

(2) 기술

- 모바일 애플리케이션, 클라우드 컴퓨팅, 빅데이터 분석 등

(3) 작동 방식

① **모바일 앱을 통한 서비스 제공**: 이용자는 모바일 앱을 통해 다양한 대중교통수단을 예약하고 결제할 수 있다.

② **실시간 교통정보 제공**: 실시간 교통정보를 제공하여 이용자의 이동 계획을 지원한다.

③ **통합 결제 시스템**: 다양한 대중교통수단을 통합 결제할 수 있는 시스템을 제공한다.

(4) 효과

- 이용자의 이동 편의성 향상
- 대중교통 이용률 증가

(5) 활용 분야

- 도시 내 이동 서비스, 관광 서비스 등 다양한 분야에 적용 가능

(6) 장단점

- **장점**: 이용자 편의성 향상, 대중교통 이용률 증가
- **단점**: 초기 구축비용이 높음, 다양한 대중교통 사업자와의 협력 필요

5) 대중교통 최적화 전략별, 특징, 기술, 작동 방식, 효과, 활용 분야, 장단점

대중교통 최적화 전략별, 특징, 기술, 작동 방식, 효과, 활용 분야, 장단점

대중교통 최적화 분야	특징	기술	작동 방식	효과	활용 분야	장단점
수요 예측 및 배차 최적화	- 수요 예측 - 배차 최적화	- 머신러닝 - 딥러닝 - 빅데이터 분석	- 수요 예측 - 배차 최적화	- 운행 효율성 향상 - 에너지 절감 - 대기오염 감소	- 버스, 지하철, 택시 등	- 높은 정확도 - 효율성 향상 - 초기 구축비용이 높음 - 데이터 수집 및 처리의 어려움
경로 안내 및 환승 지원	- 최적 경로 안내 - 환승 지원	- 머신러닝 - 딥러닝 - 그래프 이론	- 실시간 교통정보 수집 - 최적 경로 계산 - 환승 정보 제공	- 이용자의 이동 시간 단축 - 이용자의 편의성 향상	- 스마트폰 앱 - 스마트폰 단말기 등	- 이용자 편의성 향상, 교통혼잡 완화 - 실시간 교통정보의 정확성에 의존적
MaaS 플랫폼	- 다양한 대중교통수단 통합	- 모바일 애플리케이션 - 클라우드 컴퓨팅 - 빅데이터 분석	- 모바일 앱을 통한 서비스 제공 - 실시간 교통정보 제공 - 통합 결제 시스템	- 이용자의 이동 편의성 향상 - 대중교통 이용률 증가	- 도시 내 이동 서비스 - 관광 서비스 등	- 이용자 편의성 향상, 대중교통 이용률 증가 - 초기 구축비용이 높음 - 다양한 대중교통 사업자와의 협력 필요

5. 국내외 AI 기반 ITS 구축 사례를 분석 및 성공요인

1) 국내도시

(1) 서울시 교통정보센터(TOPIS)

서울시 교통정보센터(TOPIS)는 AI 기반 교통량 예측 시스템과 신호 제어시스템을 운영하고 있다. AI 기반 교통량 예측 시스템은 과거 교통 데이터와 실시간 교통정보를 분석하여 미래 교통량을 예측하고, 이를 기반으로 교통흐름을 효율적으로 관리한다. AI 기반 신호 제어시스템은 실시간 교통상황을 분석하여 교통신호를 최적화하고, 교통혼잡을 완화한다.

(2) 부산시 스마트 교통시스템

부산시는 AI 기반 CCTV 영상 분석 시스템과 주차 안내 시스템을 구축하였다. AI 기반 CCTV 영상 분석 시스템은 교통량, 차량 속도, 사고 발생 등을 실시간으로 분석하여 교통 관리 및 사고 예방에 활용된다. AI 기반 주차 안내 시스템은 주차 공간 정보를 실시간으로 제공하여 주차 편의를 증진한다.

부산시 '딥러닝기반 스마트교차로' 구축 완료, https://mobile.newsis.com/view/

(3) 기타 국내 사례

① **인천시**: 인천시는 AI 기반 스마트 교차로 시스템을 구축하여 교통흐름을 개선하고 사고 예방에 기여하고 있다. 스마트 교차로 시스템은 교차로 내 차량과 보행자의 움직임을 실시간으로 분석하여 신호 체계를 최적화하고, 긴급차량에 우선 신호를 제공하여 골든타임 확보를 지원한다.

② **대전시**: 대전시는 AI 기반 교통신호 제어시스템을 도입하여 교통혼잡을 완화하고 있다. 이 시스템은 실시간 교통량과 차량 속도를 분석하여 신호 주기를 조절하고, 교통흐름을 원활하게 한다.

③ **광주시**: 광주시는 AI 기반 교통정보 제공 시스템을 구축하여 시민들에게 실시간 교통정보를 제공하고 있다. 이 시스템은 교통상황, 사고 정보, 도로 공사 정보 등을 수집하여 시민들에게 제공함으로써, 시민들의 편리하고 안전한 이동을 지원한다.

④ **천안시**: 천안시는 AI 기반 스마트 횡단보도를 설치하여 보행자 안전을 강화하고 있다. 스마트 횡단보도는 횡단보도 영역에 검지 센서, 바닥 신호등 등을 설치하여 보행자의 안전한 횡단을 돕는다. 특히, 어린이, 노인 보호 구역 등 사고 발생 위험이 높은 지역에 설치하여 보행자 안전을 강화하고 있다.

⑤ **창원시**: 창원시는 AI 기반 교통안전 시스템을 구축하여 사고 예방에 힘쓰고 있다. 이 시스템은 AI 카메라를 활용하여 횡단보도 주변의 보행자와 차량을 감지하고, 상황에 맞는 사고 예방 정보를 운전자와 보행자에게 제공한다.

⑥ **원주시**: 원주시는 AI 기반 도로전광판 정보 제공 시스템을 구축하여 운전자에게 상황에 맞는 정보를 제공한다. 이 시스템은 교통사고, 돌발 정보, 기상 정보 등 다양한 데이터를 AI 모델을 통해 분석하고, 사고 발생 가능성이 높은 지점에 대한 정보를 도로전광판에 표시하여 운전자의 안전 운전을 돕는다.

⑦ **제주도**: KT는 제주도에 C-ITS 실증 사업을 구축하여 관광 산업에 특화된 서비스를 제공하고 있다. 특히, 긴급차량 우선 신호 서비스를 통해 구급차, 소방차 등 긴급차량의 골든타임 확보에 기여하고 있다.

⑧ **울산시**: KT는 울산시에 C-ITS를 구축하여 산업 도시 특성에 맞는 서비스를 제공하고 있다. 화물차 과속 방지 경고, 권장 운행 시간 초과 알림 등 화물차와 대중교통에 특화된 AI 기반 영상 분석 솔루션을 적용하여 안전 운행을 지원한다.

2) 해외 AI 기반 ITS 구축 사례 분석

(1) 미국

① **뉴욕시**: 뉴욕시는 AI 기반 교통흐름 관리 시스템을 도입하여 교통혼잡을 완화하고 있다. 이 시스템은 실시간 교통 데이터를 분석하여 교통흐름을 예측하고, 신호 체계를 최적화하여 혼잡을 줄인다.

② **로스앤젤레스**: 로스앤젤레스는 AI 기반 대중교통 운영 최적화 시스템을 구축하여 대중교통 이용 편의를 증진하고 있다. 이 시스템은 AI를 활용하여 버스, 지하철 등 대중교통 운행 스케줄을 최적화하고, 실시간 운행 정보를 제공하여 시민들의 대중교통 이용 편의를 높인다. 또한, 생성형 AI를 활용하여 ITS 인프라 구축에 필요한 데이터 센터의 위치, 레이아웃, 설계를 최적화하고 있다.

(2) 유럽

① **런던**: 런던은 AI 기반 자율주행시스템을 시범 운영하며 자율주행기술 발전

을 선도하고 있다. 자율주행 버스, 택시 등을 시범 운영하며, AI 기반 교통 시스템과의 연동을 통해 안전하고 효율적인 자율주행 환경을 구축하고 있다.

② **암스테르담**: 암스테르담은 AI 기반 교통안전 시스템을 구축하여 교통사고 발생률을 감소시키고 있다. AI 기반 CCTV 영상 분석 시스템을 통해 교통 위반 차량을 감지하고, 운전자에게 경고를 보내 사고를 예방한다.

(3) 기타 해외 사례

① **싱가포르**: 싱가포르는 AI 기반 교통 예측 시스템을 구축하여 교통혼잡을 효과적으로 관리하고 있다. 싱가포르는 도시 국가 특성상 교통혼잡이 심각한 문제이며, AI 기반 교통 예측 시스템을 통해 교통흐름을 효율적으로 관리하고 혼잡을 완화하고 있다.

② **일본**: 일본은 AI 기반 자율주행 버스를 운영하며 대중교통시스템의 효율성을 높이고 있다. 또한, 'ITS－Safety 2010'이라는 국가 프로젝트를 통해 V2V(차량-차량), V2I(차량-인프라) 통신 시스템을 개발하고 있으며, 협력 안전 지원 시스템 구축을 통해 교통안전을 강화하고 있다.

6. AI 기반 ITS 성공을 위한전략 및 시사점

1) 성공 요인

AI 기반 ITS 구축의 성공을 위해서는 다음과 같은 전략들을 고려해야 한다.

① **AI 기술의 적절한 활용**: AI 기술의 특성을 고려하여 ITS의 각 분야에 적절하게 적용해야 한다. 예를 들어, 교통흐름 예측에는 머신러닝 기반 예측모델을 활용하고, 사고 감지에는 딥러닝 기반 영상 분석 기술을 활용하는 것이 효과적이다.

② **데이터 확보 및 품질 관리**: AI 기반 ITS의 성능은 데이터의 양과 질에 크게

좌우되므로, 충분한 데이터를 확보하고 품질을 관리해야 한다. 교통 데이터의 수집, 저장, 처리, 분석 등 전 과정에 걸쳐 데이터 품질을 유지하고 개선하기 위한 노력이 필요하다.

③ **관련 기관 간 협력 체계 구축**: ITS 구축 및 운영에는 다양한 기관의 협력이 필요하며, 효율적인 협력 체계를 구축해야 한다. 정부 기관, 연구 기관, 민간 기업 등 관련 기관 간의 정보 공유, 의사결정, 역할 분담 등을 명확히 하여 시너지 효과를 창출해야 한다.

④ **시민 참여 및 의견 수렴**: 시민들의 요구를 반영하고 의견을 수렴하여 시민 중심의 ITS를 구축해야 한다. 시민들의 의견을 적극적으로 수렴하고, ITS 서비스 이용 과정에서 발생하는 불편 사항을 개선하여 시민 만족도를 높여야 한다.

⑤ **지속적인 시스템 개선 및 발전**: AI 기술은 지속적으로 발전하고 있으며, ITS 시스템도 지속적으로 개선하고 발전시켜야 한다. 최신 AI 기술을 적용하고, 시스템 성능을 평가하여 개선 방안을 모색하는 등 지속적인 노력이 필요하다.

10 AI 기반 교통안전

AI in Traffic Management Safety, https://www.aiplusinfo.com/

교통사고는 인명 피해와 경제적 손실을 야기하는 심각한 사회 문제이다. 2023년 우리나라의 교통사고 사망자수는 2,551명으로 나타났다. 교통사고는 운전자의 부주의, 음주운전, 과속, 도로 환경 등 다양한 요인에 의해 발생하지만, 근본적으로는 예측 불가능한 인간의 행동이 주요 원인이 된다.

이러한 문제를 해결하기 위해 인공지능(AI) 기술이 교통안전 분야에 적극적으로 도입되고 있다. AI는 방대한 데이터를 분석하고 학습하여 교통사고 위험을 예측하고, 사고를 예방하며, 사고 발생 시 신속하게 대응하는 데 활용된다.

◈ 주요 질문

1. AI 기반 교통사고 예측 및 방지 기술은 어떻게 교통사고 위험을 예측하고 방지하는 데 활용되는가?
2. AI 기반 교통안전 모니터링 시스템은 실시간 영상 및 센서 데이터를 어떻게 분석하여 교통안전을 모니터링하고 위험 상황에 대응하는가?
3. AI 기반 교통사고 분석 및 대응 기술은 사고 데이터를 어떻게 분석하여 사고 원인을 파악하고 유사 사고를 예방하는 대책을 마련하는가?
4. AI 기반 교통사고 분석 과정 및 모델은 과거 교통사고 데이터를 기반으로 사고 발생확률을 어떻게 예측하며, 각 모델의 특징, 목표, 분석 방법, 효과 및 활용 예시는 무엇인가?

5. 딥러닝 알고리즘은 대량의 데이터를 학습하여 어떻게 높은 정확도로 교통사고를 예측하고 분석하는가?
6. AI 기반 교통사고 예측 및 분석 과정은 데이터 수집 및 전처리, 모델 학습, 예측 및 분석, 결과 활용 단계에서 각각 어떠한 과정을 거치는가?
7. AI 기반 교통사고 예측 및 분석 모델은 실제 교통상황에서 어떠한 정확도를 나타내는가?
8. AI 기반 교통사고 예측 및 분석 결과는 교통 정책 수립, 도로 환경 개선, 운전자 교육 등 어떠한 분야에 활용될 수 있으며, 실제 활용 사례는 무엇인가?

Planning, Improving travel safety with AI powered traffic management, https://trafficinfratech.com/

1. AI 기반 교통사고 예측 및 방지 기술

AI는 과거 교통사고 데이터, 차량 운행 데이터, 도로 환경 데이터, 기상 데이터 등을 분석하여 교통사고 발생 위험을 예측하고, 사고를 예방하는 데 활용된다.

1) 교통사고 위험 예측

(1) 교통사고 위험 예측모형의 유형별 특징

AI는 머신러닝, 딥러닝 등 다양한 기법을 통해 교통사고 위험을 예측한다. 예를 들어, 과거 교통사고 데이터를 분석하여 사고 다발 지역, 사고 유형, 사고 원인 등을 파악하고, 이를 기반으로 미래 사고 발생 가능성을 예측할 수 있다. 또한, 실시간 교통 데이터, 차량 운행 데이터, 기상 데이터 등을 종합적으로 분석하여 특정 시간, 특정 지역의 사고 위험도를 예측할 수 있다.

① **위험 요인 분석**: AI는 다양한 데이터를 분석하여 교통사고 위험 요인을 파악한다. 예를 들어, 운전자의 운전 습관, 차량의 상태, 도로의 환경, 날씨 등을 분석하여 사고 위험도를 높이는 요인을 파악하고, 이를 기반으로 예측모델을 구축한다.

② **예측모델 학습**: AI는 머신러닝, 딥러닝 등을 통해 예측모델을 학습한다. 예를 들어, 과거 교통사고 데이터를 학습하여 사고 발생 패턴을 파악하고, 이를 기반으로 미래 사고 발생 가능성을 예측하는 모델을 구축할 수 있다.

③ **실시간 예측**: AI는 실시간 데이터를 활용하여 실시간으로 교통사고 위험도를 예측한다. 예를 들어, 차량의 속도, 위치, 주변 차량과의 거리, 도로 환경 등을 실시간으로 분석하여 사고 발생 가능성을 예측하고, 운전자에게 경고 메시지를 전송할 수 있다.

(2) AI 기반 교통사고 위험 예측 머신러닝(Machine Learning) 알고리즘별 목표, 역할, 기술, 작동 원리, 효과, 활용 사례

AI 기반 교통사고 위험 예측 머신러닝 알고리즘별 목표, 역할, 기술, 작동 원리, 효과, 활용 사례

교통사고 위험예측 알고리즘(모델)	목표	역할	주요 기술	작동 원리	기대 효과	활용 사례
로지스틱 회귀 (Logistic Regression)	교통사고 발생 확률 예측 및 위험 요인 분석	교통사고 발생 예측모델 개발 및 위험 요인 영향도 분석	- 로지스틱 함수 - 최대 우도 추정 - 통계적 유의성 검정	입력 변수와 사고 발생 간 관계 학습 후 사고 발생확률 예측	- 사고 예측 성능 향상 - 위험 요인 분석 - 교통안전 정책 수립 지원	교통사고 위험 구간 예측모델 개발 및 위험 요인 분석
결정 트리 (Decision Tree)	교통사고 발생 규칙 파악 및 위험 예측	교통사고 발생에 영향을 미치는 중요 변수 및 규칙 파악	- 정보 이득 - 지니 지수 - 의사결정 규칙	데이터 분할 통해 사고 발생에 영향 미치는 변수 및 규칙 학습 후 사고 예측	- 사고 예측모델 해석 용이성 - 사고 발생 규칙 파악 용이성	교통사고 발생 영향 변수 분석 및 사고 발생 규칙 기반 위험 예측모델 개발
랜덤 포레스트 (Random Forest)	교통사고 예측 성능 향상 및 중요 변수 파악	다양한 변수 조합 통한 예측모델 개발 및 중요 변수 파악	- 앙상블 학습 - 의사결정 트리 - 변수 중요도 평가	다수의 의사결정 트리 생성 후 예측 결과 통합하여 사고 예측 및 변수 중요도 평가	- 높은 예측 성능 - 과적합 방지 - 변수 중요도 파악 용이성	교통사고 위험 예측 모델 개발 및 사고 발생 영향 변수 중요도 분석
서포트 벡터 머신 (Support Vector Machine, SVM)	비선형적 교통사고 패턴 분석 및 예측	비선형적 교통사고 발생 패턴 분석 및 예측모델 개발	- 커널 함수 - 마진 최대화 - 비선형 분류	커널 함수 통해 고차원 특징 공간에서 최적 결정 경계 학습 후 사고 예측	- 비선형적 패턴 분석 및 예측 성능 우수 - 고차원 데이터 처리 가능	비선형적 교통사고 발생 패턴 분석 및 예측모델 개발

교통사고 위험예측 알고리즘(모델)	목표	역할	주요 기술	작동 원리	기대 효과	활용 사례
신경망 (Neural Network)	복잡한 교통사고 패턴 분석 및 예측	복잡한 교통 환경 요인 및 사고 패턴 분석 후 사고 예측모델 개발	- 다층 퍼셉트론 - 역전파 알고리즘 - 활성화 함수	다층 신경망 통해 입력 변수와 사고 발생 간 복잡한 관계 학습 후 사고 예측	- 복잡한 패턴 분석 및 예측 성능 우수 - 대규모 데이터 처리 가능	복잡한 교통 환경 요인 고려한 교통사고 위험 예측모델 개발
그래디언트 부스팅 머신 (Gradient Boosting Machine, GBM)	교통사고 예측 성능 극대화 및 중요 변수 파악	예측 오류 최소화 위해 순차적 모델 학습 및 중요 변수 파악	- 부스팅 알고리즘 - 그래디언트 디센트 - 변수 중요도 평가	예측 오류 최소화 위해 순차적 모델 학습 및 변수 중요도 평가	- 높은 예측 성능 - 복잡한 패턴 학습 가능 - 변수 중요도 파악 용이성	교통사고 위험 예측 모델 개발 및 사고 발생 영향 변수 중요도 분석

(3) AI 기반교통사고 위험예측 딥러닝(Deep Learning) 알고리즘별 목표, 역할, 기술, 작동 원리, 효과, 활용 사례

AI 기반교통사고 위험 예측 딥러닝 알고리즘별 목표, 역할, 기술, 작동 원리, 효과, 활용 사례

알고리즘(모델)	목표	역할	주요 기술	작동 원리	기대 효과	활용 사례
합성곱 신경망 (Convolutional Neural Network, CNN)	교통사고 발생 위험 시각적 패턴 분석 및 예측	영상 데이터 기반 교통사고 위험 상황 예측 및 사전 경고	- 합성곱 계층 - 풀링 계층 - 완전 연결 계층 - 객체 탐지 알고리즘	영상 데이터에서 교통 환경 및 차량 움직임 패턴 분석 후 사고 위험 상황 예측	- 시각적 패턴 분석 통한 높은 예측 성능 - 영상 기반 실시간 사고 예측 및 경고시스템 구축	- CCTV 영상 기반 실시간 교통사고 위험 예측 시스템 - 운전자 경고시스템 개발
순환 신경망 (Recurrent Neural Network, RNN)	시계열 기반 교통사고 발생 위험 예측	시간 흐름에 따른 교통 환경 변화 및 사고 발생 위험 예측	- 순환 계층 - LSTM - GRU - 시계열 분석	시간 순서에 따른 교통 데이터 변화 패턴 학습 후 사고 발생 위험 예측	- 시계열 데이터 기반 사고 예측 성능 향상 - 사고 발생 경향 파악 용이성	- 시계열 교통 데이터 기반 교통사고 위험 예측 - 사고 발생 경향 분석 시스템 개발
심층 신경망 (Deep Neural Network, DNN)	복잡한 교통 환경 요인 및 사고 패턴 기반 예측	다양한 교통 환경 데이터 및 사고 패턴 분석 후 사고 발생 위험 예측	- 다층 퍼셉트론 - 역전파 알고리즘 - 활성화 함수	다양한 교통 환경 데이터 및 사고 패턴 기반 복잡한 관계 학습 후 사고 발생 위험 예측	- 높은 예측 성능 - 복잡한 패턴 학습 가능 - 다양한 데이터 유형 통합 분석 용이성	- 다양한 교통 환경 데이터 기반 교통사고 위험 예측 - 사고 발생 요인 분석 시스템 개발
장단기 기억 신경망 (Long Short-Term Memory, LSTM)	장기간 교통 환경 변화 기반 사고 위험 예측	시간 흐름에 따른 장기간 교통 환경 변화 및 사고 발생 위험 예측	- LSTM 셀 - 게이트 메커니즘 - 시계열 분석	장기간 교통 데이터 시간 순서 기반 패턴 학습 후 사고 발생 위험 예측	- 장기간 의존성 학습 통한 예측 성능 향상 - 장기간 사고 발생 경향 파악 용이성	- 장기간 교통 데이터 기반 교통사고 위험 예측 - 장기간 사고 발생 경향 분석 시스템 개발

알고리즘(모델)	목표	역할	주요 기술	작동 원리	기대 효과	활용 사례
그래프 신경망 (Graph Neural Network, GNN)	도로 네트워크 기반 사고 위험 예측	도로 네트워크 구조 및 교통 흐름 기반 사고 발생 위험 예측	- 그래프 합성곱 - 그래프 임베딩 - 공간적 의존성 학습	도로 네트워크 구조 및 교통흐름 기반 교통사고 위험 구간 예측 및 사고 발생 위험도 예측	- 도로 네트워크 구조 기반 예측 성능 향상 - 도로 위험 구간 예측 용이성	- 도로 네트워크 기반 교통사고 위험 구간 예측 - 사고 발생 위험도 예측 시스템 개발
주의 메커니즘 기반 딥러닝 모델 (Attention Mechanism based Deep Learning Model)	중요 교통 환경 요인 기반 사고 위험 예측	교통사고 발생에 영향 미치는 중요 요인 기반 사고 발생 위험 예측	- 주의 메커니즘, - 인코더-디코더 구조 - 다양한 딥러닝 구조와 결합 가능	다양한 교통 환경 요인 간 중요도 학습 후 사고 발생 위험 예측	- 중요 요인 기반 예측 성능 향상 - 모델 해석 용이성 향상	- 다양한 교통 환경 요인 기반 교통사고 위험 예측 - 중요 요인 분석 시스템 개발

2) 교통사고 방지

AI는 교통사고 위험 예측 결과를 기반으로 다양한 방법을 통해 사고를 방지한다.

① **운전자 경고**: AI는 운전자에게 사고 위험 정보를 제공하여 주의를 환기시킨다. 예를 들어, AI는 “전방 사고 다발 지역입니다. 감속 운행하세요”와 같은 경고 메시지를 운전자에게 전송하여 안전 운전을 유도할 수 있다.

② **차량 제어**: AI는 차량의 속도, 방향 등을 제어하여 사고를 예방한다. 예를 들어, AI는 차량이 과속하거나 차선을 이탈하는 경우 자동으로 속도를 줄이거나 차선을 유지하도록 제어할 수 있다.

③ **도로 환경 개선**: AI는 도로 환경을 개선하여 사고를 예방한다. 예를 들어, AI는 사고 다발 지역의 도로 환경을 분석하여 위험 요소를 파악하고, 이를 개선하기 위한 방안을 제시할 수 있다.

The drive to use AI for safer roads, https://www.itu.int/hub/

2. AI 기반 교통안전 모니터링 시스템

AI 기반 교통안전 모니터링 시스템은 CCTV 영상, 센서 데이터, 차량 운행 데이터 등을 실시간으로 분석하여 교통안전을 모니터링하고, 위험 상황을 감지하며, 사고 발생 시 신속하게 대응하는 시스템이다.

1) 실시간 영상 분석

AI는 CCTV 영상을 실시간으로 분석하여 교통 위반 행위, 위험 상황, 사고 발생 등을 감지한다. 예를 들어, AI는 신호 위반, 과속, 졸음운전, 차선 이탈 등을 감지하고, 운전자에게 경고 메시지를 전송하거나 자동으로 차량을 제어하여 사고를 예방할 수 있다.

① **객체 인식**: AI는 딥러닝 기반 객체 인식 기술을 활용하여 영상에서 차량, 보행자, 자전거, 오토바이 등을 인식하고, 이들의 위치, 속도, 이동 방향 등을 추적한다.

② **행동 분석**: AI는 객체의 행동을 분석하여 위험 상황을 감지한다. 예를 들어, AI는 차량이 급정거하거나 급가속하는 경우, 보행자가 갑자기 도로로 뛰어드는 경우, 차량이 차선을 이탈하는 경우 등을 위험 상황으로 인식하고, 경고 메시지를 전송하거나 자동으로 차량을 제어할 수 있다.

③ **이상 상황 감지**: AI는 교통흐름, 차량 움직임, 보행자 행동 등을 분석하여 이상 상황을 감지한다. 예를 들어, AI는 교통사고, 도로 장애물, 화재, 범죄 등을 감지하고, 관련 기관에 신속하게 알릴 수 있다.

2) 센서 데이터 분석

AI는 차량에 설치된 센서, 도로에 설치된 센서 등에서 수집된 데이터를 분석하여 교통안전을 모니터링한다. 예를 들어, AI는 차량의 속도, 위치, 가속도, 브레이크 작동 여부, 차선 이탈 여부 등을 모니터링하고, 위험 상황 발생 시 운전자에게 경고 메시지를 전송하거나 자동으로 차량을 제어할 수 있다.

① **차량 센서**: 차량에 설치된 센서는 차량의 상태, 운전자의 상태, 주변 환경 정보 등을 수집한다. 예를 들어, 카메라, 레이더, 라이다, GPS, 가속도 센서, 자이로 센서 등이 차량에 설치되어 다양한 데이터를 수집한다.

② **도로 센서**: 도로에 설치된 센서는 교통량, 차량 속도, 도로 환경 정보 등을 수집한다. 예를 들어, 루프 검지기, 영상 검지기, 레이더 검지기 등이 도로에 설치되어 교통정보를 수집한다.

③ **데이터 융합**: AI는 차량 센서 데이터와 도로 센서 데이터를 융합하여 더욱 정확하고 종합적인 교통안전 정보를 생성한다. 예를 들어, AI는 차량의 속도, 위치 정보와 도로의 교통량, 혼잡 정보를 결합하여 차량의 위험도를 평가하고, 운전자에게 경고 메시지를 전송할 수 있다.

3) 사고 대응

AI는 교통사고 발생 시 신속하게 대응하여 피해를 최소화한다. 예를 들어, AI는 사고 발생 위치, 사고 유형, 피해 정도 등을 파악하고, 이를 기반으로 구급차, 경찰, 소방차 등을 출동 시키고, 주변 차량에 사고 정보를 제공하여 2차 사고를 예방할 수 있다.

① **긴급 출동**: AI는 사고 발생 시 즉시 긴급 구조 요청을 하고, 구급차, 경찰, 소방차 등을 사고 현장으로 요청한다.

② **교통 통제**: AI는 사고 발생 지역 주변의 교통을 통제하여 2차 사고를 예방하고, 구조 활동을 지원한다.

③ **피해 분석**: AI는 사고 영상, 차량 데이터, 센서 데이터 등을 분석하여 사고 원인을 파악하고, 향후 사고 예방 대책을 마련하는 데 활용한다.

3. AI 기반 교통사고 분석 및 대응

AI는 교통사고 데이터를 분석하여 사고 원인을 파악하고, 유사 사고 예방을 위한 대책을 마련하는 데 활용된다.

1) 사고 데이터 분석

AI는 교통사고 데이터, 차량 데이터, 운전자 데이터, 도로 환경 데이터, 기상 데이터 등을 종합적으로 분석하여 사고 원인을 파악한다. 예를 들어, AI는 사고 발생 시간, 장소, 차량 종류, 운전자의 나이, 성별, 운전 경력, 도로 환경, 날씨 등을 분석하여 사고 발생 패턴을 파악하고, 사고 원인을 분석할 수 있다.

① **데이터 마이닝**: AI는 데이터 마이닝 기법을 활용하여 방대한 사고 데이터에서 숨겨진 패턴을 찾아낸다. 예를 들어, AI는 특정 시간대, 특정 지역, 특정 차량 종류에서 사고 발생률이 높다는 사실을 파악할 수 있다.

② **통계 분석**: AI는 통계 분석 기법을 활용하여 사고 데이터를 분석하고, 사고 발생과 관련된 요인들을 파악한다. 예를 들어, AI는 과속, 음주운전, 졸음운전, 차선 이탈 등이 사고 발생과 관련이 있다는 사실을 파악할 수 있다.

③ **시뮬레이션**: AI는 교통 시뮬레이션을 통해 사고 상황을 재현하고, 사고 원인을 분석한다. 예를 들어, AI는 사고 당시 차량의 속도, 위치, 주변 차량과의 거리, 도로 환경 등을 시뮬레이션 하여 사고 발생 과정을 재현하고, 사고 원인을 분석할 수 있다.

How Do Big Data and Road Safety Interact?, Big Data Analytics

2) 사고 대응 및 예방

AI는 사고 분석 결과를 기반으로 유사 사고 예방을 위한 대응 방안을 마련한다.

① **교통 정책 개선**: AI는 사고 분석 결과를 기반으로 교통 정책 개선 방안을 제시한다. 예를 들어, AI는 특정 지역의 사고 발생률이 높은 경우 해당 지역의 제한 속도를 낮추거나, 교통신호 체계를 개선하는 방안을 제시할 수 있다.

② **도로 인프라 개선**: AI는 사고 분석 결과를 기반으로 도로 인프라 개선 방안을 제시한다. 예를 들어, AI는 사고 다발 지역의 도로 환경을 분석하여 위험 요소를 파악하고, 가드레일 설치, 도로 표지판 개선, 노면 미끄럼 방지 처리 등을 통해 도로 안전을 강화할 수 있다.

③ **운전자 교육**: AI는 운전자 교육 프로그램 개발에 활용된다. 예를 들어, AI는 사고 다발 지역, 사고 유형, 사고 원인 등을 분석하여 운전자 교육 자료를 제작하고, 운전자의 안전 의식을 높이는 데 기여할 수 있다.

3) AI 기반 차량 안전, 안전교육, 안전 데이터 플랫폼

(1) AI 기반 차량 안전 시스템

차량에 탑재되는 AI 기반 안전 시스템을 다루는 장을 추가하여 자세한 정보를 제공할 수 있다.

① **첨단 운전자 지원 시스템(ADAS)**: 차선 이탈 경고, 전방 충돌 경고, 자동 긴급 제동 등 ADAS 기술을 소개한다.

② **운전자 모니터링 시스템(DMS)**: 운전자의 졸음, 피로, 주의 분산 등을 감지하는 DMS 기술을 설명한다.

③ **차량 안전 기술 동향**: 미래 차량 안전 기술 발전 방향을 예측한다.

AI 기반 차량 안전 시스템의 ADAS 및 DMS 목표, 역할, 기술, 작동 원리, 효과, 활용 사례

차량안전 시스템 분류	목표	역할	주요 기술	작동 원리	기대 효과	활용 사례
ADAS (첨단 운전자 지원 시스템)	차량 주변 환경 인지 및 운전자 보조 통한 사고 예방 및 안전 운행 지원	- 전방 충돌 경고 - 차선 유지 보조 - 어댑티브 크루즈 컨트롤 등 다양한 기능 제공	- 카메라 - 라이다 - 레이더 - 초음파 센서 - 딥러닝(객체 탐지, 추적), 센서 융합	센서 데이터 기반 주변 환경 인지 및 위험 상황 판단 후 운전자 경고 또는 차량 자동 제어	- 사고 감소 - 운전자 피로 감소 - 안전 운행 환경 조성	- 긴급제동시스템 - 차선 이탈 방지 시스템 - 사각지대 감지 시스템 - 고속도로 주행 보조시스템
DMS (운전자 모니터링 시스템)	운전자 상태 실시간 감지 및 위험 상황 판단 통한 사고 예방	- 운전자 졸음운전 - 부주의 운전 - 음주 운전 등 위험 상황 감지 및 경고	- 카메라(적외선, RGB), 딥러닝 (얼굴 인식) - 시선 추적 - 생체 신호 센서 (심박, 뇌파)	카메라 및 센서 데이터 기반 운전자 얼굴 특징, 시선, 생체 신호 분석 후 위험 상황 판단 및 경고	- 졸음운전 - 부주의 운전 등 운전자 요인 사고 감소 - 운전자 안전 운행 지원	- 졸음운전 경고 시스템 - 운전자 부주의 경고시스템 - 음주 운전 감지

(2) AI 기반 교통안전 교육

AI를 활용한 교통안전 교육 콘텐츠 및 플랫폼을 다루는 장을 추가하여 교육적 효과를 높일 수 있다.

① **AI 기반 교육 콘텐츠**: VR, AR 등을 활용한 몰입형 교통안전 교육 콘텐츠를 소개한다.

② **개인 맞춤형 교육**: AI를 활용하여 개인별 학습 수준과 특성에 맞는 맞춤형 교통안전 교육을제공하는 방안을 제시한다.

③ **AI 기반 교통안전 데이터 플랫폼**: 교통안전 데이터를 수집, 분석, 공유하는 플랫폼을 다루는 장을 추가하여 데이터 활용의 중요성을 강조할 수 있다.

④ **데이터 플랫폼 구축**: 교통안전 데이터 플랫폼 구축의 필요성과 기술적 요구 사항을 설명한다.

⑤ **데이터 공유 및 활용**: 데이터 플랫폼을 통해 교통안전 데이터를 공유하고 활용하는 방안을 제시한다.

4. AI 기반 교통사고 분석과정 및 모델

1) AI 기반 교통사고 분석과정 및 모델의 특징

(1) 과거 교통사고 데이터기반 사고발생 예측모델

- 과거 교통사고 데이터를 분석하여 사고 발생확률을 예측하고, 사고 다발 지점 및 시간대를 식별하는 데 사용된다.
- 회귀 분석, 시계열 분석 등 전통적인 통계 기법을 활용하여 데이터 간의 상관관계를 분석한다.
- 비교적 간단하고 해석이 용이하지만, 복잡한 요인 간의 비선형적인 관계를 반영하기 어렵다는 한계가 있다.

(2) 머신러닝 기반 모델

- 통계 기반 모델의 한계를 극복하고 예측 정확도를 향상하기 위해 머신러닝 알고리즘을 활용한다.
- 의사결정 나무, 서포트 벡터 머신, 랜덤 포레스트 등 다양한 알고리즘을 사용하여 복잡한 요인 간의 상관관계를 학습하고 예측모델을 구축한다.
- 다양한 요인을 고려하여 예측 정확도를 높일 수 있지만, 모델의 복잡성으로 인해 해석이 어려울 수 있다.

(3) 딥러닝 기반 모델

- 이미지, 영상 등 비정형 데이터를 분석하여 교통사고를 예측하고 분석하는 데 사용된다.
- 합성곱 신경망(CNN), 순환 신경망(RNN) 등 딥러닝 알고리즘을 사용하여 대량의 비정형 데이터를 학습하고 특징을 추출한다.
- 실시간 사고 예측 및 분석, 잠재적 위험 요인 파악 등 다양한 분야에서 활용될 수 있지만, 많은 양의 데이터와 높은 컴퓨팅 성능이 필요하다.

(4) 데이터 기반 모델

- 교통, 날씨, 인구 등 다양한 데이터를 융합하여 종합적인 사고 위험 분석을 수행한다.
- 빅데이터 분석 플랫폼을 사용하여 대량의 데이터를 수집, 저장, 처리 및 분석하고, 사고 예측모델을 구축한다.
- 다양한 요인을 종합적으로 고려하여 예측 정확도를 높이고, 심층적인 사고 원인 분석이 가능하다. 하지만 데이터 프라이버시 및 보안 문제에 대한 고려가 필요하다.

(5) 시뮬레이션 기반 모델

- 가상 환경 시뮬레이션을 통해 교통사고를 예측하고 분석하며, 정책 효과를 예측하는 데 사용된다.
- 에이전트 기반 모델링, 시스템 다이내믹스 등 시뮬레이션 기법을 사용하여 다양한 시나리오를 생성하고, 사고 발생 가능성을 예측한다.
- 실험이 어려운 상황에서 유용하게 활용될 수 있지만, 현실 세계를 정확하게 반영하기 위한 시뮬레이션 모델의 정확성 및 신뢰성 확보가 중요하다.

AI 기반 교통사고 예측 및 분석 모델별 목표, 분석방법, 효과, 활용 예시, 시사점

구분	목표	예측 및 분석 방법	효과	활용 예시	시사점
통계 기반 모델	과거 사고 데이터 기반 사고 발생확률 예측	- 회귀 분석 - 시계열 분석 등 통계 기법 활용	- 사고 다발 지점 및 시간대 식별 - 위험 요인 분석	- 사고 잦은 교차로 개선 - 위험 시간대 순찰 강화	데이터 기반 의사결정의 중요성 강조
머신러닝 기반 모델	복잡한 요인 간 상관관계 학습 통한 사고 예측 정확도 향상	- 의사결정 나무 - 서포트 벡터 머신, 랜덤 포레스트 등 머신러닝 알고리즘 활용	- 예측 정확도 향상 - 다양한 요인 고려 가능	- 교통 환경 변화에 따른 사고 위험 예측 - 개인 맞춤형 안전 운전 가이드 제공	데이터의 질과 양이 모델 성능에 미치는 영향 고려
딥러닝 기반 모델	이미지, 영상 등 비정형 데이터 분석 통한 사고 예측 및 분석	- 합성곱 신경망(CNN) - 순환 신경망(RNN) 등 딥러닝 알고리즘 활용	- 실시간 사고 예측 및 분석 - 잠재적 위험 요인 파악	- CCTV 영상 분석 통한 위험 상황 자동 감지 및 경고 - 자율주행차량 안전성 향상	알고리즘의 설명 가능성 및 윤리적 문제 고려 필요
빅데이터 기반 모델	다양한 데이터 융합 통한 종합적 사고 위험 분석	- 교통, 날씨, 인구 등 다양한 데이터 융합 및 분석	- 사고 예측 정확도 향상 - 종합적 위험 요인 분석	- 스마트시티 교통 관리 시스템 구축 - 맞춤형 교통안전 정책 수립	데이터 프라이버시 및 보안 문제 고려 필요

구분	목표	예측 및 분석 방법	효과	활용 예시	시사점
시뮬레이션 기반 모델	가상 환경 시뮬레이션 통한 사고 예측 및 분석	- 에이전트 기반 모델링 - 시스템 다이내믹스 등 시뮬레이션 기법 활용	- 다양한 시나리오 기반 사고 예측 및 분석 - 교통안전 정책 효과 예측	- 새로운 교통시스템 도입 효과 예측 - 재난 상황 대비 시뮬레이션	현실 세계 반영 위한 시뮬레이션 모델의 정확성 및 신뢰성 확보 필요

2) AI 기반 교통사고 예측 및 분석과정 예시(데이터 수집 및 전처리 → 모델 학습(CNN, RNN 모델) → 예측 및 분석 → 결과 활용)

(1) AI 기반 교통사고 예측 및 분석의 특징 및 장점

- 딥러닝 알고리즘은 대량의 데이터를 학습하여 복잡한 패턴을 파악하고 높은 정확도로 교통사고를 예측하고 분석할 수 있다.
- CNN과 RNN을 조합하는 방식으로 공간적 정보와 시간적 정보를 모두 활용하여 예측의 정확성을 높일 수 있다.
- 예측 결과는 교통 정책 수립, 도로 환경 개선, 운전자 교육 등 다양한 분야에 활용되어 교통안전 증진에 기여할 수 있다.

Ⅰ. 데이터 수집 및 전처리(수집 데이터 100만 건 가정)

1) **1단계**:
   - 교통 CCTV 영상, 차량 센서 데이터, 날씨 정보, 도로 환경 정보 등 다양한 데이터를 100만 건 수집한다.
   - 수집된 데이터에는 영상 데이터 50만 건, 센서 데이터 30만 건, 기타 데이터 20만 건이 포함된다.
2) **2단계**:
   - 수집된 데이터 중 오류 데이터 10만 건을 제거하고, 필요한 형식으로 데이터를 변환한다.
   - 예를 들어, 영상 데이터의 경우 프레임 단위로 분할하고, 센서 데이터의 경우 시간대별로 집계한다.
3) **3단계**:
   - 정제된 데이터 90만 건 중 70%는 학습데이터, 20% 검증데이터, 나머

지 10%는 테스트 데이터로 분리한다.

Ⅱ. 모델 학습(CNN, RNN 모델 가정)

1) **1단계(CNN)**:

- 영상 데이터 63만 건을 사용하여 CNN 모델을 학습시킨다.
- CNN 모델은 영상에서 차량의 움직임, 도로 상태 등 특징을 추출한다.
- CNN을 이용해 이미지 프레임 속에 차선을 인식하거나 차량의 속도를 인식한다.

2) **2단계(RNN)**:

- 센서 데이터 27만 건을 사용하여 RNN 모델을 학습시킨다.
- RNN 모델은 시간 순서에 따른 데이터의 변화 패턴을 학습한다.
- RNN을 이용하여 시간대별 교통량의 변화와 사고 발생 패턴의 연관성을 학습한다.

3) **3단계(통합)**:

- CNN 모델과 RNN 모델의 학습 결과를 통합하여 최종 예측모델을 생성한다.
- 통합된 데이터셋은 검증데이터로 결과를 확인하고 모델을 개선한다.

Ⅲ. 예측 및 분석(테스트 데이터 9만 건 가정)

1) **1단계**:

- 테스트 데이터 9만 건을 최종 예측모델에 입력하여 교통사고 발생 가능성을 예측한다.

2) **2단계**:

- 예측 결과와 실제 사고 발생 데이터를 비교하여 모델의 정확도를 평가한다
- 9만 건의 데이터 중 8만5천 건의 사고발생에 대한 예측성공으로 94%의 정확도를 보인다.

3) **3단계**:

- 모델이 예측한 사고 발생 가능성이 높은 지점 및 시간대를 분석하고,

위험 요인을 파악한다.

- 파악된 위험 요인으로 운전자들의 과속운전, 특정지역의 악천후에 따른 시야확보 어려움 등을 파악한다.

(2) 결과 활용

① **1단계**:

- 분석 결과를 바탕으로 교통 정책 수립, 도로 환경 개선, 운전자 교육 등 다양한 분야에 활용한다.

② **2단계**:

- 실시간 교통상황 감시시스템에 모델을 적용하여 사고 발생 위험을 사전에 감지하고 경고한다.
- 자율주행차량에 모델을 적용하여 안전 운행을 지원한다.

4부

AI 기반 MaaS, 자율주행자동차, UAM, 커넥티드 카

11 AI 기반 MaaS
(Mobility as a Service: 서비스로서 모빌리티)

Best International Practices in Mobility-as-a-Service(MaaS) sustainable transportation

◈ 주요 질문

1. AI 기반 MaaS의 정의 및 핵심 구성 요소는 무엇인가?
2. AI 기반 MaaS의 등장은 어떤 배경에서 비롯되었으며, 기존 교통시스템의 한계는 무엇인가?
3. AI 기반 MaaS는 기존 교통시스템에 어떠한 영향을 미치는가?
4. AI 기반 MaaS를 가능하게 하는 주요 AI 기술은 무엇이며, 각 기술의 역할은 무엇인가?
5. AI 기반 MaaS와 ITS(Intelligent Transport Systems)는 어떠한 관계를 맺고 있는가?
6. AI 기반 MaaS의 성공적인 구현을 위한 기술 및 인프라 지원 방안은 무엇인가?
7. AI 기반 MaaS의 사용자 경험을 극대화하기 위한 방안은 무엇인가?
8. AI 기반 MaaS의 도입으로 발생하는 사회적, 윤리적 문제는 무엇이며, 해결 방안은 무엇인가?
9. AI 기반 MaaS이 경제적 효과는 무엇이며, 새로운 비즈니스 모델은 어떻게 창출될 수 있는가?
10. AI 기반 MaaS의 미래 발전 방향은 무엇이며, 지속가능한 모빌리티 생태계 구축을 위한 과제는 무엇인가?

1. MaaS의 정의, 요소, 이점, 등장배경

21세기의 모빌리티는 단순한 이동수단을 넘어섰다. 스마트폰, 인공지능, 빅데이터 기술의 발전은 교통시스템을 혁신적으로 변화시키고 있으며, 그 중심에는 MaaS (Mobility as a Service)가 있다. MaaS는 다양한 교통수단을 하나로 통합하여 사용자에게 최적의 이동 서비스를 제공하는 개념으로, 마치 레고 블록처럼 필요에 따라 다양한 교통수단을 조합하여 개인 맞춤형 이동 경로를 제공한다.

MaaS는 단순히 A 지점에서 B 지점으로 이동하는 것뿐만 아니라, 이동의 전 과정을 포괄하는 서비스로, 예약, 결제, 정보 제공, 환승 안내 등을 하나의 플랫폼에서 제공한다. 이 장에서는 MaaS의 이론과 특징을 심층적으로 논의하고, AI와 모빌리티의 관계를 분석하며, MaaS 활용 사례를 통해 미래 모빌리티 시대를 전망한다.

1) MaaS의 개념, 요소, 이점, 배경, 등장배경

(1) MaaS의 개념

① **MaaS는 단순히 교통수단을 연결하는 것을 넘어, 이동의 전 과정을 포괄하는 서비스로, 예약, 결제, 정보 제공, 환승 안내 등을 하나의 플랫폼에서 제공한다.**

MaaS는 "서비스로서의 이동성"을 의미하며, 다양한 교통수단을 통합하여 사용자에게 최적의 이동 서비스를 제공하는 개념이다. MaaS는 사용자 중심적인 서비스로, 사용자의 요구에 따라 다양한 교통수단을 조합하여 최적의 이동 경로를 제공한다. MaaS는 단순히 교통수단을 연결하는 것을 넘어, 이동의 전 과정을 포괄하는 서비스로, 예약, 결제, 정보 제공, 환승 안내 등을 하나의 플랫폼에서 제공한다.

② **MaaS는 교통계획 및 모빌리티 분야와 긴밀하게 연계되어 도시교통시스템의 혁신을 주도한다.**

MaaS는 교통계획 및 모빌리티 분야와 긴밀하게 연계되어 도시교통시스템의 혁신을 주도하고 있다. MaaS의 성공적인 도입 및 운영은 교통 효율성 증대,

교통혼잡 완화, 환경오염 감소, 이동 편의성 향상 등 다양한 효과를 가져올 수 있다. 따라서 MaaS와 교통계획, 모빌리티 간의 상호 협력 및 시너지를 강화하여 지속가능하고 효율적인 미래 교통시스템을 구축해야 한다.

(2) MaaS의 핵심 요소

MaaS는 다음과 같은 핵심 요소를 포함한다.

① **사용자 중심**: MaaS는 사용자의 이동 요구를 충족하는 데 중점을 둔다. 사용자의 위치, 목적지, 시간, 예산, 선호도 등을 고려하여 최적의 이동 경로를 제공한다.

② **다양한 교통수단 통합**: MaaS는 대중교통, 택시, 자전거, 렌터카, 카셰어링, 퍼스널 모빌리티 등 다양한 교통수단을 하나의 플랫폼에서 통합하여 제공한다.

③ **최적 경로 제공**: MaaS는 실시간 교통정보, 교통수단 운영 정보, 사용자 정보 등을 종합적으로 분석하여 최적의 이동 경로를 제공한다.

④ **끊김 없는 이동 경험**: MaaS는 예약, 결제, 정보 제공, 환승 안내 등 이동의 전 과정을 지원하여 사용자에게 끊김 없는 이동 경험을 제공한다.

MaaS 플랫폼 유형(또는 기능)	도시교통 활용 분야
경로 추천	사용자 선호도 분석, 실시간 교통정보 분석, 최적 경로 알고리즘
수요 예측	과거 데이터 분석, 이벤트 및 날씨 정보 분석
교통 최적화	실시간 교통흐름 분석, 신호 제어 최적화, 차량 배차 최적화
개인 맞춤형 서비스	사용자 행동 패턴 분석, 맞춤형 정보 및 추천 제공
통합 결제	다양한 교통수단 결제 시스템 통합 및 관리

(3) MaaS의 이점

MaaS는 사용자, 교통서비스 제공자, 도시 및 사회에 다양한 이점을 제공한다.

① **사용자**: 이동 편의성 증대, 이동 비용 절감, 시간 절약, 스트레스 감소

① **교통서비스 제공자**: 서비스 이용 증가, 수익 창출 기회 확대, 운영 효율성 향상

③ **도시 및 경제**: 교통혼잡 완화, 대기오염 감소, 에너지 절약, 도시 경쟁력 강화

(4) MaaS 등장 배경

① **도시화와 교통문제 심화**: MaaS는 도시화로 인해 심화되는 교통 문제를 해결하기 위한 노력의 일환으로 등장하였다. 도시 인구 집중은 교통혼잡, 대기오염, 주차 문제 등 다양한 문제를 야기하며, 이는 도시의 지속가능성을 위협하는 요인으로 작용한다. MaaS는 다양한 교통수단을 효율적으로 연계하여 도시 내 이동의 효율성을 높이고, 자동차 이용을 줄여 교통문제 완화에 기여할 수 있다.

② **ICT 기술 발전과 공유 경제 확산**: ICT 기술의 발전과 스마트폰 보급 확대는 MaaS 발전의 중요한 기반이 되었다. 스마트폰 앱을 통해 다양한 교통수단 정보를 실시간으로 제공하고 예약 및 결제까지 가능하게 됨에 따라 MaaS는 더욱 편리하고 사용자 친화적인 서비스로 발전할 수 있었다. 또한, 우버, 에어비앤비 등 공유 경제 플랫폼의 성공은 MaaS 확산의 중요한 동력으로 작용하였다.

③ **지속가능한 교통시스템에 대한 요구 증대**: 기후 변화, 에너지 문제 등 환경문제에 대한 관심이 높아짐에 따라 지속가능한 교통시스템 구축에 대한 요

구가 증대되고 있다. MaaS는 대중교통 이용을 장려하고, 친환경 교통수단과의 연계를 통해 도시의 지속가능성을 높이는 데 기여할 수 있다.

(5) MaaS가 도시 및 교통시스템에 미치는 영향

① **교통시스템 효율성 향상**: MaaS는 다양한 교통수단을 통합하여 최적의 경로를 제공함으로써 교통시스템의 효율성을 향상시킬 수 있다. 또한, 실시간 교통정보 제공, 예약 및 결제 시스템 통합 등을 통해 사용자 편의성을 높이고, 교통혼잡 완화에도 기여할 수 있다.

② **도시 공간 활용 변화**: MaaS는 도시 공간 활용에도 변화를 가져올 수 있다. MaaS 도입으로 인해 주차 공간의 필요성이 감소하고, 이는 도시 공간을 보다 효율적으로 활용할 수 있도록 한다. 또한, MaaS는 도시 외곽 지역 접근성을 향상시켜 도시 공간의 균형 발전에도 기여할 수 있다.

③ **사회적 형평성 증진**: MaaS는 사회적 형평성 증진에도 기여할 수 있다. MaaS는 대중교통 이용을 장려하고, 저소득층의 교통 접근성을 향상시켜 사회적 불평등을 완화할 수 있다.

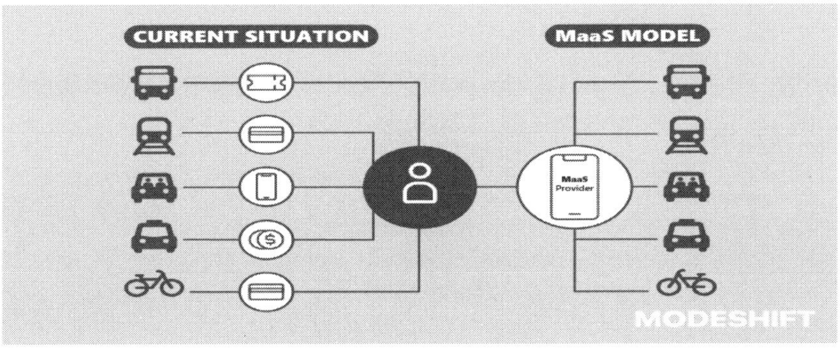

What Is Mobility as a Service(MaaS)? Modeshift

(6) MaaS의 장단점

① **장점**

- 교통혼잡 완화: MaaS는 대중교통 이용을 장려하고, 교통시스템 효율성을 높여 교통혼잡을 완화할 수 있다.

- 대기오염 감소: MaaS는 친환경 교통수단과의 연계를 통해 도시의 탄소 배출량 감소에 기여할 수 있다.
- 시민 편의 증진: MaaS는 사용자 맞춤형 이동 서비스를 제공하여 시민 편의성을 높일 수 있다.
- 도시 경쟁력 강화: MaaS는 도시의 지속가능성을 높이고, 시민들의 삶의 질을 향상시켜 도시 경쟁력 강화에 기여할 수 있다.

② **단점**

- 초기 투자비용: MaaS 플랫폼 구축, 데이터 공유 시스템 구축 등 MaaS 도입을 위한 초기 투자비용이 높을 수 있다.
- 데이터 보안 문제: MaaS는 사용자 정보, 교통정보 등 다양한 데이터를 활용하기 때문에 데이터 보안 문제에 대한 우려가 존재한다.
- 기존 교통시스템과의 충돌: MaaS 도입 과정에서 기존 교통시스템과의 충돌 및 이해 관계자 간 갈등이 발생할 수 있다.

2. MaaS와 교통계획 및 모빌리티 간의 관계

1) MaaS는 다양한 교통수단을 하나의 플랫폼으로 통합하여 사용자 맞춤형 이동 서비스를 제공

MaaS는 다양한 교통수단을 하나의 플랫폼으로 통합하여 사용자 맞춤형 이동 서비스를 제공하는 개념이다. MaaS는 사용자의 요구에 따라 최적의 경로를 제시하고, 다양한 교통수단을 연계하여 끊김 없는 이동 서비스를 제공하는 것을 목표로 한다. MaaS는 도시 및 교통계획과 밀접한 관련이 있으며, 도시 계획은 MaaS 구현을 위한 기반 환경을 조성하고, MaaS는 도시 계획 목표 달성에 기여할 수 있다.

2) 목표

① **MaaS**: 사용자 중심의 통합 이동 서비스 제공, 교통 효율성 증대, 지속가능한 교통시스템 구축을 목표로 한다.

② **교통계획**: 도시 및 지역의 교통 문제를 해결하고, 효율적이고 안전하며 지속 가능한 교통시스템을 구축하는 것을 목표로 한다.

③ **모빌리티**: 사람과 화물의 이동성을 향상시키고, 접근성을 높이며, 이동 관련 편의성을 증진하는 것을 목표로 한다.

3) 역할

① **MaaS**: 다양한 교통수단을 통합하고, 사용자에게 최적의 이동경로 및 서비스를 제공하며, 이동 관련 데이터를 분석하여 교통시스템 개선에 기여한다.

② **교통계획**: 도시 및 지역의 교통 현황을 분석하고, 미래 교통수요를 예측하며, 교통 시설 및 서비스를 계획하고 평가한다.

③ **모빌리티**: 이동수단 및 서비스를 제공하고, 이동 관련 기술을 개발하며, 이동 환경을 개선한다.

4) 기술

① **MaaS**: 인공지능, 빅데이터, 클라우드 컴퓨팅, 사물인터넷(IoT), 모바일 플랫폼 등 다양한 정보통신기술(ICT)을 활용한다.

② **교통계획**: 교통 시뮬레이션, GIS(지리정보시스템), 데이터 분석 도구 등을 활용한다.

③ **모빌리티**: 자율주행, 전기차, 공유 모빌리티, 스마트 모빌리티 등 다양한 기술을 활용한다.

5) 연계성

① **MaaS와 교통계획**: MaaS는 교통계획의 목표를 달성하기 위한 중요한 도구로 활용되며, 교통계획은 MaaS의 성공적인 운영을 위한 기반을 제공한다.

② **MaaS와 모빌리티**: MaaS는 다양한 모빌리티 서비스를 통합하여 사용자에게 제공하며, 모빌리티 기술은 MaaS의 발전을 위한 핵심 요소이다.

③ **교통계획과 모빌리티**: 교통계획은 모빌리티 기술의 발전을 지원하고, 모빌리티 서비스의 효율적인 운영을 위한 환경을 조성한다.

6) 효과 활용 예시

① **MaaS**: 실시간 교통정보 제공, 최적 경로 안내, 통합 결제 시스템, 수요응답형 교통서비스, 공유 모빌리티 연계 등을 통해 교통 효율성을 증대하고 사용자 편의를 향상시킨다.

② **교통계획**: 대중교통 중심의 교통 체계 구축, 보행 및 자전거 친화적인 환경 조성, 교통혼잡 완화, 교통약자 이동권 보장 등을 통해 지속가능한 교통시스템을 구축한다.

③ **모빌리티**: 자율주행 셔틀, 전기 공유 자전거, 스마트 교통신호 시스템, 개인형 이동장치(PM) 서비스 등을 통해 이동 편의성을 증진하고 교통 환경을 개선한다.

7) MaaS의 목표, 역할, 기술, 연계성, 활용 예시

MaaS의 목표, 역할, 기술, 연계성, 활용 예시

MaaS 구분	목표	역할	기술	연계성	활용 예시
MaaS	사용자 중심의 통합 이동 서비스 제공, 교통 효율성 증대, 지속가능한 교통시스템 구축	다양한 교통수단을 통합하고, 사용자에게 최적의 이동경로 및 서비스를 제공하며, 이동 관련 데이터를 분석하여 교통시스템 개선에 기여	- 인공지능 - 빅데이터 - 클라우드 컴퓨팅 - 사물인터넷(IoT) - 모바일 플랫폼 등 다양한 정보통신 기술(ICT) 활용	- 교통계획의 목표를 달성하기 위한 중요한 도구로 활용 - 교통계획은 MaaS의 성공적인 운영을 위한 기반을 제공 - 다양한 모빌리티 서비스를 통합하여 사용자에게 제공 - 모빌리티 기술은 MaaS의 발전을 위한 핵심 요소	- 실시간 교통정보 제공 - 최적 경로 안내 - 통합 결제 시스템 - 수요응답형 교통서비스 - 공유 모빌리티 연계
교통계획	도시 및 지역의 교통 문제를 해결하고, 효율적이고 안전하며 지속가능한 교통시스템을 구축	도시 및 지역의 교통 현황을 분석하고, 미래 교통수요를 예측하며, 교통 시설 및 서비스를 계획하고 평가	- 교통 시뮬레이션 - GIS(지리정보시스템), 데이터 분석 도구 활용	- MaaS의 성공적인 운영을 위한 기반을 제공 - 모빌리티 기술의 발전을 지원 - 모빌리티 서비스의 효율적인 운영을 위한 환경을 조성	- 대중교통 중심의 교통 체계 구축 - 보행 및 자전거 친화적인 환경 조성 - 교통혼잡 완화 - 교통약자 이동권 보장
모빌리티	사람과 화물의 이동성을 향상시키고, 접근성을 높이며, 이동 관련 편의성을 증진	이동수단 및 서비스를 제공하고, 이동 관련 기술을 개발하며, 이동 환경을 개선	- 자율주행 - 전기차 - 공유 모빌리티 - 스마트 모빌리티 등 다양한 기술 활용	- MaaS의 발전을 위한 핵심 요소 - 교통계획은 모빌리티 기술의 발전을 지원 - 모빌리티 서비스의 효율적인 운영을 위한 환경을 조성한다.	- 자율주행 셔틀 - 전기 공유 자전거 - 스마트 교통신호 시스템 - 개인형 이동장치(PM) 서비스

3. AI 기반 모빌리티 플랫폼의 역할과 MaaS 데이터 분석과정

1) AI 기반 모빌리티 플랫폼의 역할

AI는 MaaS를 구현하고 고도화하는 데 필수적인 기술이다. AI는 MaaS 플랫폼에서 다음과 같은 역할을 수행한다.

① **데이터 분석**: AI는 사용자 데이터, 교통 데이터, 환경 데이터 등을 분석하여 사용자의 이동 패턴, 교통상황, 혼잡 예측 등을 파악한다.

② **개인 맞춤형 서비스**: AI는 사용자의 이동 목적, 선호도, 예산 등을 고려하여 개인에게 최적화된 이동경로 및 교통수단을 추천한다.

③ **예측 및 최적화**: AI는 교통량, 혼잡, 사고 등을 예측하고, 이를 기반으로 교통흐름을 최적화하고, 교통안전을 강화한다.

④ **자동화**: AI는 예약, 결제, 환승 안내 등 MaaS 플랫폼의 다양한 기능을 자동화하여 사용자 편의성을 높인다.

2) AI 기반 MaaS 플랫폼의 데이터 분석 과정(가상 숫자 예시)

(1) 데이터 수집 단계

- MaaS 플랫폼은 다양한 경로를 통해 데이터를 수집하게 된다. 예를 들어, 사용자 이동 데이터 100만 건, 실시간 교통 데이터 50만 건, 환경 데이터 20만 건을 수집한다고 가정한다.

- 사용자 이동 데이터는 각 사용자의 출발지, 목적지, 이동시간, 이동수단 등을 포함하게 된다.
- 실시간 교통 데이터는 교통량, 속도, 도로 상황 등을 포함하며, 환경 데이터는 날씨, 미세먼지 농도 등을 포함하게 된다.

(2) 데이터 전처리 단계

- 수집된 데이터 중 오류나 누락된 데이터 15만 건을 제거하고, 분석에 적합한 형태로 데이터를 변환하게 된다.
- 예를 들어, 위치 정보는 위도와 경도 좌표로 변환하고, 시간 정보는 표준화된 형식으로 변환하게 된다.
- 또한, 데이터의 중복을 제거하고, 필요한 경우 데이터를 통합하게 된다.

(3) 데이터 분석 단계

- 전 처리된 데이터 155만 건을 AI 알고리즘에 입력하여 분석하게 된다.
- AI 알고리즘은 사용자의 이동 패턴, 교통상황, 혼잡 예측 등을 파악하게 된다.
- 예를 들어, 특정 시간대에 특정 지역의 교통량이 급증하는 패턴을 파악하거나, 특정 사용자의 이동 패턴을 분석하여 자주 이용하는 경로를 파악하게 된다.
- 이러한 분석을 위해 AI는 머신러닝 알고리즘을 사용하여 데이터 간의 상관관계를 분석하고, 패턴을 발견하게 된다.
- 예를 들어, 100만 건의 사용자 이동데이터 중 특정 사용자의 출퇴근 경로와 시간대 패턴을 분석한다.
- 그리고, 수집된 50만 건의 교통량데이터 중 출퇴근시간 주요도로의 차량 정체구간과 시간을 분석한다.

(4) 분석 결과 활용 단계

- 분석 결과를 바탕으로 MaaS 플랫폼은 다양한 서비스를 제공하게 된다.
- 예를 들어, 사용자에게 최적화된 이동경로 및 교통수단을 추천하거나, 교통혼잡을 예측하여 사용자에게 미리 알림을 제공하게 된다.

- 또한, 분석 결과를 바탕으로 교통 정책 수립이나 도로 환경 개선 등에도 활용하게 된다.
- 155만 건의 분석된 데이터를 바탕으로, AI는 사용자에게 3가지 최적화된 경로를 추천하고, 각 경로의 예상 소요 시간과 비용을 제공한다.
- 또한, AI는 실시간 교통상황을 반영하여 경로를 재조정하고, 사용자에게 최적의 경로를 지속적으로 제공한다.

4. MaaS(Mobility as a Service) 플랫폼 구축 및 운영에 필요한 기술 요소, 운영 전략, 비즈니스 모델 분석

1) 기술 요소

(1) 플랫폼 기술

① **다양한 교통수단의 데이터 통합 및 관리**: API 연동, 데이터 표준화, 클라우드 기반 시스템

② **실시간 교통정보 제공 및 경로 탐색**: GPS, GIS, 교통 예측 알고리즘

③ **통합 결제 시스템**: 전자지갑, 모바일 결제, 다양한 결제 수단 지원

④ **사용자 인터페이스(UI/UX)**: 직관적인 디자인, 개인화된 서비스 제공

⑤ **데이터 분석 및 활용**: 빅데이터 분석, 인공지능(AI), 머신러닝(ML) 기반 서비스 최적화

(2) 모빌리티 기술

① **자율주행기술**: 자율주행차량, 자율주행 셔틀

② **전기차 기술**: 전기차 충진 인프라, 배터리 관리 시스템

③ **공유 모빌리티 기술**: 공유 자전거, 공유 킥보드, 카셰어링

④ **스마트 모빌리티 기술**: 스마트 교통신호 시스템, 스마트 주차 시스템

2) MaaS 플랫폼 아키텍처

(1) 1단계: 데이터 통합 및 관리

- 다양한 교통수단 및 서비스 제공자로부터 데이터를 수집, 통합, 관리하는 시스템을 구축하게 된다.
- API(Application Programming Interface)를 활용하여 실시간 교통정보, 사용자 정보, 결제 정보 등을 통합적으로 처리하게 된다.
- 클라우드 기반 데이터 플랫폼을 구축하여 대용량 데이터를 안전하고 효율적으로 관리하게 된다.

(2) 2단계: 서비스 플랫폼 구축

- 사용자에게 최적의 이동경로 및 교통수단을 추천하는 서비스 플랫폼을 구축하게 된다.
- AI 기반 알고리즘을 활용하여 실시간 교통상황, 사용자 선호도 등을 고려한 맞춤형 서비스를 제공하게 된다.
- 모바일 앱, 웹 등 다양한 채널을 통해 사용자 인터페이스를 제공하게 된다.

(3) 3단계: 결제 및 정산 시스템 구축

- 다양한 결제 수단을 지원하고, 교통서비스 이용 요금을 정산하는 시스템을 구축하게 된다.
- 블록체인 기술을 활용하여 투명하고 안전한 결제 및 정산 시스템을 구축할 수 있다.

3) MaaS 플랫폼 운영

(1) 1단계: 사용자 관리 및 지원

- 사용자 문의 및 불만 처리를 위한 고객 지원 시스템을 운영하게 된다.
- 사용자 이용 데이터를 분석하여 서비스 개선에 활용하게 된다.
- 사용자 대상 마케팅 및 프로모션을 통해 플랫폼 활성화를 도모하게 된다.

(2) 2단계: 교통서비스 관리

- 교통서비스 제공자와 협력하여 안정적인 서비스 운영을 관리하게 된다.
- 실시간 교통상황을 모니터링하고, 필요시 교통흐름을 제어하게 된다.
- 교통사고 발생 시 신속하게 대응하고, 사용자 안전을 확보하게 된다.

(3) 3단계: 플랫폼 유지보수 및 개선

- 플랫폼 시스템의 안정적인 운영을 위한 유지보수 및 업데이트를 수행하게 된다.
- 기술 발전에 맞춰 플랫폼 기능을 지속적으로 개선하고 고도화하게 된다.
- 사용자 피드백 및 시장 동향을 반영하여 새로운 서비스를 개발하게 된다.

4) MaaS 플랫폼 운영 전략

(1) 사용자 중심 서비스 제공

- 개인화된 이동경로 및 서비스 추천
- 다양한 이동옵션 제공 및 비교
- 실시간 이동정보 및 알림 서비스 제공
- 고객 지원 및 피드백 시스템 구축

(2) 다양한 이해관계자와의 협력

- 교통 사업자, IT 기업, 지자체 등과의 파트너십 구축
- 데이터 공유 및 협력 체계 구축
- 상호 이익을 위한 협력 모델 개발

(3) 지속가능한 교통시스템 구축

- 친환경 교통수단 도입 및 확산
- 대중교통 이용 활성화
- 교통혼잡 완화 및 교통 효율성 증대
- 교통약자 이동권 보장

5. MaaS의 세계도시 활용 사례 및 시사점

1) 세계도시에서 MaaS 활용 사례

MaaS는 전 세계적으로 다양한 도시에서 도입되고 있으며, 교통시스템의 효율성을 높이고 사용자 편의성을 증대하는 데 기여하고 있다.

(1) 핀란드 헬싱키(Whim)

- Whim 앱은 월 정액 요금을 통해 사용자가 대중교통, 택시, 공유 자전거, 렌터카 등 다양한 교통수단을 통합적으로 이용할 수 있도록 한다.
- AI 기술을 활용하여 사용자의 이동 패턴을 분석하고 실시간으로 최적의 경로를 추천하며, 다양한 교통수단을 하나의 플랫폼에서 예약하고 결제할 수 있도록 한다.
- 이러한 통합 서비스는 개인 차량 소유를 줄이고 교통혼잡을 완화하며 사용자에게 높은 이동 편의성을 제공하게 된다.

(2) 독일 베를린(Jelbi)

- Jelbi 앱은 대중교통, 택시, 공유 자전거, 렌터카, 공유 전동 킥보드 등 더욱 다양한 교통수단을 통합하여 제공하며, 사용자가 앱을 통해 예약, 결제, 환승 안내 등을 이용할 수 있도록 한다.
- AI 기술은 실시간 환승 경로를 안내하고 최적의 이동수단을 추천하여 환승 시간을 단축하고 이동 편의성을 높이게 된다.

- 다양한 이동수단에 대한 선택권을 제공한다.

(3) 싱가포르

- 싱가포르는 AI 기반 MaaS 플랫폼을 구축하여 교통혼잡을 줄이고 대중교통 이용을 장려하며 지속 가능한 도시 개발에 기여하고 있다.
- AI 기술은 교통량을 예측하고 최적화하며 사용자에게 맞춤형 정보를 제공하고 자율주행차량 운영을 지원하는 등 다양한 역할을 수행하게 된다.
- 통합플랫폼을 통해, 실시간 교통정보를 제공하여 효율적으로 교통시스템을 운영한다.

2) 도시별 MaaS 플랫폼의 목표, 활용 분야, AI 기술, 작동 방식, 효과, 시사점

도시별 MaaS 플랫폼의 목표, 활용 분야, AI 기술, 작동 방식, 효과, 시사점

도시	MaaS 플랫폼(앱) 목표	활용 분야	AI 기술	작동 방식	효과	시사점
핀란드 헬싱키 (Whim)	다양한 교통수단 통합 및 이용 편의성 증대	- 대중교통 - 택시 - 공유 자전거 - 렌터카 등	- 실시간 경로 최적화 - 사용자 맞춤형 추천	월 정액제 기반 앱 통한 통합 예약 및 결제	- 개인 차량 소유 감소 - 교통혼잡 완화 - 사용자 만족도 향상	- 다양한 교통수단 통합 및 사용자 중심 서비스 중요성 강조
독일 베를린 (Jelbi)	다양한 교통수단 연계 및 환승 편의성 증대	- 대중교통, 택시 - 공유 자전거 - 렌터카 - 공유 전동 킥보드 등	- 실시간 환승 경로 안내 - 최적 이동수단 추천	앱 통한 통합 예약, 결제 및 환승 안내	- 환승 시간 단축 - 이동 편의성 증대 - 다양한 이동수단 선택권 제공	- 다양한 교통수단 연계 및 환승 시스템 구축 중요성 강조
싱가포르	교통혼잡 완화, 대중교통 이용 장려, 지속 가능한 도시 개발	- 대중교통 - 자율주행차량 - 스마트 모빌리티 등	- 교통량 예측 및 최적화 - 사용자 맞춤형 정보 제공 - 자율주행차량 운영	AI 기반 통합 플랫폼 통한 실시간 교통정보 제공 및 관리	- 교통혼잡 완화 - 대중교통 이용률 증가 - 환경오염 감소	- AI 기반 스마트 교통시스템 구축 - 지속 가능한 도시 개발 중요성 강조

12 AI 기반 자율주행자동차

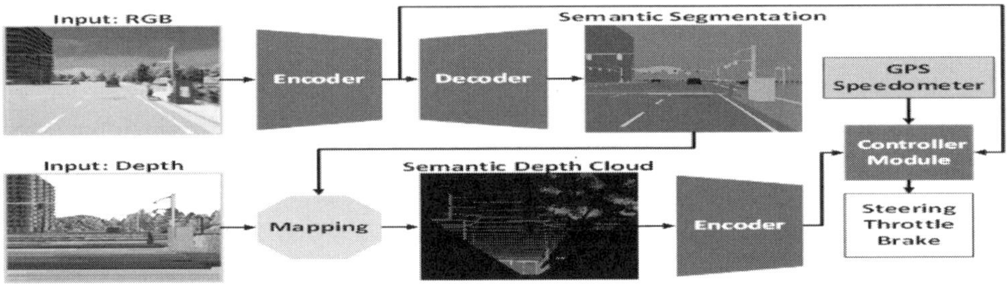

AI-powered autonomous driving vehicle, EurekAlert!

◈ 주요 논의 주제

1. 자율주행자동차의 정의 및 핵심 기술에 대한 논의
2. 자율주행자동차의 기술 동향 및 레벨에 대한 논의
3. 자율주행자동차 선도 기업의 기술 개발 현황 및 성과에 대한 논의.
4. 자율주행자동차의 편익 및 사회적 효과에 대한 논의
5. 자율주행자동차의 운전자 보조장치 및 핵심 센서 기술에 대한 논의
6. 자율주행시스템의 안전 및 보안 관련 논의
7. 자율주행자동차 관련 윤리적 쟁점 및 사회적 영향에 대한 논의
8. 자율주행자동차 관련 법적 규제에 대한 논의
9. 자율주행자동차의 위치추정 및 주행예측 기술에 대한 논의
10. AI 기반 자율주행자동차 기술 발전이 미래 사회에 미치는 영향에 대한 논의

The potential business impacts of autonomous vehicles Develp3D

1. 자율주행차와 핵심기술

1) 자율주행차란?

자율주행차는 운전자의 조작 없이 스스로 주변 환경을 인지하고 주행할 수 있는 자동차를 말한다. 센서, 카메라, 레이더 등을 이용하여 주변 환경을 인식하고, 이를 바탕으로 주행 경로를 계획하고 제어한다. 자율주행차는 교통사고 감소, 편의성 증대, 새로운 산업 창출 등 다양한 긍정적 효과를 가져올 것으로 기대된다.

2) 자율주행차의 핵심 기술

자율주행차를 구현하기 위해서는 다음과 같은 다양한 핵심 기술들이 필요하다.

(1) 인지 기술

인지 기술은 센서, 카메라, 레이더 등을 이용하여 주변 환경을 인식하는 기술이다. 카메라는 차선, 표지판, 신호등, 장애물 등을 인식한다. 예를 들어, 테슬라의 자율주행시스템은 카메라를 이용하여 주변 차량의 움직임을 파악하고 차선을 유지한다. 레이더는 전자기파를 이용하여 주변 차량과의 거리 및 속도를 측정한다.

예를 들어, 어댑티브 크루즈 컨트롤(ACC) 시스템은 레이더를 이용하여 앞차와의 거리를 유지하며 자동으로 속도를 조절한다. 라이더는 레이저를 이용하여 주변 환경의 3차원 지도를 생성한다. 예를 들어, 구글의 자율주행차는 라이더를 이용하여 주변 환경을 정밀하게 인식하고 주행 경로를 계획한다.

(2) 판단 기술

판단 기술은 인지된 정보를 바탕으로 주행 상황을 판단하고 의사결정을 하는 기술이다. 인공지능 기술을 이용하여 주행 경로를 계획하고, 위험 상황을 예측하여 대응한다. 예를 들어, 자율주행차는 인공지능을 이용하여 교통신호를 인식하고, 다른 차량의 움직임을 예측하여 안전하게 차선을 변경하거나 교차로를 통과한다.

(3) 제어 기술

제어 기술은 판단 결과에 따라 차량을 제어하는 기술이다. 핸들, 가속 페달, 브레이크 등을 자동으로 조작하여 차량을 주행한다. 예를 들어, 자율주행차는 제어 기술을 이용하여 차선을 유지하고, 속도를 조절하며, 장애물을 피한다.

AI 기반 자율주행시스템의 핵심 기술별 목표, 작동 방식, 기여도, 활용 분야

자율주행기술 분류	목표	작동 방식	기여도	활용 분야
인지 기술	주변 환경의 객관적 인식 및 정보 수집	센서(카메라, 라이다, 레이더 등)를 통해 주변 환경 데이터를 수집하고, AI 알고리즘으로 객체(차량, 보행자, 표지판 등)를 인식 및 분류하다.	- 객체 인식 정확도 향상 - 악천후 및 야간 환경에서의 인식률 증대 - 위험 상황 조기 감지	- 자율주행차량 - 스마트 교통시스템 - 드론, 로봇 등
판단 기술	수집된 정보를 기반으로 최적의 의사결정	인지 기술로부터 수집된 정보를 분석하고, 상황에 맞는 최적의 경로 및 행동 방안을 결정하다.	- 안전성 및 효율성 증대 - 교통흐름 최적화 - 돌발 상황에 대한 유연한 대처	- 자율주행차량 - 지능형 교통 관제 시스템 - 물류 로봇 - 스마트 팩토리
제어 기술	판단 결과를 바탕으로 차량 또는 시스템 제어	판단 기술에서 도출된 결과를 바탕으로 차량의 조향, 가속, 제동 등을 제어하다.	- 정밀한 차량 제어 - 승차감 향상 - 에너지 효율 증대	- 자율주행차량 - 로봇 팔 - 스마트 가전 - 산업 자동화 시스템 등

2. 자율주행차의 기술 동향 및 자율주행차의 레벨

1) 자율주행차의 기술 동향

(1) 센서 기술

더욱 정확하고 다양한 센서들이 개발되고 있다. 예를 들어, 고해상도 카메라, 장거리 레이더, 저가형 라이더 등이 개발되어 자율주행차의 인지 능력을 향상시키고 있다.

(2) 인공지능(AI) 기술

인공지능 기술의 발전으로 자율주행차의 인지 및 판단 능력이 향상되고 있다.

딥러닝, 강화 학습 등의 인공지능 기술을 이용하여 복잡한 주행 환경에서도 안전하고 효율적인 주행이 가능하도록 연구 개발이 진행되고 있다.

(3) 통신 기술

차량 간 통신 기술, 차량과 인프라 간 통신 기술 등의 발전으로 자율주행차의 안전성이 높아지고 있다. 차량 간 통신 기술은 차량들이 서로 정보를 교환하여 위험 상황을 예방하고, 차량과 인프라 간 통신 기술은 신호등, 도로 정보 등을 실시간으로 제공하여 자율주행차의 주행을 지원한다.

(4) 자율주행과 5G

5G 네트워크는 자율주행차가 다양한 기능을 수행하는 데 중요한 역할을 한다. 5G는 중앙 서버와 차량 간에 실시간으로 데이터를 주고받을 수 있도록 하여, 차량에 부착된 다양한 센서들이 원활하게 작동하도록 지원한다. 특히, 5G의 저지연 및 고속 데이터 전송 특성은 자율주행시스템의 안정적인 작동에 필수적이다. 예를 들어, 5G는 차량이 주변 환경 정보를 실시간으로 수신하고 처리하여 안전하게 주행할 수 있도록 지원하며, 고품질의 인포테인먼트 서비스를 제공할 수 있도록 한다.

2) 자율주행차의 레벨

(1) 자율주행기술의 발전 수준을 0에서 5까지의 레벨로 구분

자율주행기술의 발전 수준은 0에서 5까지의 레벨로 구분된다.

레벨	설명	예시
레벨 0	비자동화	
레벨 1	운전자 지원	차선 유지 지원, 어댑티브 크루즈 컨트롤
레벨 2	부분 자동화	고속도로 주행 지원
레벨 3	조건부 자동화	특정 조건에서 자율주행 가능
레벨 4	고도 자동화	대부분의 환경에서 자율주행 가능
레벨 5	완전 자동화	모든 환경에서 자율주행 가능

Advancements in autonomous vehicles, Xorance

(2) 자율주행기술의 미래 전망

현재 많은 자동차 기업에서 레벨 2 수준의 기술을 상용화하고 있다. 예를 들어, 현대자동차의 EQ900에는 고속도로 및 도심 자율주행, 혼잡 주간 주행 지원, 선행 차량 추종 자율주행기술 등이 장착되어 있다. 레벨 3 자율주행차는 이미 출시되었으며, 정부는 관련 안전기준 개정을 추진하고 있다. 레벨 4 자율주행은 2026년 이후에나 적용될 수 있을 것으로 보인다.

① **완전 자율주행(레벨 5)시대 도래**: AI 기술의 발전과 함께 완전 자율주행 시대가 도래할 것으로 예상된다. 레벨 5 자율주행은 모든 도로 환경에서 운전자의 개입 없이 차량이 스스로 주행하는 것을 의미하며, 이는 교통시스템의 패러다임을 완전히 바꿀 것이다.

② **모빌리티 서비스 확산**: 자율주행기술은 MaaS, 자율주행 택시, 배달 서비스 등 다양한 모빌리티 서비스 확산을 가속화할 것이다. 자율주행차량은 단순한 이동수단을 넘어, 다양한 서비스를 제공하는 플랫폼으로 진화할 것이다.

③ **사회적 변화**: 자율주행기술은 교통사고 감소, 교통혼잡 완화, 이동 편의성 증대, 주차 문제 해결 등 다양한 사회적 이점을 가져올 것이다. 또한, 새로운 산업을 창출하고, 기존 산업의 구조를 변화시키는 등 사회 전반에 걸쳐 큰 영향을 미칠 것이다.

3. 자율주행차량의 선도 기업의 주요 기술, 개발 현황, 성과

1) 테슬라(Tesla)

테슬라는 전기차 제조 기업이자 자율주행기술 선도 기업이다. 테슬라는 자체 개발한 AI 칩과 소프트웨어를 기반으로 자율주행시스템 "FSD(Full Self-Driving)"를 개발하고 있으며, 딥러닝, 컴퓨터 비전, 센서 융합 등 다양한 기술을 활용한다. 테슬라는 "Shadow Mode"라는 독특한 데이터 수집 방식을 통해 실제 주행 데이터를 수집하고, 이를 AI 모델 학습에 활용하여 자율주행 성능을 개선하고 있다. 테슬라는 FSD 베타 버전을 통해 사용자들에게 자율주행 기능을 제공하고 있으며, 지속적인 업데이트를 통해 자율주행기술을 고도화하고 있다.

테슬라, 자율주행 로보택시 공개… "2026년까지 양산,
https://www.newscj.com/news/articleView.html?

2) 웨이모(Waymo)

웨이모는 구글의 자회사로, 자율주행기술 개발에 선도적인 역할을 하고 있다. 웨이모는 라이다, 레이더, 카메라 등 다양한 센서를 융합하여 주변 환경을 인식하고, 딥러닝 기반 AI를 활용하여 주행 경로를 계획하고 차량을 제어한다. 웨이모는 미국 여러 도시에서 자율주행 택시 서비스 "Waymo One"을 운영하고 있으며, 수백만 마일의 실제 주행 데이터를 축적하여 자율주행기술을 개선하고 있다.

자율주행차량 선도 기업의 주요 기술, 개발 현황, 성과 분석

자율주행차기업	주요 기술	개발 현황	주요 성과
테슬라 (Tesla)	자체 개발 AI 칩 및 소프트웨어, 딥러닝, 컴퓨터 비전, 센서 융합, "Shadow Mode" 데이터 수집	FSD(Full Self-Driving) 베타 버전 사용자 제공 및 지속적인 업데이트를 통해 기술 고도화 진행 중이다.	실제 주행 데이터 기반 AI 모델 학습을 통해 자율주행 성능 향상에 기여하다.
웨이모 (Waymo)	라이다, 레이더, 카메라 등 다양한 센서 융합, 딥러닝 기반 AI, 주행 경로 계획 및 차량 제어	미국 주요 도시에서 자율주행 택시 서비스 "Waymo One" 운영하며, 수백만 마일의 실제 주행 데이터 축적하고 있다.	자율주행 택시 서비스 상용화를 통해 기술 검증 및 데이터 축적하다.
GM (General Motors) (Cruise)	딥러닝, 컴퓨터 비전, 센서 융합, 자율주행 전용 차량 "Origin" 개발	샌프란시스코에서 자율주행 택시 서비스 운영 중이다.	자율주행서비스 특화 차량 개발 및 자율주행 택시 서비스 상용화를 통해 기술력 입증하다.

웨이모(Waymo), 자율주행 배송 시작한다.

4. 자율주행차가 가져오는 편익

1) 자율주행차가 가져오는 다양한 효과

자율주행차의 도입은 단순한 이동수단 변화를 넘어 사회 전반에 걸쳐 광범위한 편익을 가져올 것으로 전망된다. 자율주행차는 우리의 삶을 크게 변화시킬 것으로 예상되며, 다음과 같은 미래 전망을 제시할 수 있다.

(1) 안전 증진

- 자율주행차는 인간의 인지 능력 한계, 반응 속도 지연, 감정적 요인 등을 극복하여 교통사고 발생 가능성을 현저히 낮춘다.

- 센서와 인공지능 기술을 통해 주변 환경을 실시간으로 감지하고 예측하여 보행자 및 다른 차량과의 충돌을 예방한다.
- 교통약자의 이동 편의성을 증진시켜 사회적 포용성을 높인다.

(2) 편의성 증대

- 운전에서 해방된 시간은 생산적인 활동이나 휴식으로 활용될 수 있어 개인의 삶의 질을 향상시키고, 운전으로 인한 스트레스와 피로를 줄여준다.
- 자율주행차는 실시간 교통정보를 바탕으로 최적 경로를 탐색하고 교통 흐름을 분산시켜 교통체증을 완화시킨다.

(3) 경제적 효과

- 자율주행기술은 다양한 분야에서 새로운 사업 모델을 창출하고 관련 산업의 성장을 촉진한다.
- 물류 및 배송 시스템의 효율성을 극대화하여 비용 절감과 서비스 개선을 가능하게 한다.
- 도로 및 교통시스템 운영 효율성을 높여 사회적 비용을 절감시킨다.

(4) 사회적 효과

- 교통약자의 이동권을 확대하고 대중교통 접근성을 높여 사회적 형평성을 증진시킨다.
- 도시 공간 활용도를 높여 더욱 살기 좋은 도시 환경을 조성한다.
- 대중교통이 부족한 곳에서 대중교통의 역할을 대신하며 더 많은 사람이 편리하게 이동할 수 있도록 돕는다.

2) 자율주행차의 편익 유형별 목표, 역할, 효과

자율주행차의 편익 유형별 목표, 역할, 효과

자율주행차 편익 유형	목표	역할	효과
안전 증진	- 교통사고 감소 - 보행자 안전 강화 - 교통약자 이동성 향상	- 인적 오류 감소 - 돌발상황 자동 대처 - 위험 지역 회피 - 사고 발생 시 피해 최소화	- 교통사고 사망자 수 감소 - 교통약자 이동권 보장 - 사회적 비용 절감
편의성 증대	- 이동시간 활용 극대화 - 운전 피로 해소 - 교통체증 완화	- 이동 중 업무, 휴식, 여가 활동 가능 - 장거리 운전 부담 감소 - 최적 경로 탐색 및 자동 주행	- 개인 삶의 질 향상 - 생산성 향상 - 에너지 효율 증대
경제적 효과	- 새로운 산업 창출 - 물류 효율화 - 교통 인프라 효율성 증대	- 자율주행 택시, 배달 서비스, 차량 공유 서비스 등 신규 시장 형성 - 배송 시간 단축 및 비용 절감 - 도로 용량 최적화 및 유지 보수 비용 절감	- 일자리 창출 - 경제성장 촉진 - 자원 효율성 증대
사회적 효과	- 교통약자 이동권 확대 - 대중교통 접근성 향상 - 도시 공간 활용도 증대	- 노약자, 장애인 등 이동 제약 해소 - 대중교통 연계 강화 - 주차 공간 최소화 및 공공 공간 확보	- 사회적 형평성 증진 - 도시환경 개선 - 삶의 질 향상

5. 자율주행차의 운전자 보조장치(ADAS)

1) 첨단 운전자 보조시스템(ADAS)

첨단 운전자 보조시스템(ADAS)은 운전자의 안전 운전을 돕는 다양한 기능을 제공하는 시스템이다. ADAS는 카메라, 레이더, 라이다 등 다양한 센서를 통해 주변 환경을 인식하고, AI를 활용하여 위험 상황을 감지하고 운전자에게 경고하거나 차량을 제어하여 사고를 예방한다.

(1) 주요 ADAS 기능

- **차선이탈 경고시스템(LDWS)**: 차량이 차선을 이탈하는 경우 운전자에게 경고를 제공한다.
- **차선유지 보조시스템(LKAS)**: 차량이 차선을 유지하도록 조향을 보조한다.
- **어댑티브 크루즈 컨트롤(ACC)**: 앞차와의 거리를 유지하며 자동으로 속도를 조절한다.

- **전방충돌 경고시스템(FCWS)**: 전방 충돌 위험이 있는 경우 운전자에게 경고를 제공한다.
- **자동긴급 제동시스템(AEB)**: 전방 충돌이 임박한 경우 자동으로 제동을 작동시킨다.
- **후측방 경고시스템(BSW)**: 후측방 사각지대에 차량이 있는 경우 운전자에게 경고를 제공한다.
- **후방 교차 충돌 경고시스템(RCCW)**: 후진 시 후측방에서 접근하는 차량이 있는 경우 운전자에게 경고를 제공한다.
- **주차 보조시스템(PAS)**: 주차 시 조향을 보조하여 안전하게 주차할 수 있도록 돕는다.

(2) ADAS의 미래

- **AI 기반 ADAS 고도화**: AI 기술의 발전과 함께 ADAS 기능은 더욱 고도화될 것이다. AI는 더욱 정확하게 위험 상황을 예측하고, 운전자에게 더욱 적절한 경고를 제공하며, 차량을 더욱 안전하게 제어할 수 있도록 발전할 것이다.
- **V2X 통신과의 연동**: ADAS는 V2X(Vehicle-to-Everything) 통신 기술과 연동하여 더욱 안전하고 효율적인 주행을 지원할 것이다. V2X 통신은 차량과 차량, 차량과 인프라 간에 정보를 교환하는 기술로, ADAS는 V2X 통신을 통해 주변 차량의 위치, 속도, 방향 등을 파악하고, 교통신호 정보, 도로 상황 정보 등을 수신하여 더욱 안전하게 주행할 수 있도록 발전할 것이다.

2) 자율주행차량의 레이더(Radar)와 라이더(LiDAR)

레이더(Radar)와 라이더(LiDAR)는 자율주행차량의 핵심 센서 기술이다. 이들은 전자기파 또는 빛을 이용하여 주변 환경을 감지하고, 차량, 보행자, 장애물 등의 위치, 속도, 거리 정보를 제공한다. 레이더는 악천후 환경에서도 안정적인 성능을 보이며, 라이더는 높은 정확도와 해상도를 제공한다. 자율주행시스템은 레이더와 라이더 데이터를 융합하여 주변 환경을 정확하게 인식하고 안전하게 주행한다.

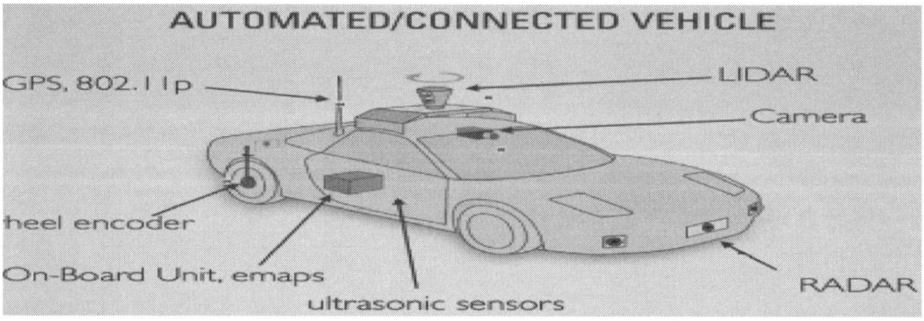

Embedded – The role of artificial intelligence in autonomous vehicles

(1) 레이더(Radar): 전자기파를 이용하여 주변 환경을 감지하는 센서

레이더는 전자기파를 이용하여 주변 환경을 감지하는 센서이다. 레이더는 전자기파를 방출하고, 물체에 반사되어 돌아오는 신호를 분석하여 물체의 위치, 속도, 거리 등을 측정한다. 레이더는 악천후(비, 눈, 안개 등) 환경에서도 비교적 안정적인 성능을 보이며, 가격이 저렴하다는 장점이 있다. 그러나 레이더는 해상도가 낮아 물체의 형태를 정확하게 인식하기 어렵다는 단점이 있다.

(2) 라이더(LiDAR): 빛을 이용하여 주변 환경을 감지하는 센서

라이더는 빛을 이용하여 주변 환경을 감지하는 센서이다. 라이더는 레이저 펄스를 방출하고, 물체에 반사되어 돌아오는 시간을 측정하여 물체까지의 거리를 계산한다. 라이더는 레이더보다 높은 정확도와 해상도를 제공하며, 3차원 공간 정보를 획득할 수 있다는 장점이 있다. 그러나 라이더는 악천후 환경에서 성능이 저하되고, 가격이 비싸다는 단점이 있다.

Self-Driving Technology: Lidar vs Camera, Vested Finance

(3) 센서 융합

자율주행시스템은 레이더와 라이더 데이터를 융합하여 주변 환경을 정확하게 인식한다. 레이더는 악천후 환경에서도 안정적인 성능을 제공하고, 라이더는 높은 정확도와 해상도를 제공하기 때문에, 두 센서의 장점을 결합하여 상호 보완적인 역할을 수행한다. 센서 융합 기술은 자율주행시스템의 안전성과 신뢰성을 높이는 데 중요한 역할을 한다.

(4) 자율주행차량의 레이더, 라이다, 센서 융합 기술의 특징, 작동 방식, 효과, 장점, 단점, 활용 분야

자율주행차량의 레이더, 라이다, 센서 융합 기술의 특징, 작동 방식, 효과, 장점, 단점, 활용 분야

자율주행차량 센서 유형	특징	기술 및 작동 방식	효과	장점	단점	활용 분야
레이더 (Radar)	전자기파 활용, 악천후 안정성, 저해상도	전자기파 방출 및 반사 신호 분석, 물체의 위치, 속도, 거리 측정	악천후 환경에서도 안정적인 물체 감지	- 악천후 안정성 - 저렴한 가격	- 낮은 해상도 - 물체 형태 인식 어려움	- 자율주행차량 - 첨단 운전자 보조 시스템(ADAS) - 기상 관측, 군사 레이더
라이다 (LiDAR)	빛(레이저) 활용, 고정밀 3D 정보, 악천후 취약	레이저 펄스 방출 및 반사 시간 측정, 물체까지의 거리 계산, 3차원 공간 정보 획득	높은 정확도 및 해상도의 3차원 환경 인식	- 고정밀 3D 정보 획득 - 높은 해상도	- 악천후 성능 저하 - 높은 가격	- 자율주행차량 - 3D 지도 제작 - 드론, 로봇, 건설 현장
센서 융합	레이더와 라이다 데이터 융합, 상호 보완, 안정성 및 신뢰성 증대	레이더의 악천후 안정성과 라이다의 고정밀 3D 정보 결합, 데이터 처리 알고리즘 활용	다양한 환경 조건에서 안정적이고 정확한 주변 환경 인식	- 상호 보완적인 정보 제공 - 시스템 안전성 및 신뢰성 향상	- 데이터 처리 복잡성 증가 - 시스템 비용 증가	- 자율주행차량 - 첨단 로봇 - 스마트 시티 - 산업 자동화

6. 자율주행시스템의 안전 및 보안 분석

자율주행시스템의 안전 및 보안은 기술 개발과 함께 중요한 고려 사항이며, 관련 기술 개발 및 제도 마련을 통해 안전하고 신뢰할 수 있는 자율주행 환경을 구축해야 한다.

1) 자율주행시스템의 안전 기준 및 평가 방법

- 자율주행시스템의 안전성을 확보하기 위해 ISO 26262, SOTIF 등 국제 표준 및 규제를 준수하는 것이 중요하며, NIST 자율주행 안전 프레임워크와 같은 표준은 자율주행시스템 안전을 위한 표준이다.
- 시나리오 기반 안전 평가, 가상 환경 시뮬레이션, 실제 도로 시험 등 다양한 평가 방법을 통해 시스템의 안전성을 검증해야 한다.
  - MIL-STD-882와 같은 안전 표준 또한 중요하다.
  - 안전 목표를 명확히 정의하고 위험을 분석하여 평가하며, 기능 안전 설계 및 검증을 통해 시스템의 안전성을 확보한다.

2) 자율주행시스템의 보안 취약점 및 대응 방안

- 데이터 위변조, 해킹, 악성코드 감염 등 다양한 사이버 공격에 대한 위협을 식별하고, 보안 취약점을 분석하여 평가해야 한다.
- 암호화 기술, 침입 탐지 및 방지 시스템 등 보안 강화 기술을 적용하여 시스템의 안전성을 확보하고, 지속적인 보안 업데이트 및 패치를 통해 최신 보안 위협에 대응한다.
- 사이버 보안 표준을 준수하고 보안 위협을 식별하여 대응합니다.

3) 자율주행시스템 사고 발생 시 책임 소재 및 법적 규제

- 사고 발생 시 제조사, 운전자, 보험사 등 책임 소재를 명확히 하고, 관련 법규를 제정하여 법적 규제를 마련해야 한다.
- 데이터 기록 및 분석을 통해 사고 원인을 규명하고, 보험 상품 개발 및 윤리적 문제 해결을 위한 노력이 필요하다.
- 인공지능 윤리가이드라인의 마련은 자율주행시스템에 반드시 필요하다.

4) 자율주행시스템의 안전 및 보안 상세 분석

자율주행시스템의 안전 및 보안 상세 분석

자율주행시스템 관련 현안과제	상세 내용	구체적인 내용	핵심 요소
자율주행시스템의 안전 기준 및 평가 방법	국제 표준 및 규제, 안전 평가 항목 및 방법, 가상 환경 시뮬레이션 및 실제 도로 시험	ISO 26262(자동차 기능 안전), SOTIF(의도된 기능 안전), NIST 자율주행 안전 프레임워크, 시나리오 기반 안전 평가, MIL-STD-882(시스템 안전 표준)	- 안전 목표 정의 - 위험 분석 및 평가 - 기능 안전 설계 - 검증 및 확인
자율주행시스템의 보안 취약점 및 대응 방안	사이버 공격 유형 및 위협, 보안 취약점 분석 및 평가, 보안 강화 기술 및 솔루션	데이터 위변조, 해킹, 악성코드 감염, 개인정보 유출, 암호화 기술, 침입 탐지 및 방지 시스템, 보안 업데이트 및 패치	- 사이버 보안 표준 준수 - 보안 위협 식별 및 대응 - 보안 강화 기술 적용 - 지속적인 보안 업데이트
자율주행시스템 사고 발생 시 책임 소재 및 법적 규제	제조사 책임, 운전자 책임, 보험사 책임, 법적 규제 및 윤리적 고려사항	사고 책임 명확화, 보험 상품 개발, 데이터 기록 및 분석, 자율주행 관련 법규 제정, 인공지능 윤리 가이드라인	- 책임 소재 명확화 - 법적 규제 마련 - 보험제도 개선 - 윤리적 문제 해결

7. 자율주행차 관련 윤리적 쟁점 및 사회적 영향

1) 사고 책임

① **주행 중 보행자를 피하면 탑승자가 가드레일에 충돌해 죽고 그렇지 않으면 탑승자는 살지만 보행자는 죽게 되는 소위 '자율주행차의 윤리적 딜레마' 문제 제기**

사고 발생 시 책임 소재는 누구에게 있는가? 운전자, 제조사, 소프트웨어 개발자 등 책임 소재를 명확히 규정해야 한다. MIT 테크놀로지 리뷰에서는 주행 중 보행자를 피하면 탑승자가 가드레일에 충돌해 죽고 그렇지 않으면 탑승자는 살지만 보행자는 죽게 되는 소위 '자율주행차의 윤리적 딜레마' 문제를 제기하였다.

② **자율주행시스템의 윤리적 딜레마는 기술 개발만큼 중요한 문제이며, 사회적 합의와 윤리적 가치를 바탕으로 해결 방안을 모색해야 한다.**

탑승자를 희생시키더라도 보행자를 살릴 것인지, 아니면 그 반대를 선택할 것인지에 대한 자율주행차의 최종 의사결정권에 대한 윤리적 이슈는 결국

교통사고 시 책임 소재를 탑승자가 아닌 제조사에 두어야 하는지에 대한 논쟁으로 이어지고 있다. 자율주행시스템의 윤리적 딜레마는 기술 개발만큼 중요한 문제이며, 사회적 합의와 윤리적 가치를 바탕으로 해결 방안을 모색해야 한다.

2) 자율주행시스템의 윤리적 의사결정 알고리즘

- 자율주행시스템은 트롤리 딜레마와 같은 윤리적 딜레마 상황에 직면했을 때 인간 생명의 가치를 어떻게 판단하고 의사결정을 내려야 하는지에 대한 문제를 해결해야 한다.
- 공리주의, 의무론, 가치 기반 접근 등 다양한 윤리적 접근 방식을 기반으로 알고리즘을 설계하고, 알고리즘의 투명성 및 설명 가능성을 확보해야 한다.
- 윤리적 알고리즘을 설계할 때는 어떠한 상황에서든지 인간의 존엄성을 최우선으로 해야 하며 상황에 따른 알고리즘의 작동에 대해서도 명확하게 설명 가능해야 한다.

3) 자율주행기술의 사회적 영향 분석

자율주행기술의 사회적 영향은 광범위하며, 긍정적인 변화를 극대화하고 부정적인 영향을 최소화하기 위한 노력이 필요하다.

(1) 자율주행기술로 인한 일자리 변화 및 대응 방안

- 자율주행기술은 운송업 분야의 일자리 감소를 초래할 수 있으나, 동시에 새로운 기술 개발 및 유지 보수, 데이터 분석, 서비스 개발 등 새로운 일자리도 창출된다.
- 기술 변화에 따른 직무 전환 교육 및 지원 프로그램을 개발하고, 사회 안전망을 강화하여 일자리 변화에 대응해야 한다.
- 미래시대를 위한 새로운 교육에 투자하여야 하며 사회 구성원들은 새로운 기술에 대한 능력을 배양하여야 한다.

(2) 자율주행 시대의 도시 및 교통시스템 변화

- 자율주행기술은 도시 계획 및 교통시스템에 큰 변화를 가져올 수 있다. 주차 공간 감소 및 공원, 보행 공간 확대, 스마트 도로 시스템 도입, 공유 모빌리티 확산 등이 예상된다.
- 도시 계획 단계부터 자율주행기술 도입을 고려하고, 교통 인프라 고도화 및 공유 모빌리티 서비스 확대를 추진해야 한다.
- 자율주행기술은 도로 인프라의 많은 변화를 요구한다. 도로 인프라의 변화는 도시계획의 큰 변화를 야기한다.

(3) 자율주행기술의 사회적 형평성 확보 방안

- 자율주행기술은 교통약자의 이동권을 보장하고 지역 간 이동 편의성 격차를 해소할 수 있는 기회를 제공하지만, 동시에 사회적 불평등을 심화할 수도 있다.
- 교통약자 대상 자율주행서비스 제공, 대중교통 부족 지역 서비스 확대, 저소득층 대상 서비스 이용 지원, 데이터 접근 및 활용 교육 등을 통해 사회적 형평성을 확보해야 한다.
- 자율주행서비스에서 특정 사회 구성원이 소외되지 않도록 각별히 신경써야 한다.

4) 자율주행기술의 사회적 영향, 대응전략 분석

자율주행기술의 사회적 영향, 대응전략 분석

자율주행기술 쟁점	자율주행기술 영향	자율주행기술 영향에 따른 대책	자율주행기술 대응전략
자율주행기술로 인한 일자리 변화 및 대응 방안	- 운송업 일자리 감소 - 새로운 일자리 창출 - 직무 전환 교육 및 지원 - 사회 안전망 구축	- 택시, 버스, 트럭 운전사 등 운송 관련 일자리 감소 - 자율주행기술 개발 및 유지 보수, 데이터 분석 및 관리, 새로운 서비스 개발 등 일자리 창출 - 직무 전환 교육 프로그램 개발 및 지원 - 실업 급여 및 사회 안전망 강화	- 기술 변화 예측 및 대응 - 직무 전환 교육 강화 - 새로운 일자리 창출 지원 - 사회 안전망 구축
자율주행 시대의 도시 및 교통시스템 변화	- 도시계획 및 정책의 변화 - 교통 인프라 변화 - 개인 이동 패턴 변화 - 공유 모빌리티 확산	- 주차 공간 감소 및 공원, 보행 공간 확대 - 스마트 도로 및 교통 관제 시스템 도입 - 개인 차량 소유 감소 및 공유 모빌리티 확산 - 도시 외곽 접근성 향상 및 교외 지역 개발 촉진	- 도시 계획 변화 예측 및 반영 - 교통 인프라 고도화 - 공유 모빌리티 서비스 확대 - 도시-교외 연결성 강화

자율주행기술 쟁점	자율주행기술 영향	자율주행기술 영향에 따른 대책	자율주행기술 대응전략
자율주행기술의 사회적 형평성 확보 방안	- 교통약자 이동권 보장 - 지역 간 이동 편의성 격차 해소 - 자율주행서비스 접근성 강화 - 데이터 접근 및 활용 형평성 확보	- 노인, 장애인 등 교통약자 대상 자율주행서비스 제공 - 대중교통 부족 지역 자율주행서비스 확대, 저소득층 대상 자율주행서비스 이용 지원, - 데이터 접근 및 활용 교육 제공	- 사회적 약자 배려 - 지역 간 격차 해소 - 서비스 접근성 강화 - 데이터 활용 교육

Where to? A History of Autonomous Vehicles, https://computerhistory.org/

8. 자율주행자동차의 위치추정 및 주행예측, 경로계획, 동작결정, 제어 등의 기술

1) 자율주행자동차의 위치추정 기술

(1) 자율주행차의 위치추정 기술의 내용, 핵심요소 분석

자율주행차의 위치추정 기술의 내용, 핵심요소 분석

자율주행차 기술 유형	기술의 내용	기술별 역할	활용기술 예시
위성항법 시스템 (GNSS)	- GPS, GLONASS, Galileo 등 위성 신호 활용 - 전 지구적 위치 정보 제공 - 신호 오차 및 음영 지역 존재	- 위성 신호 수신 및 삼각 측량 방식 위치 계산 - cm 단위 정밀 측위 기술(RTK, PPP) - 다중 GNSS 신호 융합 및 오차 보정 - 도심, 터널 등 음영 지역 신호 불안정	- 위성 신호 수신 능력 - 오차 보정 알고리즘 - 다중 GNSS 융합 기술 - 음영 지역 대응 기술
정밀도로지도 (HD Map)	- 차선, 도로 표지판, 신호등 등 정밀 위치 정보 포함 - 고정밀 지도 데이터 기반 위치 보정 - 지도 데이터 업데이트 및 유지 관리	- 차선 단위 정밀 위치 정보, 도로 표지판, 신호등, 도로경사 등 부가정보 - 실시간 지도 업데이트 시스템, 지도 데이터 보안 및 신뢰성 확보	- 정밀 지도 데이터 구축 기술 - 지도 데이터 업데이트 시스템 - 지도 기반 위치 보정 알고리즘 - 지도 데이터 보안 기술

자율주행차 기술 유형	기술의 내용	기술별 역할	활용기술 예시
Local Dynamic Map(LDM)	- 실시간 변화하는 주변 환경 정보 반영 - 센서 데이터 기반 동적 지도 생성 - 객체 이동 예측 및 위험 상황 판단	- 차량 센서(카메라, 라이다, 레이더) 데이터 융합 - 객체 이동경로 예측 알고리즘 - 실시간 지도 업데이트 및 데이터 공유 - 객체 이동 패턴 분석 및 위험 상황 예측	- 센서 데이터 융합 기술 - 객체 이동 예측 알고리즘 - 실시간 지도 업데이트 기술 - 위험 상황 판단 알고리즘

2) 자율주행차의 주행예측, 경로 계획, 동작 결정, 제어 등의 기술

(1) 자율주행기술의 주행예측, 경로 계획, 동작 결정 및 제어 기술 분석

자율주행기술의 주행예측, 경로 계획, 동작 결정 및 제어 기술 분석 기술별 목표, 분석 알고리즘

자율주행 기술유형	자율주행 기술별 목표	자율주행 분석 알고리즘(모델)	자율주행기술 활용 예시
주행 예측	- 주변 차량 및 보행자의 움직임 예측 - 안전한 주행 경로 계획	- 칼만 필터 - 입자 필터 - 심층 학습 기반 예측모델 - 미래 시점 객체 위치 및 속도 예측 - 충돌 위험 평가 및 예측 불확실성 관리	- 예측모델 정확도 - 실시간 데이터 처리 능력 - 불확실성 관리 기술 - 충돌 위험 평가 알고리즘
경로 계획	- 출발지에서 목적지까지 안전하고 효율적인 경로 계획	- Dijkstra 알고리즘 - 샘플 기반 경로 계획 알고리즘 - 도로 네트워크 기반 최적 경로 탐색 - 교통정보 및 도로 상황 반영	- 경로 탐색 알고리즘 효율성 - 교통정보 반영 기술 - 도로 네트워크 데이터 구축 - 경로 최적화 알고리즘
동작 결정	- 마르코프 결정 과정 - 가치 반복 알고리즘 등 활용 - 최적 주행 동작 결정	- 마르코프 결정 과정(MDP) - 부분 관측 마르코프 결정 과정(POMDP) - 강화 학습 기반 의사결정 - 보상 함수 설계 - 상태 공간 및 행동 공간 정의	- 강화 학습 모델 성능 - 보상함수 설계 - 상태 및 행동 공간 정의 - 실시간 의사결정 능력
모션 계획	- 그래프 검색 - 샘플링 - 보간 곡선 - 수치 최적화 등 활용 - 차량 움직임 계획	- 그래프 검색 알고리즘(RRT, PRM) - 샘플링 기반 모션 계획 - 스플라인 보간 곡선 - 수치 최적화 기법(모델 예측 제어, 최적 제어) - 충돌 회피 및 주행 안정성 확보	- 모션 계획 알고리즘 효율성 - 충돌 회피 알고리즘 - 주행 안정성 확보 기술 - 수치 최적화 알고리즘
피드백 제어	- PID 제어 - 모델 예측 제어 - 경로 추적 등 활용 - 차량 움직임 제어	- PID 제어기 - 모델 예측 제어(MPC) - 경로 추적 알고리즘 - 센서 데이터 기반 피드백 제어 - 주행 안정성 및 정확도 확보	- 제어기 설계 기술 - 센서 데이터 처리 능력 - 주행 안정성 확보 알고리즘 - 경로 추종 알고리즘
자율주행 기록장치	- 자율주행시스템 작동 상태 - 주변 환경 정보 등 기록 - 사고 발생 시 원인 분석 활용	- 주행 데이터 로깅 시스템 - 센서 데이터 기록 - 시스템 상태 기록, 사고 상황 재현 - 데이터 분석 및 시각화 도구	- 데이터 로깅 시스템 안정성 - 데이터 분석 및 시각화 기술 - 사고 원인 분석 기술 - 데이터 보안 및 개인정보 보호

13 AI 기반 도심항공교통, 자율주행 로보택시, 개인 맞춤형 모빌리티 서비스

Urban Air Mobility(UAM): Urban Air Mobility(UAM)

1. AI 기반 도심항공교통(UAM: Urban Air Mobility)

1) UAM의 목표

UAM(Urban Air Mobility)은 도시 환경에서의 교통혼잡을 해결하고, 효율적인 이동 서비스를 제공하기 위한 혁신적인 항공 교통시스템이다. UAM의 주요 목표는 다음과 같다.

- **도시교통혼잡 완화**: 지상 교통의 한계를 극복하고, 수직 이착륙 및 공중 이동을 통해 이동 시간을 단축한다.
- **친환경 이동수단 제공**: 전기 동력 기반의 UAM은 탄소 배출을 줄이고, 친환경적인 도시 환경 조성에 기여한다.
- **이동 편의성 증대**: 기존 교통수단으로 접근이 어려웠던 지역에 대한 접근성을 높이고, 이동의 효율성을 극대화한다.
- **새로운 산업 및 서비스 창출**: UAM 관련 기술 개발 및 운영을 통해 새로운 산업 생태계를 구축하고, 다양한 서비스를 제공한다.

eVTOL, https://www.cgtrader.com/

2) UAM 유형별 특징 및 비교 분석

UAM 유형별 기술 특징, 역할, 장점, 단점, 활용 예시

UAM 유형	기술 특징	역할	장점	단점	활용 예시
eVTOL (전기 수직 이착륙기)	- 전기 동력 기반 - 수직 이착륙 가능 - 분산 전기 추진 시스템 적용	- 도심 내 단거리 이동 - 에어택시 서비스 - 응급의료 서비스	- 친환경적 - 소음 적음 - 도심 접근성 우수	- 제한된 항속거리 - 배터리 기술 발전 필요 - 초기 투자비용 높음	- 도심-공항 간 이동 - 응급환자 이송 - 도심 관광 서비스
VTOL (수직 이착륙기)	- 하이브리드 또는 터빈 엔진 사용 - 수직 이착륙 가능	- 중장거리 이동 - 화물 운송 - 재난 구조	- 높은 항속거리 - 화물운송능력 우수 - 다양한 환경에서 운용 가능	- 소음 발생 - 탄소 배출 - 유지보수비용 높음	- 도심-교외 간 이동 - 긴급 물자 수송 - 해안지역 구조활동
틸트로터 (Tilt-rotor)	- 회전익과 고정익 결합 - 수직 이착륙 및 고속 비행 가능	- 중장거리 고속 이동 - 군용, 화물 운송	- 높은 항속거리 및 속도 - 효율적인 운용 가능 - 다양한 임무 수행	- 복잡한 기계 구조 - 소음 발생 - 높은 운영비용	- 도심-도시 간 고속 이동 - 군수물자 수송 - 원격의료 지원
드론 (Drone)	- 소형 전기 동력 기반 - 수직 이착륙 및 정지 비행 가능	- 소형 화물 운송 - 감시 및 정찰, 촬영	- 높은 기동성 - 좁은 공간 운용 가능 - 저렴한 비용	- 제한된 탑재량 및 항속거리 - 기상 조건에 민감 - 안전 문제 발생 가능성	- 도심 내 택배 배송 - 시설물 점검 - 방송 촬영

3) UAM 유형별 활용 예시 상세 설명

(1) eVTOL(전기 수직 이착륙기)

- 도심-공항 간 이동: 혼잡한 도심 교통을 피해 공항까지 빠르게 이동
- 응급환자 이송: 긴급 상황 발생 시 신속하게 환자를 병원으로 이송
- 도심 관광 서비스: 도시의 아름다운 경관을 공중에서 감상하는 관광 서비스 제공

(2) VTOL(수직 이착륙기)

- 도심-교외 간 이동: 출퇴근 시간 혼잡을 피하여 교외 지역과 도심을 빠르게 연결
- 긴급 물자 수송: 재난 발생 시 긴급 구호 물품 및 의료 용품을 신속하게 수송
- 해안 지역 구조 활동: 해상 사고 발생 시 인명 구조 및 수색 활동 지원

(3) 틸트로터(Tilt-rotor)

- 도심-도시 간 고속 이동: 도시 간 이동 시간을 단축하고, 비즈니스 및 물류 효율성 증대
- 군수 물자 수송: 군사 작전 시 병력 및 물자 수송 지원
- 원격 의료 지원: 의료 시설이 부족한 지역에 의료진 및 의료 장비 수송

Military Tiltrotor Aircraft Earth Tones, https://www.cgtrader.com/

(4) 드론(Drone)

- 도심 내 택배 배송: 라스트 마일 배송 효율성을 높이고, 배송 시간 단축
- 시설물 점검: 고층 건물, 교량 등 접근이 어려운 시설물 안전 점검
- 방송 촬영: 방송 프로그램 제작 시 항공 촬영 및 현장 중계

The best drone 2025: top aerial cameras that we've tested, https://www.techradar.com/

2. 자율주행 로보택시(Robot Taxi)의 목표, 유형별 기술 특징, 역할, 장단점 및 활용 예시 분석

1) 자율주행 로보택시의 목표

Robotaxis: 10 Breakthrough Technologies 2025, MIT Technology Review

자율주행 로보택시는 운전자 없이 스스로 주행하여 승객에게 이동 서비스를 제공하는 혁신적인 교통시스템이다. 주요 목표는 다음과 같다.

- 이동 효율성 극대화: 최적 경로 설정 및 교통흐름 분석을 통해 이동 시간을 단축하고, 교통체증을 완화한다.
- 안전성 증대: 인간 운전자의 실수를 최소화하고, 첨단 센서 및 인공지능 기술을 통해 사고 위험을 줄인다.
- 이동 편의성 증진: 24시간 호출 가능한 편리한 이동 서비스를 제공하고, 교통

약자의 이동 접근성을 향상시킨다.

- 경제성 확보: 운전자 인건비 절감 및 운영 효율성 향상을 통해 저렴한 이동 서비스를 제공한다.

2) 자율주행 로보택시 유형별 특징 및 비교 분석

자율주행 로보택시는 기술 수준 및 운행 방식에 따라 다양한 유형으로 분류되며, 각 유형별로 기술적 특징, 역할, 장단점 및 활용 예시는 다음과 같다.

자율주행 로보택시 유형별 기술적 특징, 역할, 장단점, 활용 예시

로보택시 유형	기술 특징	역할	장점	단점	활용 예시
레벨 4 자율주행 로보택시	- 특정 조건에서 운전자 개입 없이 자율주행 - 고정밀 지도 및 V2X 통신 활용	- 도심 내 제한된 구역 운행 - 셔틀 서비스, 수요응답형 교통서비스	- 안전성 높음 - 운행 효율성 우수 - 운행비용 감소	- 제한된 운행 범위 - 초기 인프라 구축 비용 높음 - 악천후 운행 제한	- 공항-도심 간 셔틀 - 대학 캠퍼스 내 셔틀 - 특정 지역 내 수요응답형 교통서비스
레벨 5 자율주행 로보택시	- 모든 조건에서 운전자 개입 없이 완전 자율주행 - 광범위한 환경 인식 및 판단 능력	- 도심 및 교외 지역 운행 - 개인 맞춤형 이동 서비스 - 화물 운송	- 높은 이동 편의성 - 24시간 운행 가능 - 다양한 서비스 제공 가능	- 기술 완성도 요구 높음 - 법규 및 인프라 구축 필요 - 높은 초기 투자비용	- 도심 내 택시 서비스 - 심야 시간대 이동 서비스 - 물류 배송 서비스
원격 제어 기반 로보택시	- 원격 관제 센터에서 차량 제어 및 모니터링 - 비상 상황 시 원격 개입	- 도심 내 제한된 구역 운행 - 특정 구간 셔틀 서비스 - 교통약자 이동 지원	- 안정적인 운행 가능 - 비상상황 대처 용이 - 점진적 기술 도입 가능	- 원격 관제 인력 필요 - 통신 장애 발생 시 운행 제한 - 실시간 제어 기술 필요	- 노약자 및 장애인 이동 지원 서비스 - 관광지 순환 셔틀 서비스 - 야간 심야 이동 서비스

Elon Musk Robotaxi Tesla, https://www.motortrend.com/

3. 개인 맞춤형 모빌리티 서비스(Mobility Service)의 목표, 유형별 특징, 역할, 장단점 및 활용 예시 분석

1) 개인 맞춤형 모빌리티 서비스의 목표

개인 맞춤형 모빌리티 서비스는 이용자의 개별적인 이동 요구를 충족시키기 위해 다양한 이동수단과 서비스를 통합하여 제공하는 것을 목표로 한다. 주요 목표는 다음과 같다.

① **이용자 중심의 이동 경험 제공**: 개인의 이동 목적, 선호도, 상황에 맞는 최적의 이동수단 및 경로를 제공한다.
② **이동 효율성 극대화**: 다양한 이동수단을 통합하고, 실시간 교통정보를 활용하여 이동 시간을 단축하고 효율성을 높인다.
③ **지속 가능한 이동 환경 구축**: 친환경 이동수단을 확대하고, 공유 이동 서비스를 활성화하여 환경 부담을 줄인다.
④ **이동 접근성 향상**: 교통약자, 외곽 지역 거주자 등 이동이 불편한 사람들에게 맞춤형 이동 서비스를 제공하여 이동 접근성을 높인다.

2) 개인 맞춤형 모빌리티 서비스 유형별 특징 및 비교 분석

개인 맞춤형 모빌리티 서비스는 다양한 유형으로 분류되며, 각 유형별로 기술적 특징, 역할, 장단점 및 활용 예시가 존재한다.

개인 맞춤형 모빌리티 서비스 기술 특징, 역할, 장단점, 활용 예시

개인 맞춤형 모빌리티 유형	기술 특징	역할	장점	단점	활용 예시
MaaS (Mobility as a Service)	- 다양한 이동수단 통합 - 실시간 정보 제공 - 최적 경로 추천 - 결제 시스템 통합	- 수요자의 이동 요구에 맞는 최적의 이동 경로 및 수단 제공 - 통합 결제 및 예약 서비스	- 이동 편의성 극대화 - 다양한 이동수단 활용 가능 - 이동시간 단축	- 다양한 이동 사업자와의 협력 필요 - 데이터 보안 및 개인정보 보호 문제, 초기 인프라 구축 비용 높음	- 일상적인 출퇴근, 여행, 쇼핑 등 다양한 이동 상황에서 개인 맞춤형 이동 서비스 제공

개인 맞춤형 모빌리티 유형	기술 특징	역할	장점	단점	활용 예시
수요응답형 교통서비스 (DRT: Demand Responsive Transit)	- 실시간 수요 분석 및 최적 경로 생성 - 유연한 노선 및 운행 시간 조정	- 교통약자, 외곽 지역 거주자 등 이동 불편자의 맞춤형 이동 지원 - 탄력적인 대중교통 서비스 제공	- 이용자 맞춤형 이동 서비스 제공 - 대중교통 접근성 향상 - 운행 효율성 향상	- 수요 예측 및 실시간 경로 최적화 기술 필요 - 초기 도입 비용 높음, 낮은 수익성	- 심야 시간대 이동 지원 - 외곽 지역 주민 이동 지원 - 교통약자 이동 지원 서비스
개인형 이동수단 (PM: Personal Mobility) 공유 서비스	- 전동 킥보드, 전기자전거 등 개인형 이동수단 공유 - 스마트폰 앱 기반 예약 및 결제	- 도심 내 단거리 이동 지원 - 라스트 마일 이동 효율성 향상 - 친환경 이동수단 제공	- 높은 접근성 - 저렴한 이용요금 - 도심 내 이동 편리	- 안전 문제 발생 가능성 - 보행자 통행 방해 - 불법 주차 문제	- 도심 내 출퇴근, 관광, 쇼핑 등 단거리 이동, 대중교통 연계 이동
개인 맞춤형 차량 공유 서비스	- 이용자의 이동 목적, 경로, 동승 여부 등을 고려한 맞춤형 차량 공유	- 출퇴근, 장거리 이동 등 다양한 목적의 이동 서비스 제공 - 차량 공유를 통한 비용 절감	- 이용자 맞춤형 서비스 제공 - 비용 절감 - 교통혼잡 완화	- 안전 및 보안 문제 발생 가능성 - 개인정보 유출 위험 - 운전자 및 동승자 간 갈등 발생 가능성	- 출퇴근 카풀, 장거리 여행 동승 - 특정 목적지 동행 등 맞춤형 차량 공유 서비스 제공

14 AI 기반 커넥티드 카 (Connected Car)

1. 스마트 시티에서 AI 기반 커넥티드 카의 역할, 효과

1) AI 기반 커넥티드 카의 목표

스마트 시티에서 AI 기반 커넥티드 카(Connected Car)는 도시 인프라 및 다른 차량과의 연결성을 통해 교통 효율성을 극대화하고 안전하고 편리한 이동 서비스를 제공하는 것을 목표로 한다. 주요 목표는 다음과 같다.

① **교통 효율성 증대**: 실시간 교통정보 및 통신을 통해 교통흐름을 최적화하고 교통체증을 완화한다.

② **안전성 확보**: 차량 센서 및 통신을 통해 위험 상황을 감지하고 사고를 예방한다.

③ **이동 편의성 향상**: 개인 맞춤형 정보 제공, 엔터테인먼트 서비스, 자율주행 지원 등을 통해 이동 경험을 향상시킨다.

④ **지속 가능한 이동 환경 구축**: 에너지 효율적인 차량 관리 및 운행을 지원하고, 공유 이동 서비스를 활성화하여 환경 부담을 줄인다.

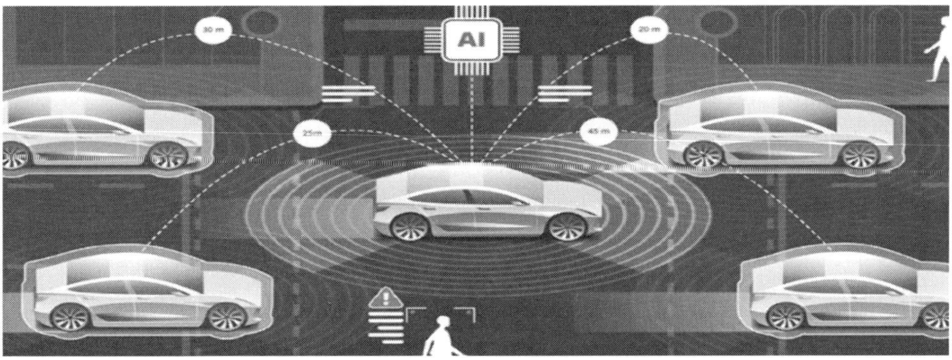

Connected and autonomous cars, https://www.telecomreview.com/articles

2) AI 기반 커넥티드 카의 기술 특징

① **차량 내 센서 및 통신 모듈**: 차량 내 센서, 카메라, 레이더 등을 통해 주변 환경 및 차량 상태를 감지하고, V2X(Vehicle-to-Everything) 통신을 통해 다른 차량 및 인프라와 데이터를 주고받는다.

② **클라우드 기반 데이터 처리**: 차량에서 수집된 데이터를 클라우드 서버로 전송하여 분석하고, 필요한 정보를 차량 또는 사용자에게 제공한다.

③ **AI 기반 데이터 분석 및 서비스 제공**: AI 기술을 활용하여 교통정보, 운전 패턴, 사용자 선호도 등을 분석하고, 맞춤형 서비스(최적 경로 안내, 위험 경고, 엔터테인먼트 등)를 제공한다.

④ **OTA(Over-The-Air) 소프트웨어 업데이트**: 무선 통신을 통해 차량 소프트웨어를 업데이트하여 기능을 개선하고 최신 기술을 적용한다.

3) AI 기반 커넥티드 카의 역할

① **실시간 교통정보 제공**: 교통량, 사고 정보, 도로 상황 등을 실시간으로 제공하여 운전자의 안전하고 효율적인 이동을 돕는다.

② **자율주행 지원**: 주변 차량 및 인프라 정보를 활용하여 자율주행시스템의 안전성과 효율성을 높인다.

③ **차량 안전 관리**: 차량 상태를 실시간으로 모니터링하고 이상 감지 시 경고를 제공하여 안전 운전을 지원한다.

④ **인포테인먼트 서비스 제공**: 음악, 영화, 뉴스 등 다양한 엔터테인먼트 서비스를 제공하여 이동 중 즐거움을 제공한다.

⑤ **개인 맞춤형 서비스 제공**: 운전 패턴, 선호도 등을 분석하여 맞춤형 정보 및 서비스를 제공한다.

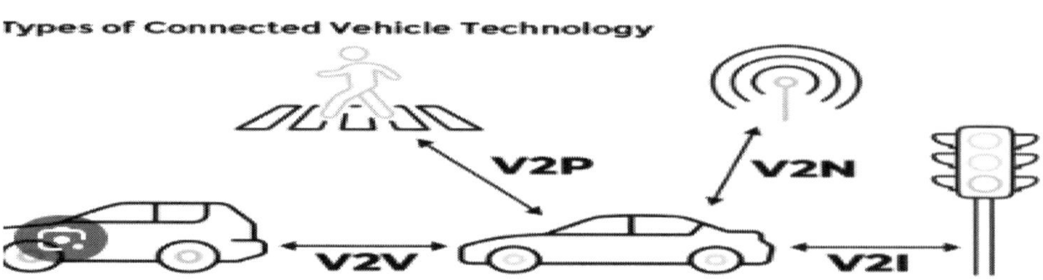

Vehicle Connectivity, Ansys

4) AI 기반 커넥티드 카의 효과

① **교통체증 완화**: 실시간 교통정보 공유 및 최적 경로 안내를 통해 교통체증을 완화하고 이동 시간을 단축한다.

② **교통안전성 향상**: 위험 상황 감지 및 경고, 자율주행 지원 등을 통해 교통사고를 예방한다.

③ **에너지 효율성 증대**: 최적 경로 안내 및 친환경 운전 지원을 통해 에너지 효율성을 높인다.

④ **이용자 만족도 향상**: 다양한 편의 서비스 및 맞춤형 정보를 제공하여 이용자의 이동 경험을 향상시킨다.

5) AI 기반 커넥티드 카의 장단점

장점	단점
교통 효율성 증대	데이터 보안 및 개인정보 보호 문제
교통안전성 향상	시스템 장애 및 오류 발생 가능성
에너지 효율성 증대	높은 초기 구축 및 유지 보수 비용
이용자 편의성 증대	다양한 이해관계자와의 협력 필요
새로운 서비스 및 산업 창출	기술 변화에 대한 지속적인 투자 필요

6) AI 기반 커넥티드 카의 활용 예시

활용 분야	활용 예시
스마트 교통	실시간 교통정보 시스템, 스마트 주차 시스템, 자율주행차량, 차량 공유 서비스
스마트 물류	실시간 화물 추적 시스템, 드론 배송, 자율주행 배송 로봇
스마트 안전	긴급차량 우선 신호 시스템, 사고 자동 감지 및 신고 시스템, 보행자 안전 경고시스템
스마트 인포테인먼트	차량 내 영화, 음악, 게임 서비스, 실시간 뉴스 및 날씨 정보 제공, 차량 내 쇼핑 및 결제 서비스
스마트 에너지	전기차 충전소 정보 제공, 에너지 효율 운전 지원 시스템, 차량 간 에너지 공유 시스템

2. AI 기반 모빌리티(Mobility)에서 커넥티드 카(Connected Car)의 목표, 기술 특징, 역할, 효과, 장단점, 활용 예시

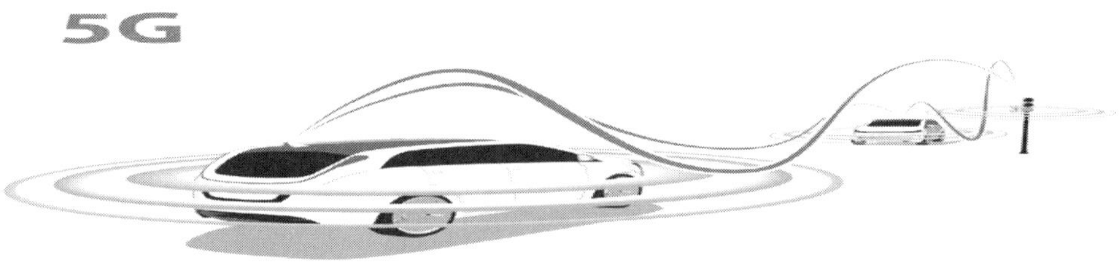

Connected vehicles to autonomous driving-5G, https://www.linkedin.com/

1) AI 기반 커넥티드 카의 목표

AI 기반 모빌리티에서 커넥티드 카(Connected Car)는 차량과 외부 환경 간의 연결성을 통해 이동 효율성, 안전성 및 편의성을 극대화하고, 지속 가능한 이동 생태계를 구축하는 것을 목표로 한다. 주요 목표는 다음과 같다.

① **이동 효율성 증대**: 실시간 교통정보 및 차량 간 통신을 통해 최적 경로를 안내하고, 교통흐름을 개선한다.
② **안전성 확보**: 차량 센서 및 통신을 통해 위험 상황을 감지하고, 운전자에게 경고하거나 차량을 제어하여 사고를 예방한다.
③ **이동 편의성 향상**: 차량 내 인포테인먼트, 개인 맞춤형 정보 제공, 원격 차량 제어 등을 통해 이동 경험을 향상시킨다.
④ **지속 가능한 이동 환경 구축**: 에너지 효율적인 운전 지원, 차량 공유 서비스 활성화 등을 통해 환경 부담을 줄인다.

Connected Cars, Linkedin

2) AI 기반 커넥티드 카의 기술 특징

① **V2X(Vehicle-to-Everything) 통신**: 차량과 다른 차량, 도로 인프라, 보행자 등 모든 대상과의 통신을 통해 실시간으로 정보를 교환한다.

② **센서 및 카메라**: 차량 내 센서 및 카메라를 통해 주변 환경을 인식하고, 위험 상황을 감지한다.

③ **AI 기반 데이터 분석**: 수집된 데이터를 AI 기술을 통해 분석하고, 최적 경로 안내, 위험 예측, 개인 맞춤형 정보 제공 등 다양한 서비스를 제공한다.

④ **클라우드 연결성**: 차량 데이터를 클라우드 서버에 저장하고 분석하여, 실시간 정보 제공 및 서비스 업데이트를 가능하게 한다.

⑤ **OTA(Over-The-Air) 소프트웨어 업데이트**: 무선 통신을 통해 차량 소프트웨어를 업데이트하여 기능을 개선하고 최신 기술을 적용한다.

AI 기반 커넥티드 카 기술별 목표, 역할, 기술, 작동 원리, 효과, 활용 사례

AI 기반 커넥티드 카 기술	AI 기반 커넥티드 카 목표	AI 기반 커넥티드 카 역할	AI 기반 커넥티드 카 기술	AI 기반 커넥티드 카 작동 원리	AI 기반 커넥티드 카 기대 효과	AI 기반 커넥티드 카 활용 사례
V2X (Vehicle-to-Everything) 통신	차량과 모든 객체 간 실시간 통신 통한 안전 및 편의성 증대	차량-차량(V2V), 차량-인프라(V2I), 차량-보행자(V2P) 등 다양한 객체와 실시간 정보 교환	5G, WAVE, C-V2X, 통신 프로토콜	차량 및 인프라 간 실시간 데이터 송수신 통한 위험 정보 공유 및 교통흐름 최적화	- 사고 예방 - 교통흐름 개선 - 자율주행 지원	- 교차로 위험 경고 - 실시간 교통신호 정보 제공 - 긴급차량 접근 알림
센서 및 카메라	차량 주변 환경 인지 및 데이터 수집 통한 안전 및 편의 기능 제공	라이다, 레이더, 카메라 등 다양한 센서 활용 주변 환경 정보 수집 및 분석	라이다, 레이더, 카메라, 초음파 센서, 센서 융합	센서 데이터 기반 차량 주변 객체 감지, 거리 측정, 이미지 분석 후 운전자에게 정보 제공 또는 차량 제어	- 사각지대 감지 - 차선 유지 보조 - 자동 긴급 제동 - 주차 보조	- 사각지대 감지 시스템 - 차선 유지 보조시스템 - 자동 긴급 제동 시스템 - 스마트 주차 보조시스템
AI 기반 데이터 분석	수집된 데이터 분석 통한 차량 기능 향상 및 맞춤형 서비스 제공	차량 센서 데이터, 통신 데이터, 사용자 데이터 분석 후 유용한 정보 추출 및 예측	머신러닝, 딥러닝, 데이터 마이닝, 클라우드 컴퓨팅	대규모 데이터 학습 통한 운전자 패턴 분석, 위험 상황 예측, 맞춤형 서비스 제공	- 운전자 맞춤형 서비스 제공 - 차량 성능 향상 - 안전 운행 지원	- 운전자 습관 기반 맞춤형 경로 추천 - 위험 운전 패턴 감지 및 경고 - 차량 상태 예측 및 유지보수 알림
클라우드 연결성	차량 데이터 클라우드 저장 및	차량 데이터 클라우드 저장, AI 기	클라우드 플랫폼, 데이터	차량 데이터 클라우드 저장 및 AI	- 원격 차량 제어 - 실시간 정보 제	- 원격 차량 진단 및 제어

AI 기반 커넥티드 카 기술	AI 기반 커넥티드 카 목표	AI 기반 커넥티드 카 역할	AI 기반 커넥티드 카 기술	AI 기반 커넥티드 카 작동 원리	AI 기반 커넥티드 카 기대 효과	AI 기반 커넥티드 카 활용 사례
	분석 통한 원격 제어 및 서비스 제공	반 분석 후 원격 제어 및 다양한 서비스 제공	베이스, API, 통신 프로토콜	분석 후 원격 차량 제어, 실시간 업데이트, 맞춤형 서비스 제공	공 - 맞춤형 서비스 제공	- 실시간 교통정보 제공, - 온라인 스트리밍 서비스
OTA (Over-The-Air) 소프트웨어 업데이트	차량 소프트웨어 원격 업데이트 통한 성능 향상 및 새로운 기능 제공	차량 소프트웨어 무선 업데이트 통해 오류 수정, 성능 향상, 새로운 기능 추가	통신 네트워크, 보안 솔루션, 업데이트 관리 시스템	클라우드 통해 업데이트 파일 전송 후 차량 소프트웨어 자동 업데이트	- 차량 성능 향상 - 보안 강화 - 새로운 기능 제공	- 차량 소프트웨어 오류 수정 및 성능 향상 - 새로운 기능 추가(예: 자율주행기능 업데이트)

3) AI 기반 커넥티드 카의 역할

① **실시간 교통정보 제공**: 교통량, 사고 정보, 도로 상황 등을 실시간으로 제공하여 운전자의 안전하고 효율적인 이동을 돕는다.

② **자율주행 지원**: V2X 통신 및 센서 데이터를 활용하여 자율주행시스템의 안전성과 효율성을 높인다.

③ **차량 안전 관리**: 차량 상태를 실시간으로 모니터링하고, 이상 감지 시 경고를 제공하여 안전 운전을 지원한다.

④ **인포테인먼트 서비스 제공**: 음악, 영화, 뉴스 등 다양한 엔터테인먼트 서비스를 제공하여 이동 중 즐거움을 제공한다.

⑤ **개인 맞춤형 서비스 제공**: 운전 패턴, 선호도 등을 분석하여 맞춤형 정보 및 서비스를 제공한다.

4) AI 기반 커넥티드 카의 효과

① **교통체증 완화**: 실시간 교통정보 공유 및 최적 경로 안내를 통해 교통체증을 완화하고 이동 시간을 단축한다.

② **교통안전성 향상**: 위험 상황 감지 및 경고, 자율주행 지원 등을 통해 교통사고를 예방한다.

③ **에너지 효율성 증대**: 최적 경로 안내 및 친환경 운전 지원을 통해 에너지 효율성을 높인다.

④ **이용자 만족도 향상**: 다양한 편의 서비스 및 맞춤형 정보를 제공하여 이용자의 이동 경험을 향상시킨다.

5) AI 기반 커넥티드 카의 장단점

장점	단점
이동 효율성 증대	데이터 보안 및 개인정보 보호 문제
교통안전성 향상	시스템 장애 및 오류 발생 가능성
에너지 효율성 증대	높은 초기 구축 및 유지 보수 비용
이용자 편의성 증대	다양한 이해관계자와의 협력 필요
새로운 서비스 및 산업 창출	기술 변화에 대한 지속적인 투자 필요

6) AI 기반 커넥티드 카의 활용 예시

커넥티드카 활용 분야	활용 예시
스마트 교통	실시간 교통정보 시스템, 스마트 주차 시스템, 자율주행차량, 차량 공유 서비스
스마트 물류	실시간 화물 추적 시스템, 드론 배송, 자율주행 배송 로봇
스마트 안전	긴급차량 우선 신호 시스템, 사고 자동 감지 및 신고 시스템, 보행자 안전 경고시스템
스마트 인포테인먼트	차량 내 영화, 음악, 게임 서비스, 실시간 뉴스 및 날씨 정보 제공, 차량 내 쇼핑 및 결제 서비스
스마트 에너지	전기차 충전소 정보 제공, 에너지 효율 운전 지원 시스템, 차량 간 에너지 공유 시스템

참고문헌

1. Cleveland Police Museum. (n.d.). Early Electric Traffic Signals in Cleveland. Retrieved from https://www.clevelandpolicemuseum.org/historical/early-electric-traffic-signals/
2. Wikipedia. (n.d.). History of traffic lights. Retrieved from https://en.wikipedia.org/wiki/History_of_traffic_lights
3. Clark, L. (n.d.). Traffic signals: A brief history. Washington State University Magazine. Retrieved from https://magazine.wsu.edu/web-extra/traffic-signals-a-brief-history/
4. Waseem, C. A. (n.d.). Four ways to control a traffic system using logic gates. Scribd. Retrieved from
5. Miovision. (n.d.). Miovision Adaptive: Intelligent Traffic Signal Control. Retrieved from https://miovision.com/adaptive/
6. Advantech. (n.d.). Adaptive Traffic Control System. Retrieved from https://www.advantech.com/en-us/solutions/intelligent-transportation-systems/adaptive-traffic-control-system
7. Engineering Berkeley. (2024, November). Q&A on AI and Traffic Management. Retrieved from https://engineering.berkeley.edu/news/2024/11/qa-on-AI-and-traffic-management/
8. Saeed, M. A., et al. (2023). A Three-Stage Intelligent and Flexible Fuzzy Traffic Control System for Complex Intersections Using a Novel Hybrid Reduction Approach. Symmetry, 16(9), 1177.
9. Hyundai News. (n.d.). The evolution of in-car navigation systems. Retrieved from https://www.hyundai.news/eu/articles/stories/the-evolution-of-in-car-navigation-systems.html
10. Wikipedia. (n.d.). Fuzzy control system. Retrieved from https://en.wikipedia.org/wiki/Fuzzy_control_system
11. Akram, M., et al. (2023). Sustainable Transportation Systems Based on Fuzzy Decision Systems in Supply Chain. Sustainability, 15(8), 6819.
12. Mohandes, S. R., et al. (2019). The Applications of Artificial Intelligence in Transportation. Sustainability, 11(1), 189.
13. Liu, T., et al. (2024). A Comprehensive Survey of Graph Neural Networks in Intelligent Transportation Systems: Challenges and Opportunities. arXiv preprint arXiv: 2401.00713.
14. Yu, H., et al. (2018). Deep learning methods in transportation domain: A review.

Information Fusion, 41, 109-119.

15. Pranamesh, S. (2020). Deep Learning in Intelligent Transportation Systems: A Survey. Big Data and Analytics, 5(1), 1-24.
16. Association for Advancing Automation. (2024, February). The Future of Transportation: Autonomous Vehicles and Machine Learning. Retrieved from https://www.automate.org/robotics/news/the-future-of-transportation-autonomous-vehicles-and-machine-learning.
17. ThoughtMinds. (2024, November). AI in Transportation: Reshaping the Future of Mobility. Retrieved from https://www.thoughtminds.io/AI-in-transportation/
18. Tank Transport. (2024, December). Generative AI in Transportation. Retrieved from https://tanktransport.com/2024/12/generative-AI-in-transportation/
19. Verma, A. (2024, November). Generative AI and Self-Driving Vehicles: A Potential Future. Forbes. Retrieved from https://www.forbes.com/councils/forbesbusinessdevelopmentcouncil/2024/11/22/generative-AI-and-self-driving-vehicles-a-potential-future/
20. Master of Code Global. (2024, December). Generative AI in Automotive: Transforming the Industry. Retrieved from https://masterofcode.com/blog/generative-AI-in-automotive
21. Wayve. (2023, September). GAIA-1: A Generative World Model for Autonomous Driving. Retrieved from https://wayve.ai/science/gaia/
22. CB Insights. (2024, October). Generative AI is accelerating the timeline for fully autonomous driving. Retrieved from https://www.cbinsights.com/research/generative-AI-fully-autonomous-driving/
23. NextGen Invent. (2024, May). Generative AI in Transportation: Enhancing the Sector. Retrieved from https://nextgeninvent.com/blogs/generative-AI-in-transportation-enhancing-the-sector/
24. LITS Link. (2024, February). How AI is Revolutionizing Transportation. Retrieved from https://litslink.com/blog/AI-and-transportation
25. GDS Online. (2024, May). Autonomous Vehicle Trends: What's Next for Autonomous Driving? Retrieved from https://www.gdsonline.tech/autonomous-vehicle-trends-whats-next/
26. Noviati, N. D., et al. (2024). Artificial Intelligence in Autonomous Vehicles: Current Innovations and Future Trends.
27. Khan, M. A., et al. (2024). AI-Powered Logistics and Mobility as a Service (MaaS): Driving the Future of Autonomous Vehicles and Smart Transportation. In AI-Enabled Smart Mobility and Sustainable Transportation (pp. 197-213). IGI Global.

AI 도시교통과 모빌리티

값 23,000원

저 자	원	제	무
발행인	문	형	진

판	권
검	인

2025년 7월 9일 제1판 제1쇄 인쇄
2025년 7월 16일 제1판 제1쇄 발행

발행처 세 진 사

㉾ 02859 서울특별시 성북구 보문로 38 세진빌딩
TEL : 02)922-6371~3, 923-3422 / FAX : 02)927-2462
Homepage : www.sejinbook.com
〈등록. 1976. 9. 21 / 서울 제307-2009-22호〉